mentor Abiturhilfe

Biologie

Oberstufe

Nerven, Sinne, Hormone
Grundlagen

Reiner Kleinert
Wolfgang Ruppert
Franz X. Stratil

Mit ausführlichem Lösungsteil

Special: Lerntipps!

mentor
Eine Klasse besser.

Über die Autoren:
Reiner Kleinert, Oberstudienrat für Biologie
Wolfgang Ruppert, Studienrat für Biologie
Franz X. Stratil, Oberstudienrat für Biologie

Redaktion: Dr. Brigitte Abel

Illustrationen: Udo Kipper, Hanau

Layout: Barbara Slowik, München

Die Rechtschreibung in diesem Band entspricht – mit Ausnahme der Originalzitate – den Regelungen der Reform.

Umwelthinweis: Gedruckt auf chlorfrei gebleichtem Papier.

Auflage:	8.	7.	6.	5.	4.	letzte Zahlen
Jahr:	2007	2006	2005	2004	2003	maßgeblich

Satz/Repro: Franzis print & media GmbH, München
Druck: Druckhaus Langenscheidt, Berlin
Printed in Germany · ISBN 3-580-63693-6

Inhalt

Seite

Vorwort

> „WORAN ARBEITEN SIE?" WURDE HERR K. GEFRAGT.
> HERR K. ANTWORTETE: „ICH HABE VIEL MÜHE,
> ICH BEREITE MEINEN NÄCHSTEN IRRTUM VOR."
>
> BERTOLT BRECHT in „Geschichten vom Herrn Keuner"

Der vorliegende Band der Oberstufenreihe Biologie beschäftigt sich vor allem mit zwei Kommunikationssystemen in unserem Körper: dem **Nervensystem** und dem **Hormonsystem.** Beide Systeme funktionieren auf der molekularen Ebene nach denselben **Prinzipien**.

Der menschliche Organismus besteht aus Milliarden von Zellen, die ständig durch kodierte Signale miteinander **kommunizieren**. Der ganze Körper ist von Nachrichtensystemen durchzogen, die sowohl lokal begrenzt als auch über größere Distanzen hinweg arbeiten. Aber unser Organismus verfügt nicht nur über ein inneres Kommunikationsnetz, sondern tauscht auch mit seiner Umwelt ständig Signale aus. All diese Kommunikationssysteme haben die Aufgabe, die physiologischen Funktionen des Organismus und sein Verhalten zu koordinieren, um ihn am Leben zu erhalten und ihn seiner Umwelt optimal anzupassen.

Die Funktionstüchtigkeit unseres Körpers und damit unser körperliches und seelisches Wohlbefinden sind davon abhängig, dass hunderte von **Botenstoffen** (Hormone, Neurotransmitter, Neuropeptide usw.) zur richtigen Zeit in der richtigen Menge freigesetzt werden und ihre Rezeptoren erreichen. Krankheiten erscheinen in dieser Perspektive als Kommunikationsstörungen im biologischen Dialog der Zellen. Aus diesem Grund haben wir an einigen Beispielen die molekularen Ursachen von Krankheiten etwas ausführlicher behandelt, als das in Schulbüchern normalerweise üblich ist.

Einige Themen, die ebenfalls nicht unbedingt Unterrichtsgegenstand sein müssen, wurden aufgenommen, weil sie sehr gut zeigen, wie weit Nerven- und Hormonsystem mittlerweile molekularbiologisch erforscht sind und welchen Beitrag diese Erkenntnisse auch zur Lösung gesellschaftlicher Probleme leisten können (z. B. Stress, Drogenabhängigkeit).

Das Buch untergliedert sich in **vier große Kapitel** (Nerven, Sinne, Hormone sowie Gehirn und Verhalten), die alle eigenständig und weitgehend **unabhängig voneinander** gelesen werden können. Bezüge zu Passagen in anderen Kapiteln sind durch Verweise gekennzeichnet. Das gilt auch für Themen, die in den mentor Abiturhilfen Genetik (ML 692), Zellbiologie (ML 690), Stoffwechsel (ML 693) und Humanbiologie: Blutkreislauf, Immunsystem, Sexualität, Fortpflanzung (ML 689) genauer behandelt werden.

Es kam uns darauf an, gerade diejenigen Sachverhalte möglichst **verständlich** darzustellen, mit denen die Schülerinnen und Schüler unserer Kurse die meisten Probleme hatten. Deshalb sind im Kapitel über das Nervensystem die elektrophysiologischen Zusammenhänge besonders ausführlich und vor allem mit vielen Abbildungen erläutert.

Im zweiten Kapitel (Sinne) werden Lichtsinn und Gehörsinn ausführlich behandelt, von der anatomischen Darstellung der Sinnesorgane bis zur Wiedergabe molekularer Vorgänge in ihren Rezeptoren.

Das letzte Kapitel (Gehirn und Verhalten) fungiert als eine Art Nahtstelle zur mentor Abiturhilfe **Verhalten**. Es soll zeigen, dass jedem Verhalten vielfältige Steuerungs- und Regelungsprozesse im Körper zugrunde liegen.

Beim Arbeiten mit diesem Buch sollten – wie immer – Papier und Stift bereitliegen. Wir haben wieder klassische Experimente, Übungsbeispiele und **typische Aufgabenstellungen** aufgenommen, die die aktive Auseinandersetzung mit dem Lernstoff ermöglichen.

Der Lösungsteil am Ende des Buches erleichtert die Selbstüberprüfung.

Alle Begriffe, die mit einem * versehen sind, erläutert ein **Glossar**. Mit dem **Stichwortverzeichnis** können einzelne Begriffe und Sachverhalte gezielt aufgesucht und nachgeschlagen werden.

Unser PINGO ist wieder mit von der Partie; er macht in bewährter Weise auf Merksätze, Versuche, Aufgaben und Zusammenfassungen aufmerksam.

Zuletzt sei all denjenigen Schülerinnen und Schülern gedankt, von denen wir gelernt haben, wo die Verständnisschwierigkeiten liegen und wie sie am besten zu lösen sind. Wir hoffen, dass uns ein Buch gelungen ist, das trotz der teilweise schwierigen Zusammenhänge mit Lust gelesen wird und das Lernen dieser spannenden Materie leichter macht.

Viel Spaß und Erfolg wünschen:

Reiner R. Kleinert,
Wolfgang Ruppert und
Franz X. Stratil

A Nervensystem

1. Einführung

Es ist eine alltägliche Erfahrung, dass Tiere auf Signale aus der Umwelt reagieren. So kann man z. B. beobachten, dass Singvögel beim Erspähen einer Katze Warnrufe ertönen lassen oder ein Frosch beim Anblick einer Fliege typisches Beutefangverhalten zeigt.

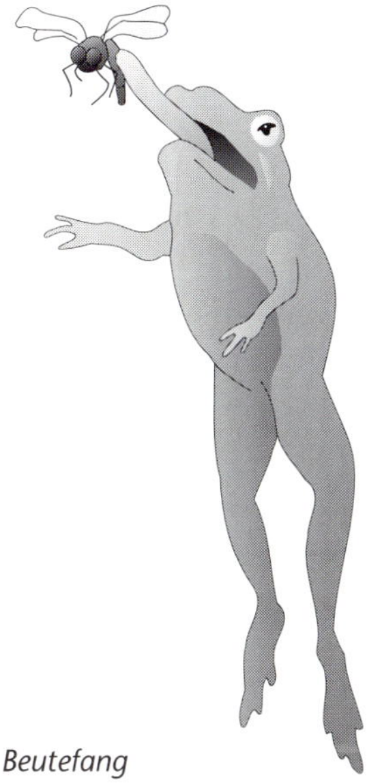

Abb. 1
Frosch beim Beutefang

Auch bei Pflanzen lassen sich entsprechende Aktivitäten feststellen. Dies ist jedoch wegen der meist sehr langsamen Bewegungen nicht auf den ersten Blick offensichtlich. So braucht man schon Geduld, um zu bemerken, dass sich eine Zimmerpflanze dem durch das Fenster einfallenden Licht zuwendet.
Unmittelbar wahrzunehmen hingegen ist z. B. das zügige Zusammenklappen der Fangblätter der Venusfliegenfalle (*Dionaea muscipula*) bei Berührung durch ein Insekt.

Die beobachtete Fähigkeit, Reize mit Reaktionen zu beantworten, wird als **Reizbarkeit** bezeichnet und ist eine typische Eigenschaft der Lebewesen.

Wir wollen ein weiteres Beispiel betrachten. Als Versuchsobjekt dient der Einzeller *Euglena**, der sowohl als Tier als auch als Pflanze angesehen werden kann. (Die Zoologen rechnen ihn zu den Geißeltierchen, die Botaniker zu den Geißelalgen). Die deutsche Bezeichnung „Schönauge" deutet schon an, dass das gewählte Versuchsobjekt auf Lichteinflüsse anspricht.

Das dabei auftretende Verhalten kann im Mikroskop beobachtet werden. Das Gesichtsfeld ist dabei so gewählt, dass man Euglenen dabei betrachten kann, wie sie von einer hell erleuchteten Zone an eine Dunkelgrenze gelangen.

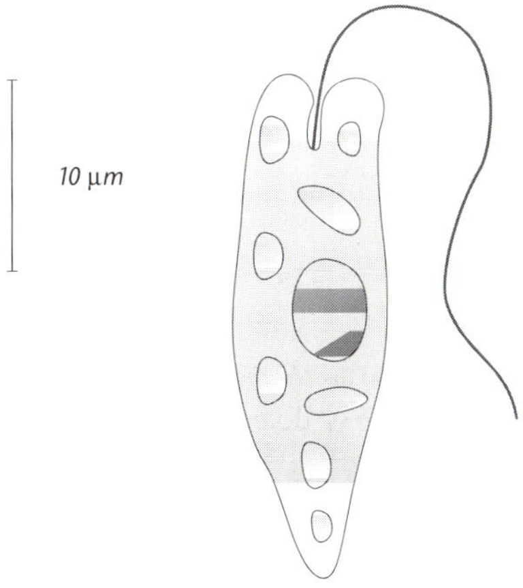

Abb. 2
a) Schematische Darstellung von Euglena

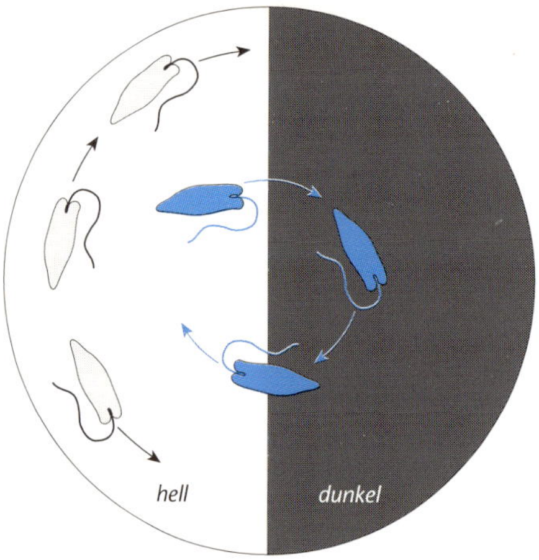

Abb. 2
b) Verhalten von Euglena an einer Dunkelgrenze

Man erkennt, dass die meisten Euglenen an der Hell-Dunkel-Grenze kehrtmachen und in den beleuchteten Bereich zurückschwimmen. Sie zeigen eine negative Phototaxis, verfügen also über die Fähigkeit, auf den aufgenommenen Lichtreiz zu reagieren. Die für alle Lebewesen charakteristische Eigenschaft, Reize zu verarbeiten und mit zugeordneten Reaktionen zu beantworten, ist in Abbildung 3 schematisch dargestellt. (*Wer mehr über die grundlegenden Eigenschaften der Lebewesen wissen möchte, kann in der mentor Abiturhilfe Zellbiologie nachschlagen.*)

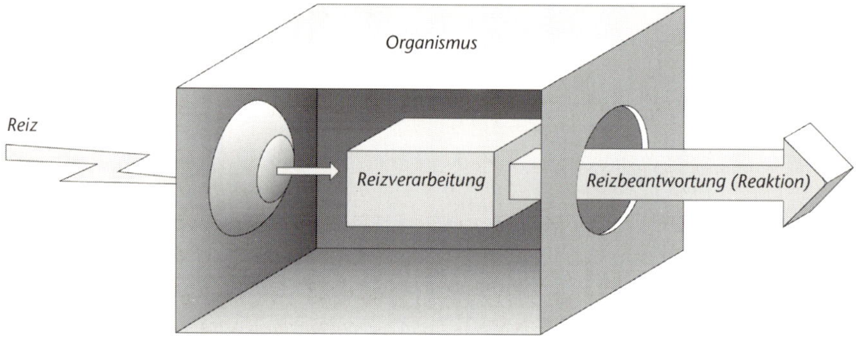

Abb. 3
Schematische Darstellung der Reizbarkeit

2. Bau der Nervenzelle

Bei der Informationsverarbeitung, die für die Umsetzung eines Reizes in eine Reaktion notwendig ist, spielen bei höher entwickelten Tieren und beim Menschen Nervenzellen (Neuronen*) eine herausragende Rolle. Sie sind – auch aus medizinischem Interesse – sowohl in ihrem Bau als auch in ihrer Funktion besonders gründlich untersucht worden und werden besser verstanden als die meisten anderen Zelltypen.

Die bei der Erforschung gewonnenen grundlegenden Fakten wollen wir in diesem Kapitel herausarbeiten.

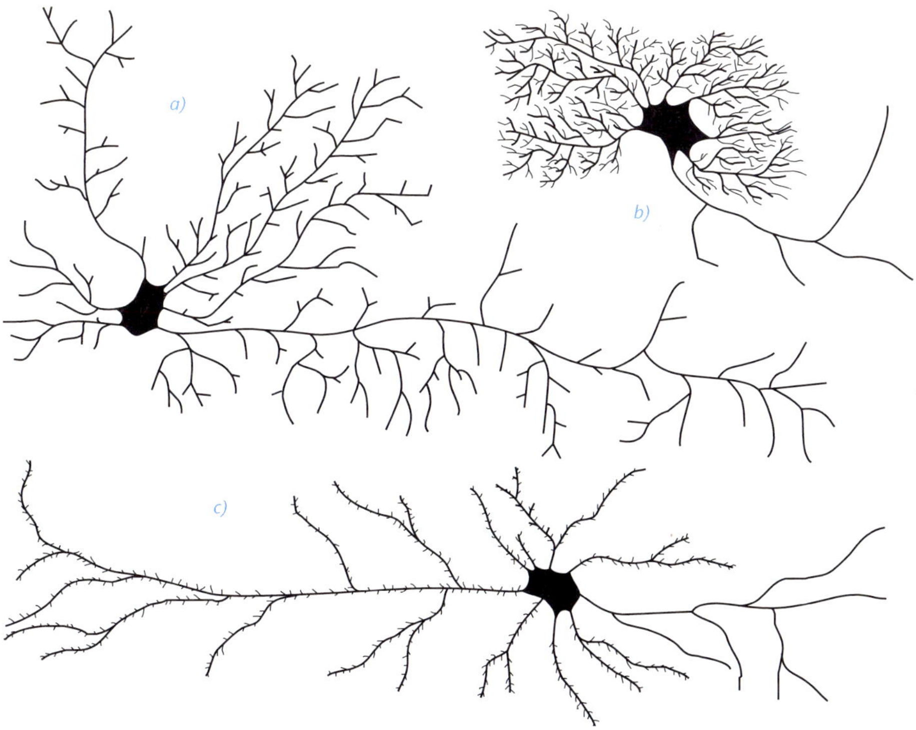

Abb. 4
Drei Nervenzellen aus verschiedenen Gehirnabschnitten: a) Maus, b) Mensch, c) Kaninchen

Nervenzellen können durch bestimmte Präparations- und Anfärbetechniken sichtbar gemacht werden. Drei dergestalt bearbeitete Neuronen sind in Abbildung 4 zeichnerisch wiedergegeben.
Der Vergleich der drei Zellen offenbart auffällige Übereinstimmungen. Aus einem verdickten Zellbereich entspringen zum Teil stark verzweigte faserartige Strukturen.
Dabei handelt es sich um typische Merkmale von Neuronen, die in mannigfachen Variationen in Erscheinung treten, sich jedoch auf ein gemeinsames Grundmuster zurückführen lassen.

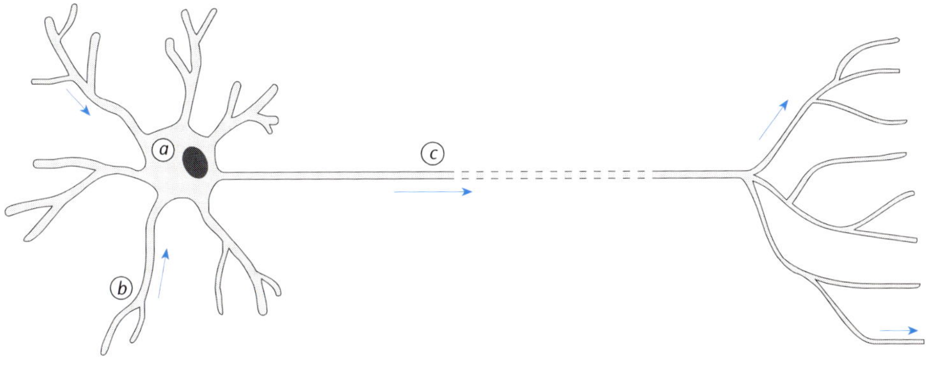

Abb. 5
Grundbauplan eines Neurons

2.1 Der Grundbauplan der Nervenzelle

Am **Zellkörper** (Perikaryon, Soma) ⓐ, der neben dem Zellkern auch die anderen für Zellen typischen Organellen* enthält, entspringen zahlreiche Fortsätze verschiedener Form und Länge (*zum Begriff Organell vgl. ausführlich die mentor Abiturhilfe Zellbiologie*). Dabei unterscheidet man die meist zahlreichen und stark verästelten **Dendriten** ⓑ vom **Axon** ⓒ, einem einzelnen Fortsatz, der je nach Art und Lage des Neurons weniger als 1 mm bis über 1 m lang sein kann und an seinem Ende in zahlreiche Endverzweigungen auffächert.

Die Pfeile sollen andeuten, dass die verschiedenen Nervenzellfortsätze bezüglich der Signalleitung prinzipiell wie Einbahnstraßen funktionieren. So leitet das Axon Signale vom Zellkörper weg bis in die an den Endverzweigungen sitzenden Schaltstellen zur angrenzenden Zelle.
Eine solche als **Synapse*** bezeichnete Kontaktstelle zwischen einer Nervenzelle und der Folgezelle wollen wir noch etwas genauer unter die Lupe nehmen (*Abb. 6*).

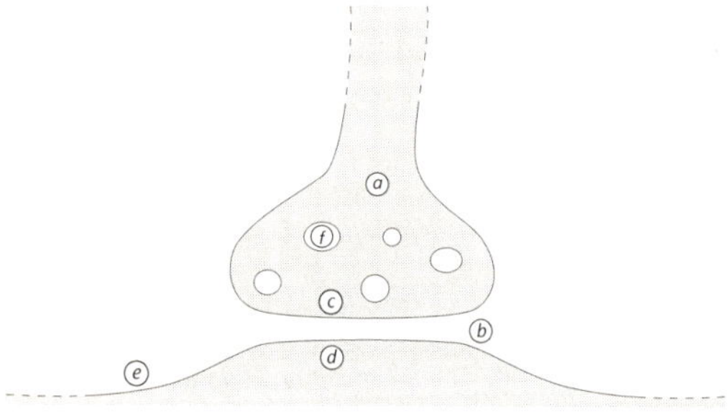

Abb. 6
Schema einer Synapse

Das Ende einer jeden Axonendverzweigung erweitert sich zu einem **Endknöpfchen** ⓐ, das durch den **synaptischen Spalt** ⓑ von der Nachbarzelle getrennt ist. Die an den Spalt angrenzenden Membranbezirke werden als **praesynaptische Membran** ⓒ (*lat. prae = vor*) bzw. als **subsynaptische Membran** ⓓ (*lat. sub = unter*) bezeichnet. Letztere wird in ihrem weiteren Verlauf auch **postsynaptische Membran** ⓔ (*lat. post = hinter, nach*) genannt. Im Axon-Endknöpfchen befinden sich zahlreiche **synaptische Bläschen** ⓕ, die – wie wir später noch eingehend sehen werden (*s. S. 29 f.*) – eine entscheidende Funktion für die Synapse haben.

2.2 Verschiedene Nervenzelltypen

Die im Nervensystem befindlichen Neuronen – beim Menschen schätzt man sie auf ca. 25 Milliarden – unterscheiden sich in ihren Aufgaben und damit auch in ihrem Bau auf mehrerlei Weise.
Eine der Unterscheidungsmöglichkeiten richtet sich nach der Anzahl ihrer Ausläufer (*vgl. Abb. 7*).

Unipolare Neuronen a) sind nur mit einem einzigen kurzen Fortsatz ausgestattet. Sie kommen als Sinneszellen in der Netzhaut des Auges vor (*s. S. 69*).

Bipolare Neuronen b) weisen zwei an gegenüberliegenden Stellen des Zellkörpers entspringende Fortsätze auf. Sie sind in der Netzhaut des Auges (*s. S. 69*) sowie im Hör- und Gleichgewichtsorgan anzutreffen.

Bei **pseudounipolaren Neuronen** c) gehen Axon und Dendrit an ihren Mündungsstellen ineinander über. Man findet diese Zellform z. B. in den Spinalganglien (*s. S. 51 f.*).

Multipolare Neuronen d) besitzen zahlreiche Dendriten und ein Axon. Dieser häufige Zelltyp tritt z. B. als motorische Vorderhornzelle des Rückenmarks auf (*s. S. 51 f.*).

Eine weitere Unterscheidungsmöglichkeit bezieht eine Sorte von Zellen mit ein, die neben den Neuronen am Aufbau des Nervensystems beteiligt sind. Es handelt sich dabei um die so genannten **Glia-Zellen***, welche die Nerven-

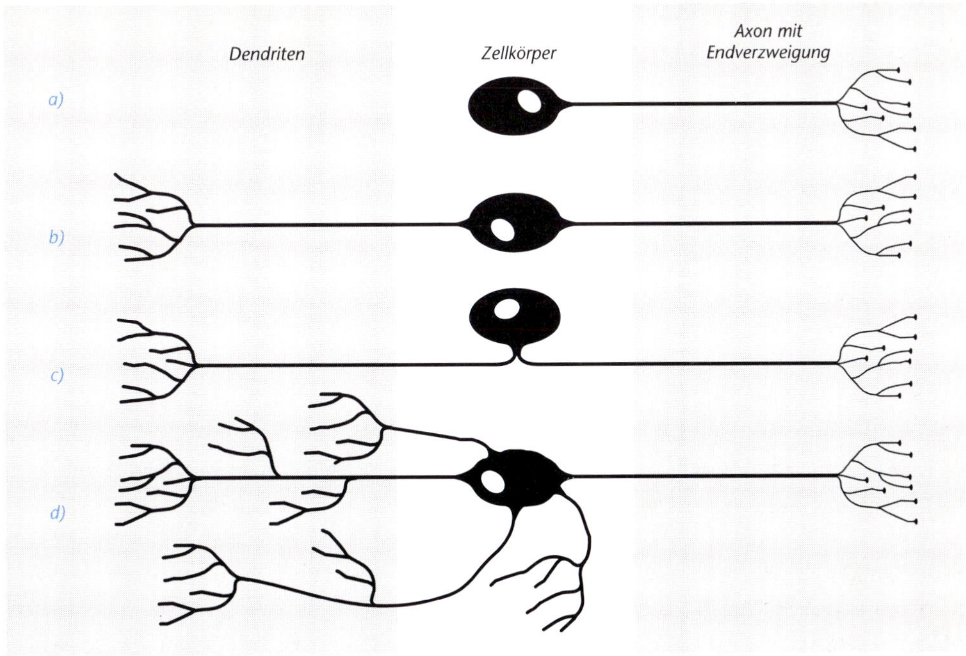

Abb. 7
Verschiedene Nervenzelltypen

zellen umgeben und sie auf vielfältige Weise unterstützen.
Die in ihrer Wirkungsweise am besten verstandenen Zellen des Glia-Typs sind die nach einem Anatomieprofessor benannten **SCHWANN-Zellen**, die im peripheren* Nervensystem der Wirbeltiere auftreten.

Als junge Zelle liegen sie einem Axon an (*Abb. 8* ①). Im Laufe ihres Wachstums wickeln sie sich mehrfach um dieses herum ② und bilden auf diese Weise schließlich eine feste Hülle (Markscheide, Myelinscheide), die den Nervenfortsatz einschließt ③.
Das Axon und die darum liegende Scheide

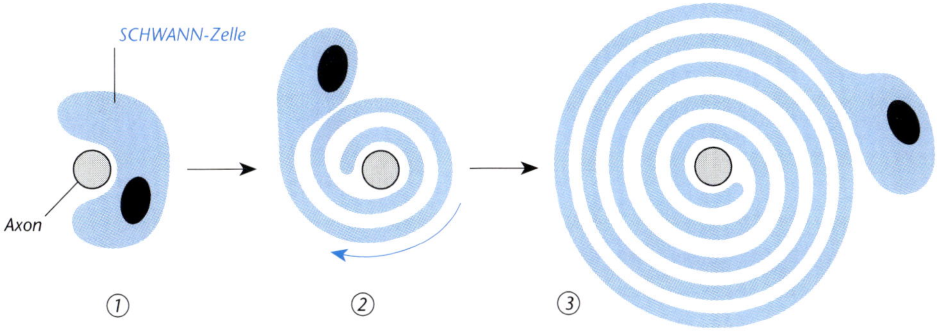

Abb. 8
Bildung einer Markscheide um ein Axon

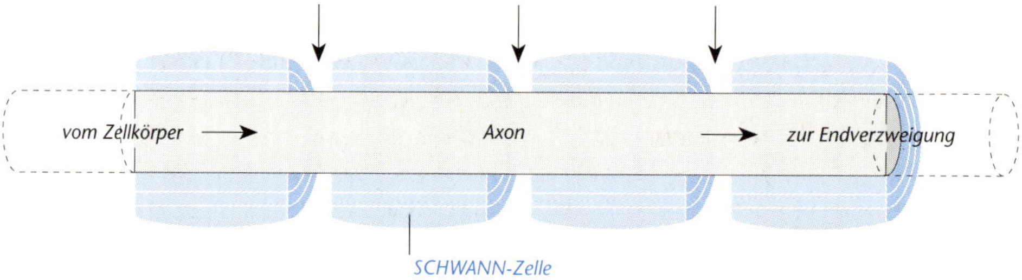

Abb. 9
Längsschnitt einer Nervenfaser

werden in ihrer Gesamtheit als Nervenfaser bezeichnet. Bei Betrachtung eines Längsschnittes offenbart sich uns ein weiteres wichtiges Detail (*Abb. 9*).
Es fällt sofort ins Auge, dass die Umhüllung des Axons in regelmäßigen Abständen (von 1–2 Millimetern) von so genannten RANVIER-Schnürringen (s. Pfeile!) unterbrochen ist.
Sowohl diese Einschnürungsstellen als auch die Ausbildung der Markscheide insgesamt haben – wie wir später noch sehen (*s. S. 25 f.*) – eine große Bedeutung für die Geschwindigkeit der Erregungsleitung in einem Axon.

Die nach dem beschriebenen Prinzip konstruierten Nervenfasern werden als **markhaltige Nervenfasern** bezeichnet. Nervenfasern, bei denen das Axon nur leicht in die Hüllzellen eingesenkt ist bzw. von diesen nur locker umwickelt wird, bezeichnet man im Gegensatz dazu als **marklose Nervenfasern**.

Aufgabe **A/1**

A/1 Fertige eine beschriftete Skizze vom Bau einer markhaltigen multipolaren Nervenzelle an. (Kombiniere hierzu die Abbildungen 5, 7d und 9 miteinander.)

3. Funktion der Nervenzelle

Vor gut zwei Jahrhunderten führte der italienische Arzt und Naturforscher Luigi GALVANI Experimente mit Froschschenkeln durch. Im Jahre 1786 entdeckte er, dass sich ein Muskel immer dann zusammenzog, wenn durch den zu ihm führenden Nerv ein elektrischer Strom floss. Bereits zur damaligen Zeit war also die Beteiligung elektrischer Ströme bei der Informationsübertragung in Nerven nachgewiesen.

Bis zur messtechnischen Erfassung der Phänomene, die an der einzelnen Nervenzelle auftreten, verging jedoch noch eine lange Zeit. Die Untersuchungen erwiesen sich unter anderem aufgrund der Winzigkeit der Nervenzellfortsätze als äußerst schwierig. Man versuchte deshalb zunächst, besonders große Nervenfasern als Versuchsobjekte heranzuziehen. 1939 und in den darauf folgenden Jahren gelang es an Tintenfisch-Riesenaxonen zum ersten Mal, die elektrischen Verhältnisse an einer ruhenden Nervenfaser aufzuklären.

3.1 Die unerregte Nervenzelle

Mittlerweile sind die Messmethoden so ausgefeilt, dass man auch Nervenfasern ganz gewöhnlicher Größe zu Messungen heranziehen kann. Wir werden uns zunächst damit befassen, wie dies geschieht, wobei wir uns auf die Darstellung der methodischen Grundprinzipien beschränken und auf eine physikalisch detaillierte Beschreibung der Messtechnik bewusst verzichten.

Um Messungen an einer Nervenfaser ① durchzuführen, benötigt man zwei Messelektroden. Bei der einen handelt es sich um die hauchdünn (Durchmesser ca. 1 µm = 1/1000 mm) ausgezogene Spitze einer Glaskapillare ②, die mit einer leitenden Flüssigkeit gefüllt ist und als Messfühler dient. Als Bezugselektrode dient ein geeignetes Metallplättchen ③. Zur Messung der zwischen den beiden Elektroden anliegenden Spannung findet meist ein Oszilloskop ④ Verwendung, mit dem die gemessenen elektrischen Werte auf einem Bildschirm sichtbar gemacht werden können.

Zu Beginn des Versuchs liegen beide Elektroden außerhalb der Zelle und als Messergebnis wird eine Spannung von 0 Volt angezeigt ⑤. Durchsticht man nun mit der Messelektrode die Zellmembran und dringt in das Axoninnere vor ⑥, so ändert sich die gemessene Spannung sprunghaft. Das Messgerät zeigt nun einen Wert von –80 Millivolt ⑦ an. (Der Messwert kann je nach Zelltyp in einem Bereich von etwa –60 mV bis –110 mV liegen.)

Die Ruhespannung zwischen dem Zellinneren und der äußeren Umgebung der Zelle wird meist als **Ruhepotenzial** bezeichnet. Obwohl diese Bezeichnung physikalisch nicht ganz korrekt ist, behalten wir sie bei, da sie allgemein eingebürgert ist.

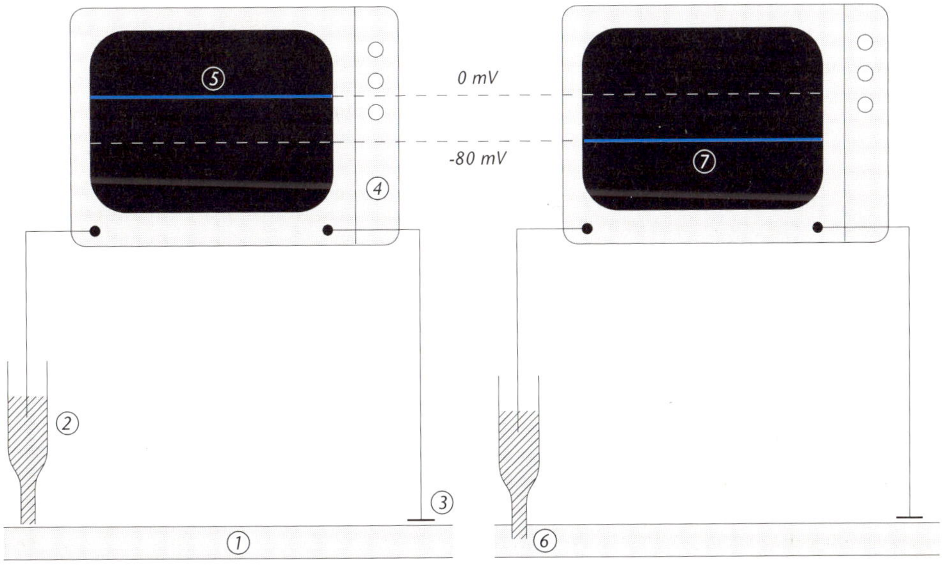

Abb. 10
Messung des Membranpotenzials einer unerregten Nervenfaser

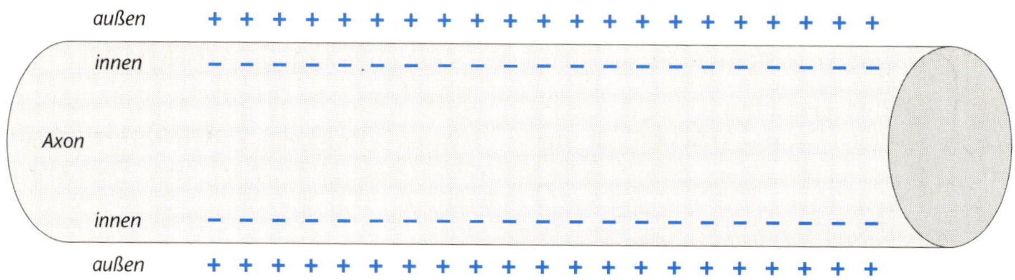

Abb. 11
Ladungsverteilung am ruhenden Axon

Das Ruhepotenzial ist innen negativ gegenüber außen.

Membranpotenziale wie das soeben beschriebene treten bei pflanzlichen und tierischen Zellen generell auf. Bei Nervenzellen sind sie von spezieller Bedeutung für die Ermöglichung der Informationsweitergabe. Wir wollen uns deshalb die Bedingungen für ihr Zustandekommen genauer vor Augen führen.

Eine entscheidende Rolle spielt dabei ein Vorgang, der als **Diffusion*** bezeichnet wird und den wir an dieser Stelle in knapper Form erläutern. (*Eine umfassendere Darstellung kannst du in der mentor Abiturhilfe Zellbiologie finden*).
Unter Diffusion versteht man das Bestreben eines Stoffes, sich in einem ihm zur Verfügung stehenden Raum gleichmäßig zu verteilen.
Gibt man z. B. – wie in Abbildung 12 dargestellt – einen Salzkristall oder einen Zuckerwürfel ① in ein mit Wasser gefülltes Gefäß ②, so beginnen sich die Ionen des Salzes bzw. die Moleküle des Zuckers im Lösungsmittel zu verteilen ③, bis schließlich ihre Konzentration überall gleich groß ist ④.
Diffusionsvorgänge können durch Membranen beeinflusst sein, die für verschiedene Teilchensorten unterschiedliche Permeabilität (Durchlässigkeit) aufweisen.

Abb. 12
Versuch zur Diffusion

Nehmen wir beispielsweise ein Gefäß mit einer Membran ⓐ, die selektiv permeabel (durchlässig) für Wassermoleküle und Kaliumionen (K^+) ist, Chloridionen (Cl^-) hingegen nicht passieren lässt. Die rechte Hälfte des Gefäßes wird mit reinem Wasser (H_2O) gefüllt ⓑ, die linke dagegen mit einer Kaliumchloridlösung ⓒ *(vgl. Abb. 13a)*.

Bei den weiteren Überlegungen richten wir unsere Aufmerksamkeit auf das Diffusionsverhalten der Salzionen, das der Wassermoleküle lassen wir indes bewusst außer Acht.

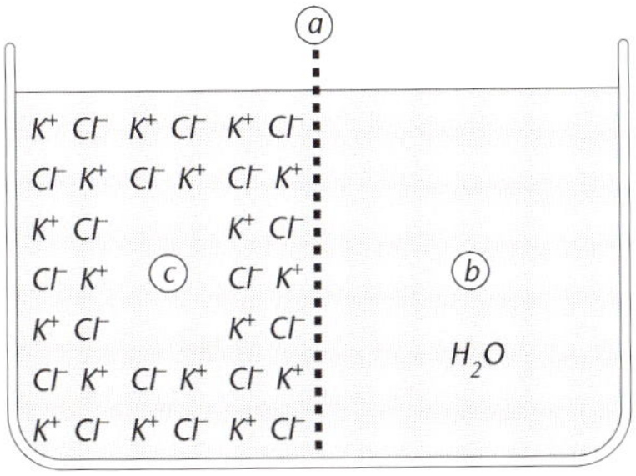

Abb. 13
a) Diffusion durch eine selektiv permeable Membran – Teil 1

In der linken Gefäßhälfte ist also die Konzentration für Kaliumionen (K^+) und Chloridionen (Cl^-) höher als in der rechten Gefäßhälfte. Man spricht hier deshalb auch von einem **Konzentrationsgefälle**. Es ist die Ursache dafür, dass die Kaliumionen (K^+) durch die (für sie durchlässige) Membran hindurch diffundieren ①.

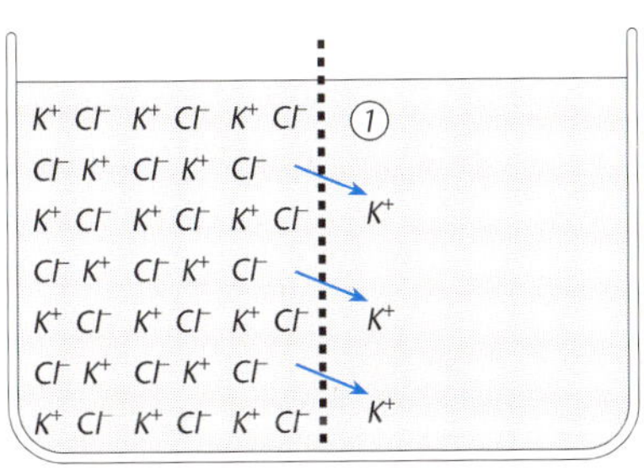

Abb. 13
b) Diffusion durch eine selektiv permeable Membran – Teil 2

Die Wanderung der K^+-Ionen geht aber nicht bis zur völligen Gleichverteilung dieser Teilchen in beiden Gefäßhälften. Vielmehr wird die Abwanderung der K^+-Ionen auch wieder gebremst, und zwar aus folgendem Grund: Es können ja nur die (positiv geladenen) Kaliumionen die Membran passieren. Die (negativ geladenen) Chloridionen werden hingegen zurückgehalten. Demzufolge kommt es zu einer Ungleichverteilung der Ladung. Rechts von der Membran besteht dann ein Überschuss an positiver Ladung (Kaliumionen) ②, links besteht ein Überschuss an negativer Ladung (Chloridionen) ③.

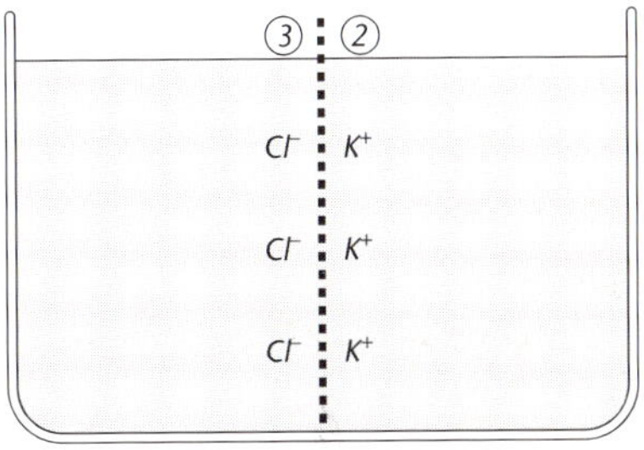

Abb. 13
c) Diffusion durch eine selektiv permeable Membran – Teil 3 (Ab hier sind nur die direkt an der Membran befindlichen Ionen dargestellt.)

Infolge der ungleichen Ladungsverteilung besteht ein elektrisches **Ladungsgefälle**. Dieses wirkt als zweite Kraft neben dem Konzentrationsgefälle ebenfalls auf die K^+-Ionen ein. Diese werden demzufolge durch den negativen Ladungsüberschuss links der Membran angezogen und es kommt zu ihrer Rückwanderung ④.

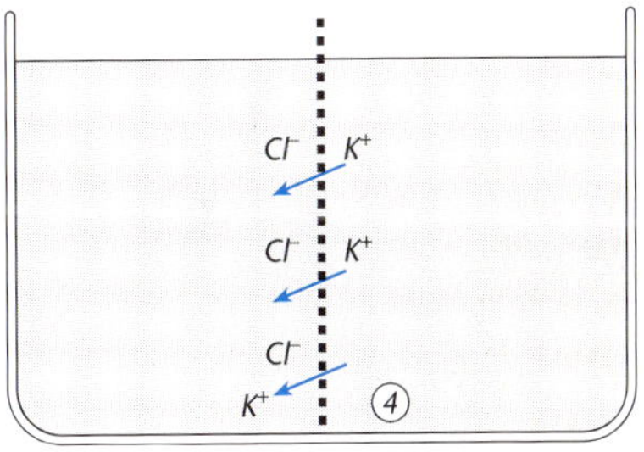

Abb. 13
d) Diffusion durch eine selektiv permeable Membran – Teil 4

Wichtig für das Verständnis des sich ergebenden Endzustandes ist die Kenntnis vom Zusammenspiel der beiden auf die K^+-Ionen einwirkenden Kräfte.

Aufgaben

A/2-A/3

A/2 Wie ändert sich das Konzentrationsgefälle mit zunehmendem K^+-Ionen-Ausstrom?

A/3 Wie ändert sich das Ladungsgefälle mit zunehmendem K^+-Ionen-Ausstrom?

Zu einem bestimmten Zeitpunkt sind die beiden auf die K^+-Ionen einwirkenden Kräfte (Konzentrationsgefälle und Ladungsgefälle) gleich groß und es wird bezüglich der Wanderung der K^+-Ionen ein dynamisches Gleichgewicht erreicht: Es strömen pro Zeiteinheit genauso viele K^+-Ionen (durch das Konzentrationsgefälle getrieben) nach rechts, wie K^+-Ionen (durch das Ladungsgefälle getrieben) nach links strömen.

Der damit erreichte Endzustand ist charakterisiert durch einen Überschuss an K^+-Ionen rechts der Membran und einen Überschuss von Cl^--Ionen links der Membran ⑤.
Die Diffusion der K^+-Ionen durch die selektiv permeable Membran hat also den Aufbau eines Membranpotenzials zur Folge ⑥.

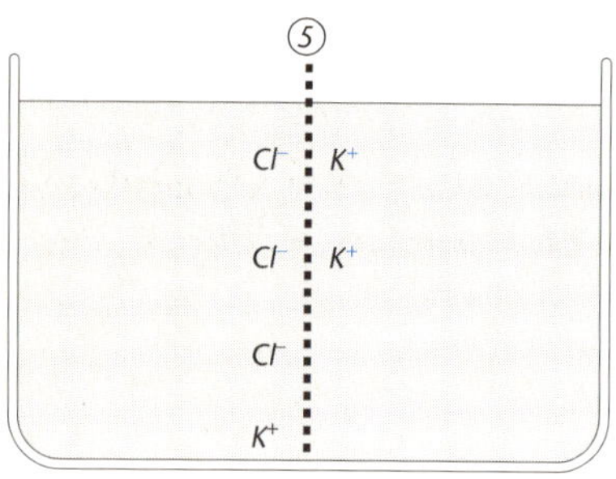

Abb. 13
e) Diffusion durch eine selektiv permeable Membran – Teil 5

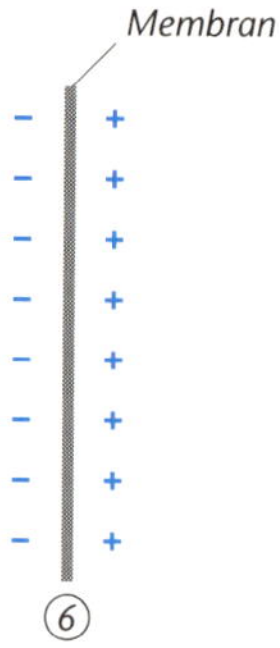

Abb. 13
f) Diffusion durch eine selektiv permeable Membran – Teil 6 (Ladungsverteilung an der Membran)

Messungen ergaben: An einer unerregten Nervenfaser besteht ein Ruhepotenzial, das durch negativen Ladungsüberschuss an der Innenseite der Axonmembran gekennzeichnet ist.

Experimentell wurde gezeigt: Sind Lösungen mit unterschiedlicher Salzkonzentration durch eine für die einzelnen Ionensorten unterschiedlich stark permeable Membran getrennt, so entsteht aufgrund von Diffusionsvorgängen durch die Membran an dieser ein Potenzial.

Mit diesem Vorwissen gewappnet können wir uns nun den Vorgängen zuwenden, die an der Axonmembran selbst ablaufen.

Diese hat als typische Biomembran selektiv permeable Eigenschaften. (*Eine ausführliche Darstellung der Bau- und Funktionsprinzipien von*

Biomembranen findet sich in der mentor Abiturhilfe Zellbiologie.) Sie ist umgeben von Lösungen, die mehrere Typen von Ionen enthalten. Chemische Analysen ergaben, dass es sich dabei vor allem um folgende Ionensorten handelt:

- **positive Ionen** (Kationen):
  Kaliumionen K^+
  Natriumionen Na^+
- **negative Ionen** (Anionen):
  Chloridionen Cl^-
  Eiweißionen Org^-
  (organische Ionen)

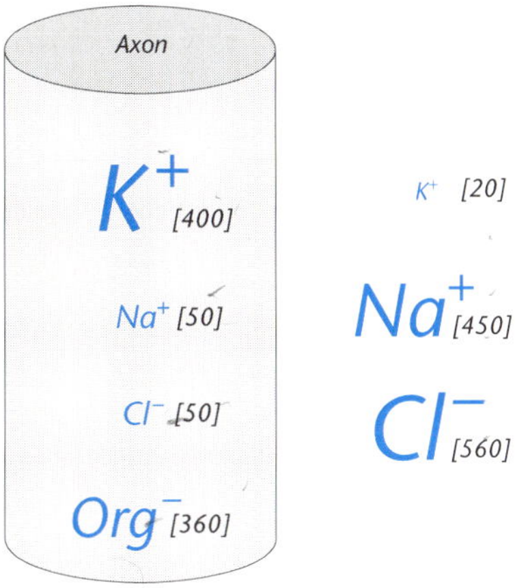

Abb. 14
Ionenkonzentrationen innerhalb und außerhalb des Axons in [mM/l] (M steht für „Mol"; vgl. mentor Lernhilfe Chemie, ML 675)

Diese Ionen sind so an der Nervenzellmembran verteilt, dass an der Innenseite im Vergleich zur Außenseite ein negativer Ladungsüberschuss besteht (*vgl. Abb. 11*). Die chemische Bestimmung der Konzentrationen der einzelnen Ionensorten ergab folgende Daten:
Es zeigt sich, dass die Konzentration für K^+-Ionen und Eiweißionen im Zellinneren deutlich höher ist als außen. Hingegen sind die Konzentrationen der Na^+- und Cl^--Ionen im Zellinneren deutlich geringer als außen.
Mit Ausnahme der vergleichsweise sehr großen Eiweißionen können die verschiedenen Ionensorten die Axonmembran durch so genannte passive Ionenkanäle, das sind quasi ständige Öffnungen, durchqueren. Dabei besteht aber ein Unterschied im jeweiligen Durchlassvermögen, wie die folgende Aufstellung zeigt:

K^+	:	Na^+	:	Cl^-
100	:	4	:	45

Die Membran ist demnach im Ruhezustand für K^+-Ionen am stärksten durchlässig.

Aufgabe A/4

A/4 Die Membran ist im Ruhezustand für K^+-Ionen stärker durchlässig als für Na^+-Ionen. Berechne, um wie viel mehr.

Für die Ausbildung des Ruhepotenzials spielen aus diesem Grunde auch die K^+-Ionen die entscheidende Rolle.

Das **Ruhe**potenzial ist im Wesentlichen ein **Kalium**potenzial.

Dies zu verstehen fällt gar nicht schwer, wenn man die Ausführungen zum oben beschriebenen Experiment (*Abb. 13a–f*) verstanden hat. Die K^+-Ionen wandern nämlich im Bestreben nach Konzentrationsausgleich vom Axoninneren nach außen. Dabei bildet sich eine ungleiche Ladungsverteilung aus. Im Bestreben nach Ladungsausgleich kommt es zu einem K^+-Ionen-Rückstrom nach innen. Schließlich sind Konzentrations- und Ladungsgefälle gleich groß und die aus- und einströmenden K^+-Ionen halten sich die Waage.

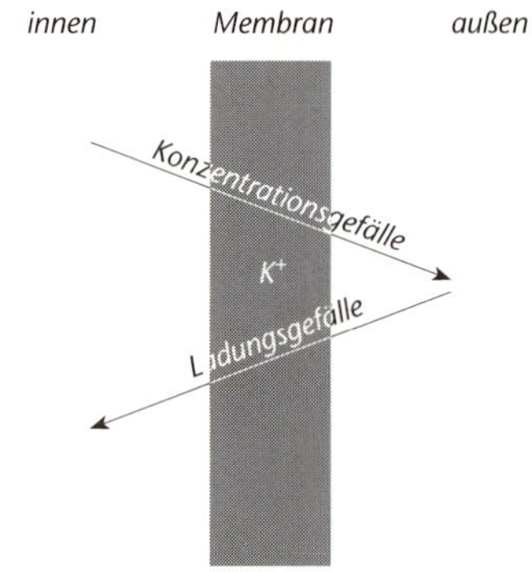

Abb.15
Zusammenwirken von Konzentrations- und Ladungsgefälle für K^+-Ionen

In diesem Gleichgewicht besteht eine Ladungstrennung unmittelbar an beiden Membranseiten und es tritt das messbare und für die unerregte Axonmembran charakteristische Ruhepotenzial auf (*vgl. oben*).

Die Rolle der anderen Ionensorten für die Ausbildung des Ruhepotenzials beleuchten wir mit den folgenden beiden Aufgaben.

Aufgaben A/5-A/6

A/5 In welcher Weise beeinflussen die Chloridionen das Ruhepotenzial?

A/6 In welcher Weise beeinflussen die Natriumionen das Ruhepotenzial?

Trotz der geringen Durchlässigkeit der Membran für Na^+-Ionen würde ein ungehinderter Einstrom dieser Ionensorte in das Axoninnere langsam aber sicher zu einer Abschwächung des Ruhepotenzials führen (*vgl. Lösung zu Aufgabe 6*) und damit die Funktionsfähigkeit der Nervenzelle beeinträchtigen. Um dies zu verhindern, verfügt die Zelle über einen Mechanismus, der dieser Gefahr entgegenwirkt – die **Natrium-Kalium-Pumpe**.
Ihre Wirkungsweise wird mithilfe der Abbildung 16 erläutert.

Das permanente Einsickern von Natriumionen ① wird durch die Wirkungsweise von Carrierproteinen ② in der Membran kompensiert. An diese lagern sich an der Innenseite Na^+-Ionen ③, an der Außenseite K^+-Ionen ④ an. Die Ionen werden durch Konformationsänderung der Carrierproteine auf die jeweils andere Membranseite geschleust ⑤ ⑥ (*zum Mechanismus des Carrier-Transports vgl. mentor Abiturhilfe Zellbiologie*). Die für den Prozess benötigte Energie wird durch ATP bereitgestellt ⑦ (*zur Rolle des ATP vgl. mentor Abiturhilfe Stoffwechsel*).

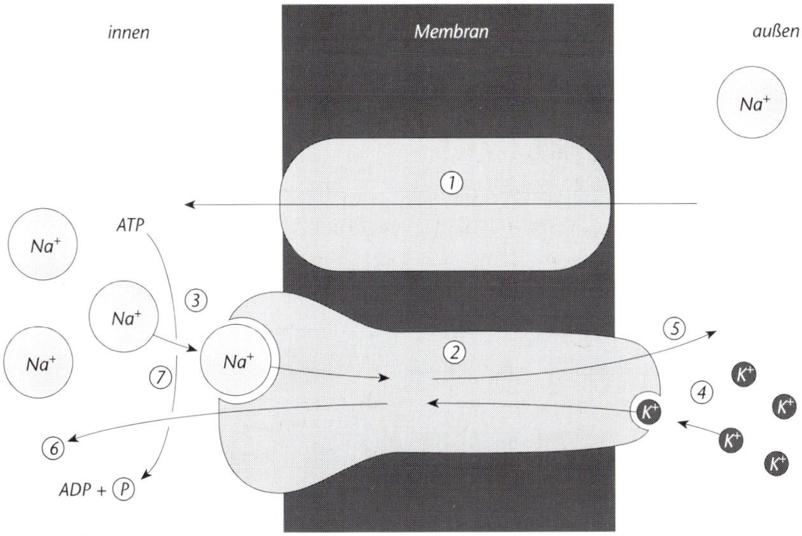

Abb. 16
Natrium-Kalium-Pumpe

Aufgaben A/7-A/8

A/7 Untersuchungen ergaben, dass die Natrium-Kalium-Pumpe beim Abtransport von drei Natriumionen nach außen zwei Kaliumionen in das Zellinnere hineintransportiert.
Welche Auswirkungen hat dies auf das Membranpotenzial?

A/8 Diese Frage ist für Spezialisten gedacht, die schon gut über die an Biomembranen ablaufenden Vorgänge Bescheid wissen.
Welche Auswirkungen hätte der Ausfall der Natrium-Kalium-Pumpe auf den Wasserhaushalt der Zelle?

3.2 Die erregte Nervenzelle

3.2.1 Bildung des Aktionspotenzials

Unter den zu Anfang von Kapitel 3 erwähnten Experimenten GALVANIS mit Froschschenkeln befand sich auch eines, bei dem er einen Nerv mit zwei verschiedenen Metallsorten berührte, die miteinander verbunden waren. Daraufhin konnte er eine Kontraktion des von diesem Nerven versorgten Muskels beobachten.
Die durch diese Art der Berührung verursachte Ladungsveränderung hatte also die Informationsweiterleitung entlang des Nervs zur Folge.

Die bei derartigen Vorgängen in einer einzelnen Nervenzelle ablaufenden Ereignisse lassen sich mit einer Apparatur erfassen, die prinzipiell der zu Beginn von Kapitel A.3.1 entspricht. Das Messgerät zeigt zu einem bestimmten Zeitpunkt das Umspringen des Membranpotenzials. Dabei verändert sich dieses ausgehend vom negativen Wert des Ruhepotenzials für den kurzen Zeitraum von etwa 1 ms auf einen positiven Spitzenwert von ca. +30 mV, um dann wieder in den Bereich des Ausgangswer-

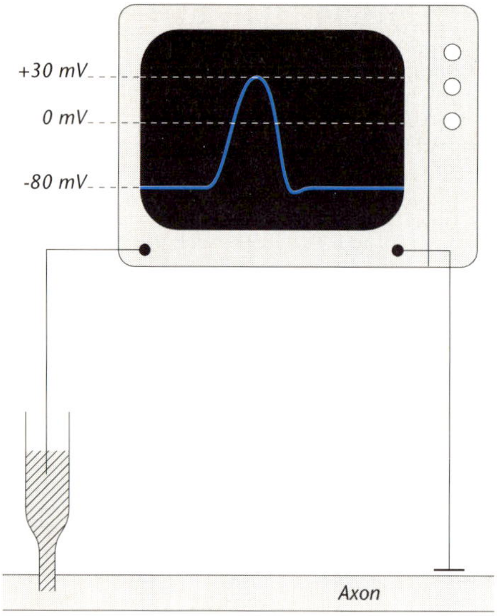

Abb. 17
Messung des Membranpotenzials einer erregten Nervenfaser

tes zurückzufallen (*vgl. Abb. 17*). Diese kurzfristige Änderung des Membranpotenzials wird in ihrem Gesamtablauf als **Aktionspotenzial** bezeichnet.

Aktionspotenziale treten im Organismus natürlicherweise auf, wenn z. B. ein Neuron durch eine vorgeschaltete Nervenzelle aktiviert wird. Zur Erforschung der ablaufenden Mechanismen machte man aber von der Tatsache Gebrauch, dass sich Neuronen auch künstlich erregen lassen – wie ja das klassische Experiment von GALVANI bereits zeigte.
Für die systematische Untersuchung benutzt man die in Abbildung 18 in stark vereinfachter Form dargestellte Versuchsapparatur.

Mit einem Reizgerät ① kann man an einer Stelle der Membran durch eine Reizelektrode

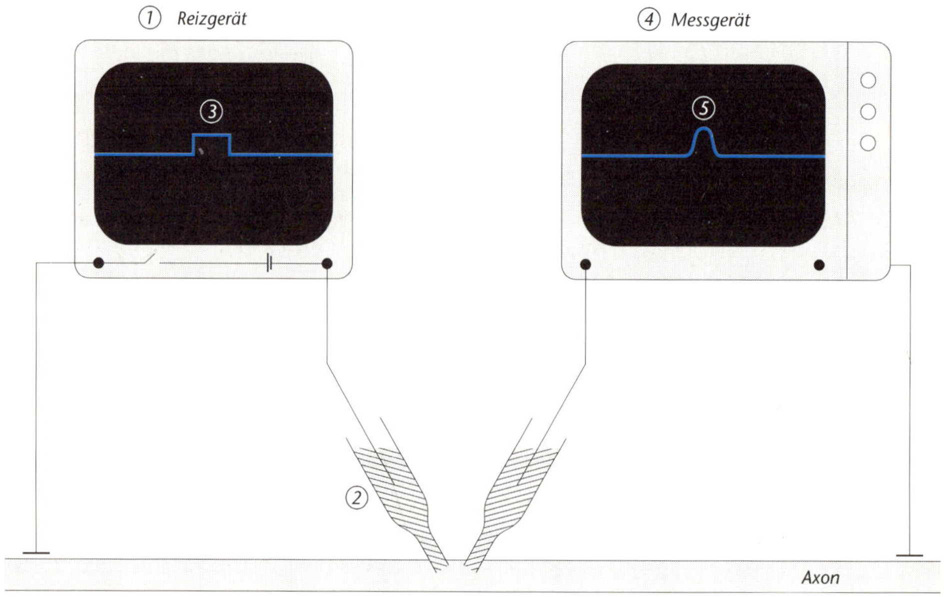

Abb. 18
Versuchsanordnung zur Reizung einer Nervenfaser und Messung des Membranpotenzials

② kurze Stromstöße setzen, die das Ruhepotenzial verändern. Die Intensität dieser elektrischen Reize ③ lässt sich variieren. An der angrenzenden Membranstelle wird mit der uns bereits vertrauten Messapparatur ④ die Auswirkung des Reizes auf das Potenzial erfasst ⑤ (*vgl. Abb. 18*).
Bei eingehenden Untersuchungen wurden die elektrischen Reize abgewandelt und ihre jeweilige Auswirkung auf das Membranpoten-

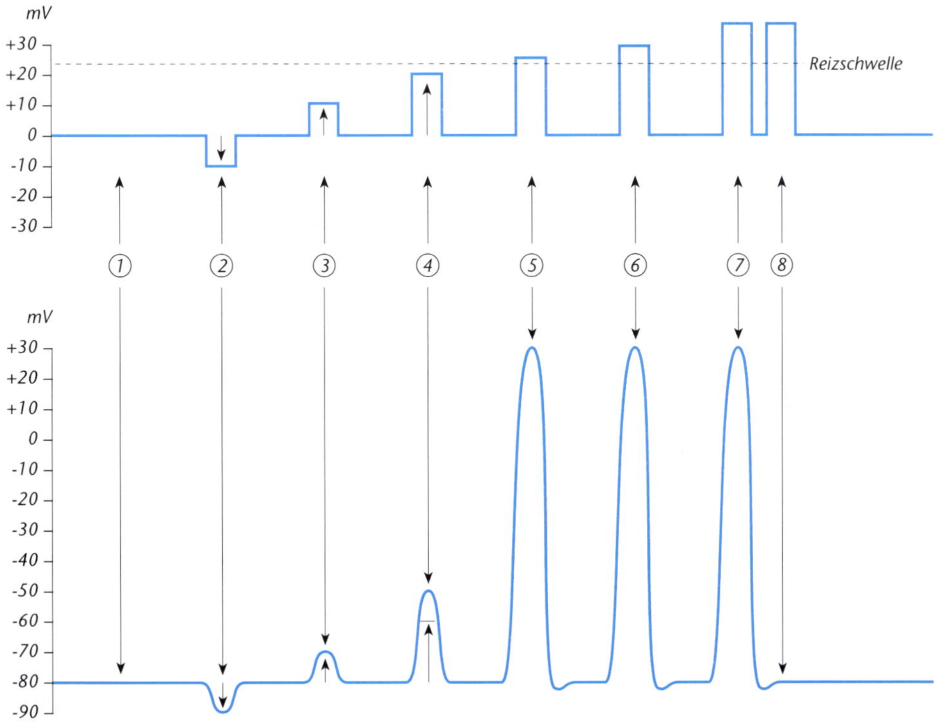

Abb. 19
Auslösebedingungen für das Aktionspotenzial

zial gemessen. Auf diese Weise konnte man die Auslösebedingungen für das Aktionspotenzial ermitteln. Einige typische Reizformen und die zugeordneten Veränderungen des Membranpotenzials sind in Abbildung 19 zusammengefasst.

① Bei nicht aktivem Reizgerät erfasst das Messgerät das Ruhepotenzial von – 80 mV.

② Ist die Reizelektrode mit dem negativen Pol des Reizgerätes verbunden, so wird dem Axoninneren eine gewisse Menge negativer Ladung zugeführt. Diese bewirkt eine entsprechende Verschiebung des Membranpotenzials in den Bereich stärker negativer Werte. Diese Verstärkung des Ruhepotenzials wird als **Hyperpolarisierung** bezeichnet.

③ Ist die Reizelektrode mit dem positiven Pol des Reizgerätes verbunden, so wird dem Axoninneren eine gewisse Menge positiver Ladung zugeführt. Diese bewirkt eine entsprechende Verschiebung des Membranpotenzials in den Bereich weniger stark negativer Werte. Diese Abschwächung des Ruhepotenzials wird als **Depolarisierung** bezeichnet.

④ Ab einer bestimmten Reizintensität übersteigt die Depolarisierung die Menge der zugeführten Ladung.

⑤ ⑥ ⑦ Ab einer bestimmten **Reizschwelle** kommt es zur Auslösung von Aktionspotenzialen. Dabei gilt die **„Alles-oder-nichts-Regel“**. Sie besagt, dass sämtliche überschwelligen Reize die Bildung eines Aktionspotenzials bewirken, sämtliche Reize unterhalb der Schwelle hingegen nicht.

⑧ Bei sehr enger zeitlicher Aufeinanderfolge (2 ms) zweier Reize löst der eigentlich überschwellige zweite Reiz kein Aktionspotenzial aus. Die Zeitspanne, innerhalb der kein weiteres Aktionspotenzial ausgelöst werden kann, bezeichnet man als **Refraktärzeit**.

Die Umpolung der Membran – ausgehend vom Ruhepotenzial bis zum „Gipfel" des Aktionspotenzials – kommt durch massive Ionenverschiebungen im Bereich der Axonmembran zustande.

Aufgabe A/9

A/9 a) Überlege, welche der an der Axonmembran befindlichen Ionensorten dafür prädestiniert ist, eine rasche Umpolung an der Membran zu bewirken. Begründe deine Überlegungen.

b) Welche Veränderung in der Axonmembran muss eintreten, damit die entsprechenden Ionen ihre Rolle spielen können?

Um Art und Ablauf der Ionenverschiebungen verstehen zu können, werden wir grundlegende Vorgänge an der Membran betrachten.
Bei diesen spielen **aktive Ionenkanäle** eine Hauptrolle. Sie sind in ihrer Struktur veränderlich, und zwar richtet sich ihr räumlicher Zustand nach der an der Membran aktuell herrschenden Spannung.
Was ihre Funktionsweise betrifft, so konnte man vor einigen Jahren mithilfe der **Patch-Clamp-Methode*** zahlreiche Details in Erfahrung bringen. Bei diesem Verfahren wird eine

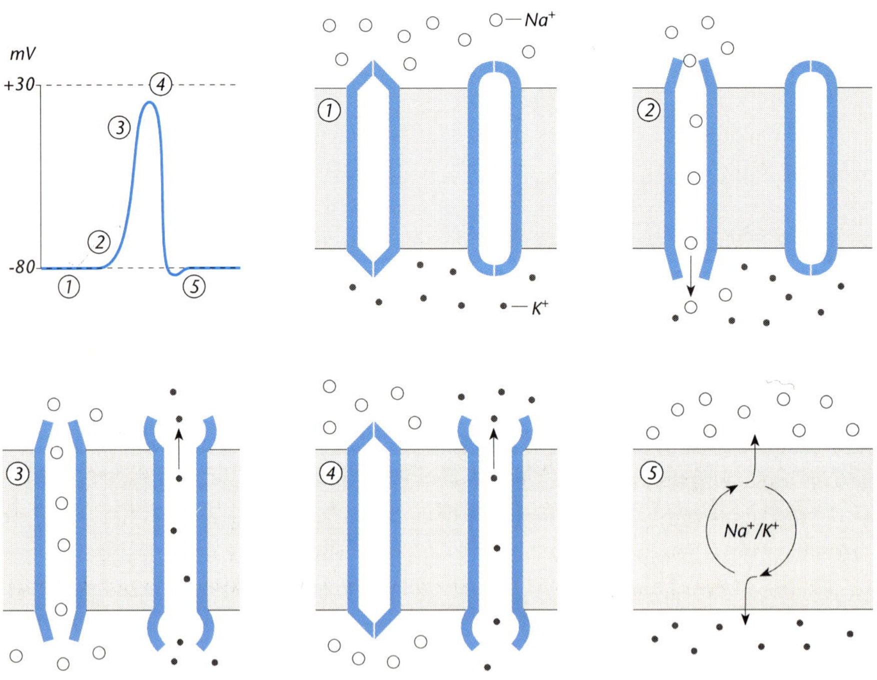

Abb. 20
Modellhafte Darstellung der Vorgänge an der Axonmembran während des Aktionspotenzials

Glaspipette mit einem Durchmesser von weniger als 0,5 µm auf die Membran aufgesetzt. Durch leichtes Ansaugen der Membran kann es gelingen, in der Pipettenspitze einen einzelnen Ionenkanal zu erfassen, wobei die Membran insgesamt intakt bleibt. Dadurch werden Messungen an einzelnen Ionenkanälen möglich.

Um uns bei unseren Überlegungen besser orientieren zu können, zerlegen wir das Aktionspotenzial in seinem Ablauf in fünf Phasen. Diesen ordnen wir dann die Geschehnisse zu, die in und an der Membran ablaufen (*vgl. Abb. 20*).

① Im Ruhezustand sind die aktiven Ionenkanäle allesamt geschlossen und bilden eine Barriere für den Durchstrom von Ionen.

② Bei beginnendem Aktionspotenzial öffnen sich die aktiven Natriumionenkanäle und es kommt zum ungehinderten Einstrom von Na^+-Ionen. Dies führt zu einer raschen Veränderung des Membranpotenzials.

③ Während der zunehmenden Veränderung des Membranpotenzials öffnen sich auch die aktiven Kaliumionenkanäle und es kommt zusätzlich zum Ausstrom von K^+-Ionen. Dieser arbeitet der weiteren Veränderung des Membranpotenzials entgegen.

④ Im Bereich der größten Veränderung des Membranpotenzials schließen sich die aktiven Natriumionenkanäle wieder. Der Einstrom von Na^+-Ionen kommt zum Erliegen. Durch die nun allein geöffneten aktiven Kaliumionenkanäle strömen nach wie vor Kaliumionen aus. Dies führt zu einer raschen Rückführung des Membranpotenzials in Richtung auf den ursprünglichen Zustand.

⑤ Bei der Rückbildung des Ruhezustands der Membran wird ein so genanntes **Nachpotenzial** durchschritten. Am Ende schließen sich auch die aktiven Kaliumionenkanäle wieder und die Natrium-Kalium-Pumpe stellt durch ihre Aktivität die ursprüngliche Ionenverteilung und damit das Ruhepotenzial wieder her.

Für die Entstehung des Aktionspotenzials spielen demnach die Na^+-Ionen die entscheidende Rolle.

Das **Aktions**potenzial ist im Wesentlichen ein **Natrium**potenzial.

Aufgabe A/10

A/10 Begründe, warum sich das Membranpotenzial beim Übergang vom Ruhe- zum Aktionspotenzial so schlagartig ändern kann. Gehe dabei von den beiden folgenden Überlegungen aus:

1. Eine geringe Depolarisation führt zur leichten Öffnung von aktiven Natriumionenkanälen.
2. Aktive Ionenkanäle ändern die Größe ihrer Durchlassöffnung in Abhängigkeit von der Spannung, die an der Membran herrscht.

Auch das Auftreten einer Refraktärzeit lässt sich durch das Verhalten der Natriumionenkanäle erklären (*vgl. Text zu Abb. 19*). Diese verharren nämlich nach Ablauf eines Aktionspotenzials für eine kurze Zeitspanne in einem Zustand, aus dem heraus eine erneute Öffnung nicht erfolgen kann.

3.2.2 Erregungsleitung

Die Versuchsanordnung zur Reizung einer Nervenfaser und Messung des Membranpotenzials (*vgl. Abb. 18*) kann durch weitere Messgeräte ergänzt werden, die entlang der Nervenfaser verteilt werden. Nach Setzung eines überschwelligen Reizes erfasst nicht nur das Messgerät in unmittelbarer Nachbarschaft der Reizstelle ein Aktionspotenzial. Vielmehr werden auch an all den anderen Messstellen Aktionspotenziale in voller Stärke registriert. Dies geschieht allerdings nicht gleichzeitig, sondern – proportional zur steigenden Entfernung vom Reizort – mit einer gewissen Zeitverschiebung. Das Aktionspotenzial breitet sich also entlang des gesamten Axons aus.
Die dabei auftretenden Leitungsgeschwindigkeiten können je nach Beschaffenheit der Nervenfasern sehr unterschiedlich ausfallen.

① An der Stelle, an der gerade ein Aktionspotenzial auftritt, wird das Membranpotenzial durch einen starken Einstrom von Na^+-Ionen quasi „umgedreht" (*vgl. Erläuterungen zu Abb. 20*).
② An beiden Seiten der Membran stoßen damit positive und negative Ladungen direkt aufeinander.
③ Da sich entgegengesetzte Ladungen anziehen, kommt es zu einer Verschiebung der Ionen in Längsrichtung des Axons. Diese Ionenströme (**Kreisströmchen**) bewirken eine Veränderung des Membranpotenzials in der unmittelbaren Nachbarschaft der gerade umgepolten Stelle.

Erregungsleitung in einer marklosen Nervenfaser

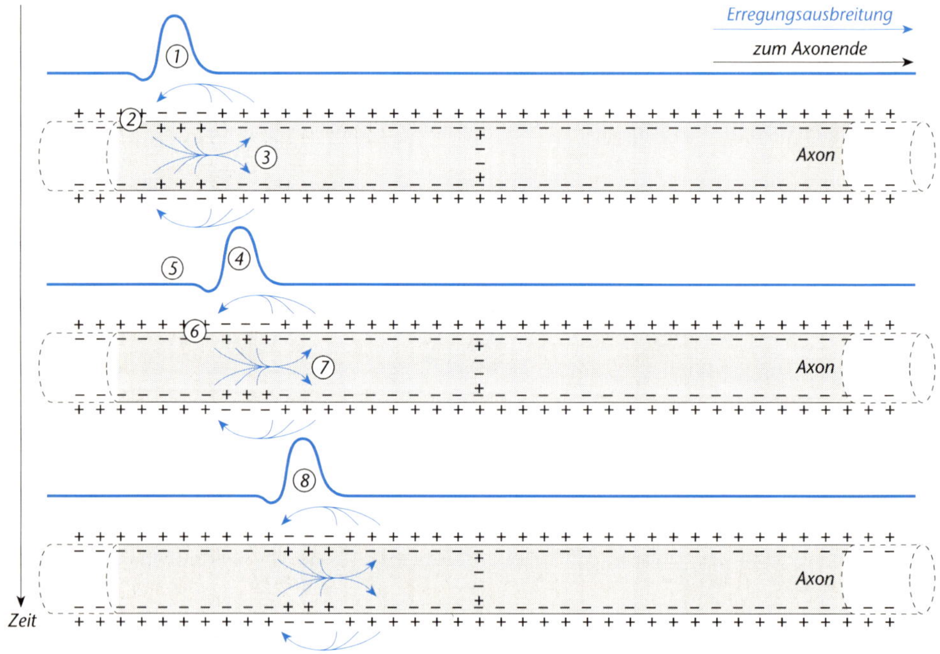

Abb. 21
Fortleitung eines Aktionspotenzials in einer marklosen Nervenfaser

④ Die Nachbarstelle wird auf diese Weise überschwellig depolarisiert und es bildet sich an ihr ein Aktionspotenzial aus.
⑤ An der ursprünglich umgepolten Stelle stellt sich wieder das Ruhepotenzial ein.
⑥ Die Stelle, an der entgegengesetzte Ladungen aufeinander stoßen, ist damit weiter in Richtung auf das Axonende verschoben.
⑦ Ionenströme bewirken wiederum die überschwellige Depolarisation der Membran in der unmittelbaren Nachbarschaft der aktuell umgepolten Stelle.
⑧ Das Aktionspotenzial entsteht erneut, ein Stück näher am Axonende, und wirkt in der beschriebenen Form auf die neue Nachbarstelle ein.

Das Aktionspotenzial breitet sich auf diese Weise – unter Beibehaltung seiner vollen Stärke – entlang der gesamten Nervenfaser aus.

Aufgabe A/11

A/11 Wird an einer Stelle der Nervenfaser (z. B. in der Mitte), das Aktionspotenzial durch ein Reizgerät ausgelöst, so breitet es sich in beide Richtungen aus. Unter natürlichen Bedingungen läuft die Erregung hingegen immer nur in eine Richtung: Ein in der Axonmitte angekommenes Aktionspotenzial wirkt mit den von ihm ausgehenden Kreisströmchen zwar in beide Richtungen des Axons, löst aber nur zum Axonende hin an der Nachbarstelle ein Aktionspotenzial aus. Die in die andere Richtung wirkenden Ionenströme (sie wurden in Abbildung 21 nicht mit eingezeichnet) bleiben hingegen unwirksam.
Finde eine Erklärung für dieses Phänomen.

Die Leitungsgeschwindigkeit ist abhängig von der Dicke des Axons. Je größer der Faserdurchmesser ist, desto ungehinderter können sich die Ionenströme in Längsrichtung ausbreiten und umso schneller wird das Aktionspotenzial weitergeleitet. Bei den bereits erwähnten Tintenfisch-Riesenaxonen ergaben Messungen eine Leitungsgeschwindigkeit von 25 m/s.

Bei der markhaltigen Nervenfaser sind weite Bereiche des Axons durch eine Markscheide isoliert. Nur an einem RANVIER-Schnürring (*vgl. Kap. A.2.2*) können sich Ionen durch die Membran bewegen (*vgl. Abb. 22*).

① An der Einschnürung, an der gerade ein Aktionspotenzial auftritt, wird das Membranpotenzial durch den Einstrom von Na^+-Ionen quasi „umgedreht".
② Die Ionenströme (Kreisströmchen) können wegen der isolierend wirkenden Markscheide erst am nächsten Schnürring eine Depolarisation bewirken.
③ Dort wird ein Aktionspotenzial gebildet, während sich an der ursprünglich umgepolten Stelle wieder das Ruhepotenzial einstellt.
④ Die Ionenströme führen dann zur Weitergabe des Aktionspotenzials an den nächstfolgenden Schnürring.

Die Erregung wird in diesem Falle also nicht kontinuierlich weitergeleitet, sondern sie springt gleichermaßen von Schnürring zu Schnürring. Man spricht deshalb auch von **saltatorischer* Erregungsleitung**.

Erregungsleitung in einer markhaltigen Nervenfaser

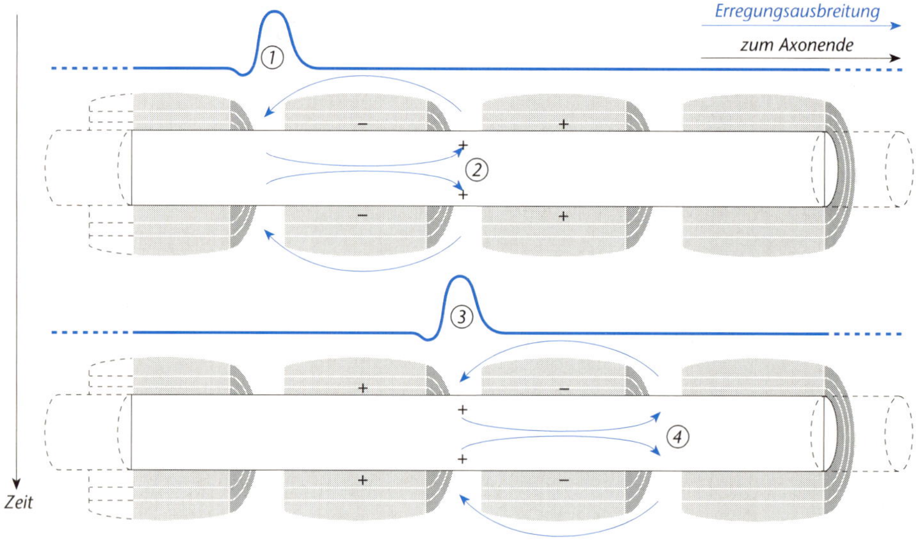

Abb. 22
Fortleitung eines Aktionspotenzials in einer markhaltigen Nervenfaser

Die Leitungsgeschwindigkeit ist in diesem Fall abhängig von der Dicke der Markscheide und vom Abstand der Schnürringe. Je dicker die Markscheide ist, desto besser ist das Axon isoliert, und die Kreisströmchen können sich nicht verlieren, sondern wirken sich mit voller Kraft nur an den Schnürringen aus. Je größer deren Abstand voneinander ist, desto „größer die Sprünge".

Auf diese Weise werden hier deutlich höhere Leitungsgeschwindigkeiten als bei den marklosen Nervenfasern erreicht. So konnte man z. B. in den markhaltigen Nervenfasern, die die Muskulatur von Säugetieren mit Nervenimpulsen versorgen, Geschwindigkeiten von bis zu 120 m/s messen.

Die saltatorische Erregungsleitung ist darüber hinaus ökonomischer, denn der Energie verzehrende Einsatz von Ionenpumpen, wie er am Ende eines Aktionspotenzials zur Wiederherstellung des Ruhepotenzials notwendig ist, beschränkt sich auf die kleine Membranfläche an den Schnürringen.

4. Zusammenfassung

- Die Fähigkeit von Lebewesen, Reize mit Reaktionen zu beantworten, wird als **Reizbarkeit** bezeichnet; hierfür spielt die Informationsverarbeitung eine herausragende Rolle.
  Bei höher entwickelten Tieren und dem Menschen ist diese Verarbeitung an **Nervenzellen** (**Neuronen**) gebunden.

- Ihrem Grundbauplan nach lassen sich alle Nervenzellen in drei Abschnitte untergliedern: **Zellkörper** (Perikaryon, Soma), **Dendriten** und **Axon**.

- Die Schaltstellen eines Neurons zu den angrenzenden Zellen werden als **Synapsen** bezeichnet.

- Die im Nervensystem befindlichen Neuronen unterscheiden sich nach Aufgabe und Bau: Nach der Anzahl ihrer Ausläufer unterscheidet man zwischen **unipolaren, bipolaren, pseudounipolaren** und **multipolaren Neuronen**.

- Bei **markhaltigen Nervenfasern** ist das Axon von einer aus SCHWANN-**Zellen** gebildeten Hülle (Markscheide, Myelinscheide) umgeben. Bei **marklosen Nervenfasern** ist das Axon nur leicht in die Hüllzellen eingesenkt.

- Bei der Informationsübertragung durch Nervenfasern sind elektrische Ströme beteiligt. Messungen ergaben: An einer unerregten Nervenfaser besteht ein **Ruhepotenzial**, das durch negativen Ladungsüberschuss an der Innenseite der Axonmembran gekennzeichnet ist. An seinem Zustandekommen sind Kaliumionen K^+, Natriumionen Na^+, Chloridionen Cl^- und Eiweißionen Org^- beteiligt.

- **Im Ruhezustand ist die Membran für K^+-Ionen am stärksten durchlässig**. Diese spielen deshalb für die Ausbildung des Ruhepotenzials die entscheidende Rolle. **Die Konzentration für K^+-Ionen ist im Axoninneren deutlich höher**. Daher wandern sie im Bestreben nach **Konzentrationsausgleich** nach außen. Dabei bildet sich eine ungleiche Ladungsverteilung aus. Im Bestreben nach **Ladungsausgleich** kommt es zu einem K^+-Ionen-Rückstrom nach innen. Schließlich sind Konzentrations- und Ladungsgefälle gleich groß und die aus- und einströmenden K^+-Ionen halten sich die Waage. In diesem Gleichgewicht besteht eine **Ladungstrennung** unmittelbar an beiden Membranseiten und es tritt das messbare und für die unerregte Axonmembran charakteristische Ruhepotenzial auf, das je nach Zelltyp im Bereich zwischen –60 mV bis –110 mV liegt.
  Die Na^+-Ionen, deren Konzentration außen deutlich höher ist als innen, wandern sowohl im Bestreben nach Konzentrations- als auch nach Ladungsausgleich ins Axoninnere ein.

- Trotz der geringen Durchlässigkeit der Membran für Na^+-Ionen würde ein ungehinderter Einstrom dieser Ionensorte in das Axoninnere langsam aber sicher zu einer Abschwächung des Ruhepotenzials führen. Um dies zu verhindern, verfügt die Zelle über einen Mechanismus, der dieser Gefahr entgegenwirkt – die **Natrium-Kalium-Pumpe**. Diese sorgt unter Verwendung von Stoffwechselenergie (ATP) für den Abtransport von Natrium-Ionen nach außen.

- Die kurzfristige Änderung des Membranpotenzials vom negativen Wert des Ruhepotenzials auf einen positiven Spitzenwert von ca. +30 mV wird als **Aktionspotenzial** bezeichnet. Sie tritt bei Erregung der Nervenfaser auf.
  Untersuchungen der Auslösebedingungen ergaben, dass eine Abschwächung des Ruhepotenzials (**Depolarisierung**) bis zu einer bestimmten Reizschwelle zur Auslösung von Aktionspotenzialen führt.

- Die Umpolung der Membran – ausgehend vom Ruhepotenzial bis zum „Gipfel" des Aktions-

potenzials – kommt durch massive Ionenverschiebungen im Bereich der Axonmembran zustande.
Dabei spielen **aktive Ionenkanäle** eine Hauptrolle.
Diese sind im Ruhezustand allesamt geschlossen und bilden eine Barriere für den Durchstrom von Ionen.

- Bei beginnendem Aktionspotenzial öffnen sich die aktiven Natriumionen-Kanäle und es kommt zum ungehinderten **Einstrom von Na^{+}-Ionen**. Dieser bewirkt die rasche Veränderung des Membranpotenzials, die bis zur Umpolung führt.
  Die Rückbildung des Ruhezustands wird durch den Ausstrom von Kaliumionen und das Wirken der Natrium-Kalium-Pumpe erreicht.
  Für eine kurze Zeitspanne – die **Refraktärzeit** – kann kein weiteres Aktionspotenzial ausgelöst werden.
  Bei der **Erregungsleitung** in einer Nervenfaser wirkt die aktuell umgepolte Stelle über Ionenströme auf die unmittelbare Nachbarschaft ein und führt dort zur überschwelligen Depolarisation der Membran. Das Aktionspotenzial breitet sich auf diese Weise – unter Beibehaltung seiner vollen Stärke – entlang der gesamten Nervenfaser aus.

- Unter natürlichen Bedingungen läuft die Erregung immer nur in die Richtung auf das Axonende hin.

- Die Fortleitung eines Aktionspotenzials erfolgt in einer marklosen Nervenfaser **kontinuierlich**, in einer markhaltigen Nervenfaser hingegen **saltatorisch**, d. h. von Schnürring zu Schnürring springend.

5. Synaptische Erregungsübertragung

Ein Aktionspotenzial wird in einer Nervenfaser über die axonalen Endverzweigungen bis zu den Synapsen geleitet. Dort erfolgt die Weitergabe der Erregung auf die nachgeschalteten Zellen. Bei diesen kann es sich wieder um Nervenzellen oder auch um andere Zelltypen wie Drüsen- oder Muskelzellen handeln.

Als man die Geschwindigkeit maß, mit der die Erregung von einer Zelle auf die andere übertragen wird, stellte man fest, dass dies nur selten mit der Geschwindigkeit erfolgt, wie man sie von den Erregungsleitvorgängen im Axon her kennt. In diesen seltenen Fällen handelt es sich um die elektrische synaptische Übertragung, auf die wir nicht eingehen werden.
Meistens hingegen ergaben die Messungen, dass die synaptische Erregungsübertragung langsamer abläuft als die Erregungsleitung in einer Nervenfaser. Dies war ein Hinweis darauf, dass die Übertragung in diesem Fall nicht durch Ionenströme erfolgt, sondern auf andere Weise zustande kommen muss.
Wir wenden uns nun den Vorgängen zu, die in diesem für die allermeisten Nervenzellverbindungen charakteristischen Synapsentyp ablaufen.

Aufgabe A/12

A/12 Welches Baumerkmal einer Synapse verhindert es, dass die Erregungsübertragung von der einen Zelle zur anderen auf elektrischem Weg (durch Ionenströme) erfolgt (*vgl. Abb. 6 und zugeordneten Text*)?

5.1 Prinzip der chemischen synaptischen Übertragung

Die Übertragung der Erregung erfolgt in dem verbreitetsten Synapsentyp auf chemischem Wege. Die dabei ablaufenden Vorgänge sind in Abbildung 23 dargestellt.

① Ein einlaufendes Aktionspotenzial depolarisiert die Membran im Bereich des Endknöpfchens.

② Daraufhin wird aus den synaptischen Bläschen ein **Überträgerstoff** (Transmitter*) freigesetzt und in den synaptischen Spalt ausgeschüttet.

③ Der Überträgerstoff diffundiert durch den synaptischen Spalt zur subsynaptischen Membran. Auf diese Weise wird die Verbindung zwischen den beiden in der Synapse verschalteten Zellen hergestellt.

④ Die Moleküle des Überträgerstoffes binden sich an Rezeptoren*, die sich in der subsynaptischen Membran befinden.

⑤ Die Bindung der Moleküle des Überträgerstoffs an die Rezeptoren führt zur Öffnung von Membrankanälen.

⑥ Durch die geöffneten Membrankanäle strömen Ionen, was zu einer Veränderung des Membranpotenzials führt. Wird das Membranpotenzial z. B. bis zur Schwelle depolarisiert, so kann es zur Ausbildung eines Aktionspotenzials kommen. Wird das Membranpotenzial hingegen hyperpolarisiert, so

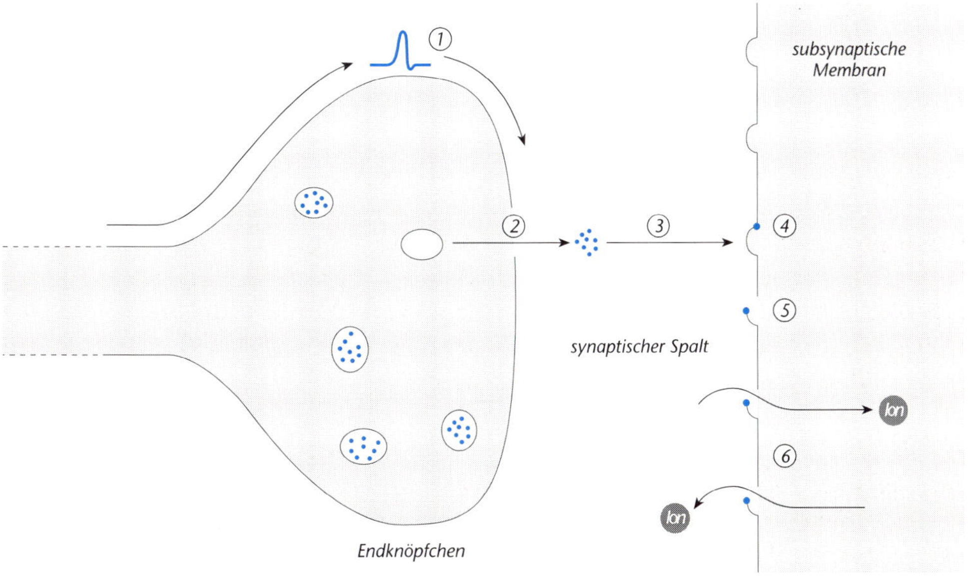

Abb. 23
Chemische synaptische Übertragung

kann das Entstehen einer Hemmung die Folge sein. Beide Möglichkeiten können verwirklicht sein und demgemäß unterscheidet man zwischen **erregenden** und **hemmenden Synapsen**.

Der eben beschriebene prinzipielle Ablauf gilt generell für jede chemische synaptische Übertragung. Im Einzelfall treten jedoch noch weitere wichtige Details hinzu, die wir im Folgenden behandeln.

Aufgabe **A/13**

A/13 Für welche Ionensorten müssen die Membrankanäle durchlässig sein, die zu einer Depolarisation führen?
Gehe bei deinen Überlegungen von den Vorgängen an der Membran aus, wie sie in Kapitel A.3.2.1 erläutert sind.

5.2 Arbeitsweise zentraler Synapsen

Im Zentralnervensystem der Wirbeltiere (*vgl. Kap. A. 6*) befinden sich Neuronen, auf deren Dendriten bzw. Perikarien die Nervenfaserenden von bis zu mehreren tausend vorgeschalteter Zellen einmünden (*vgl. Abb. 24*). Die Versuchstechnik, mit der man der Funktionsweise dieser Synapsen auf die Spur zu kommen versucht, ist sehr aufwendig, weshalb wir auf ihre Erläuterung verzichten. Die entdeckten Prinzipien, nach denen zentrale Synapsen arbeiten, werden wir jedoch erläutern, denn sie liefern

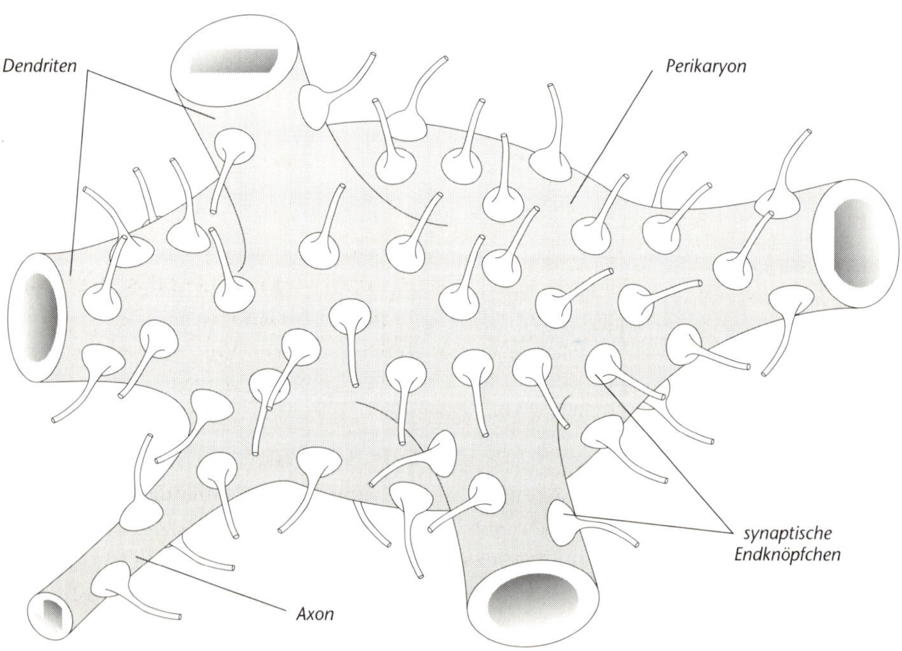

Abb. 24
Motoneuron mit zahlreichen Synapsen

den Schlüssel zu Grundmechanismen der Informationsverarbeitung im Nervensystem.

Über all die zahlreichen Synapsen (*vgl. Abb. 24*) können Erregungen auf das Neuron übertragen werden. Dies kann zu unterschiedlichen Zeitpunkten oder auch gleichzeitig der Fall sein, wodurch dann jeweils eine ganz unterschiedliche Anzahl von Synapsen aktiv ist. Unter diesen können sich schließlich sowohl erregende als auch hemmende befinden.
Auf die Nervenzelle strömt also ein Sammelsurium von Erregungen ein, auf die sie gegebenenfalls mit der Ausbildung eigener Aktionspotenziale reagiert.
Die Abläufe in diesem Geschehen sind dementsprechend sehr komplex. Wir werden uns zunächst einzelnen Punkten zuwenden, um von diesen ausgehend letztlich den Gesamtablauf verstehen zu können.

5.2.1 Zentrale erregende (excitatorische) Synapsen

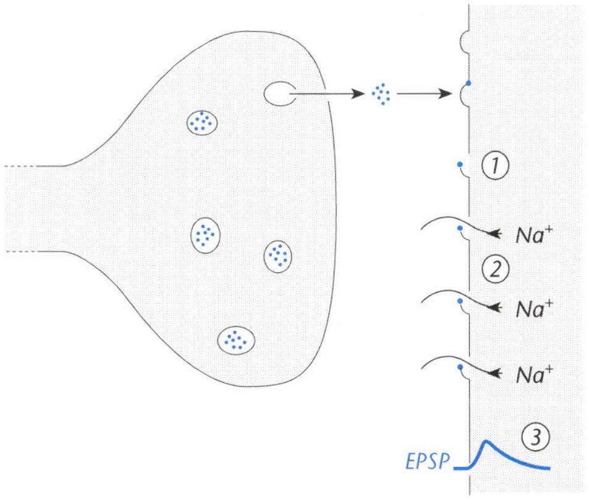

Abb. 25
Aktivierung der erregenden Synapse

Wird die Synapse durch ein einlaufendes Aktionspotenzial aktiviert, so laufen erst sämtliche Vorgänge so ab, wie sie für die chemische synaptische Übertragung allgemein üblich sind und wie wir sie in den Erläuterungen zu Abbildung 23 in den Punkten ① bis ④ beschrieben haben.

Danach bewirkt die Reaktion des Transmitterstoffs mit den Rezeptormolekülen in diesem Falle Folgendes:

① In der Membran öffnen sich Ionenkanäle, die besonders gut durchlässig für Na^+-Ionen sind.
② Die Na^+-Ionen strömen daraufhin durch die subsynaptische Membran in die postsynaptische Zelle ein.
③ Dadurch kommt es zu einer kurzzeitigen Depolarisation des postsynaptischen Potenzials (PSP), die als **excitatorisches* postsynaptisches Potenzial (EPSP)** bezeichnet wird.

Misst man das EPSP und stellt die Messergebnisse grafisch dar, so ergibt sich folgendes Diagramm:

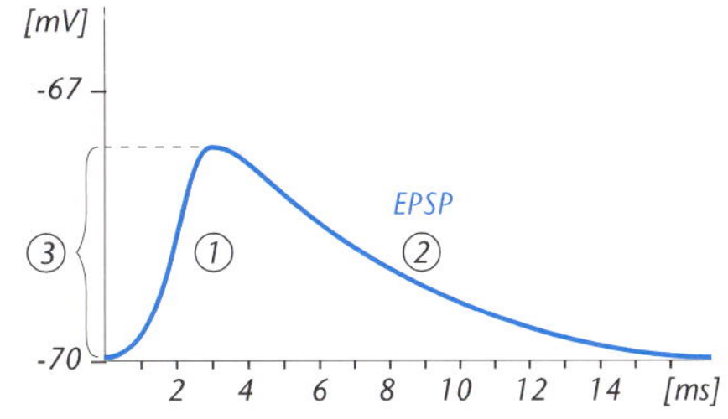

Abb. 26
Zeitlicher Verlauf des EPSP

① Innerhalb von etwa 2 ms steigt das Membranpotenzial an.
② Für etwa 15 ms liegt das Membranpotenzial über dem Ruhewert.
③ Die Höhe der Depolarisation beträgt lediglich einige Millivolt.

Diese Vorgänge, die an einer einzelnen erregenden Synapse ablaufen, nähern das Membranpotenzial der Schwelle, ab der ein Aktionspotenzial ausgelöst wird. Sie sind in ihrer Einzelwirkung aber viel zu klein, um zur Bildung eines Aktionspotenzials zu führen.
Wie ein solches aber dennoch entstehen kann, werden wir in Kapitel 5.2.3 darlegen.

5.2.2 Zentrale hemmende (inhibitorische) Synapsen

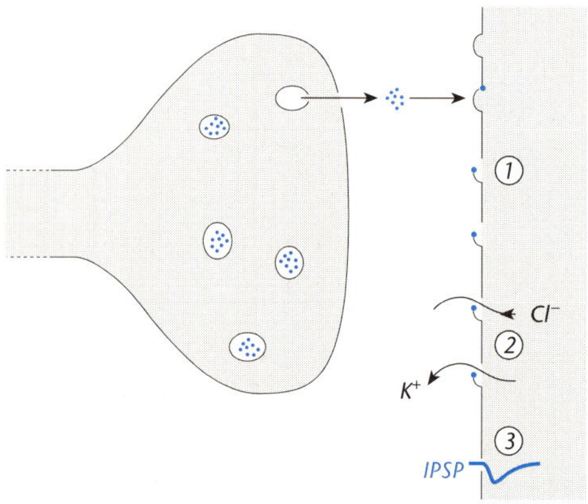

Abb. 27
Aktivierung der hemmenden Synapse

Wird dieser Synapsentyp durch ein einlaufendes Aktionspotenzial aktiviert, so laufen auch in diesem Fall wieder sämtliche Vorgänge zunächst so ab, wie sie für die chemische synaptische Übertragung allgemein üblich sind und wie wir sie in den Erläuterungen zu Abbildung 23 in den Punkten ① bis ④ beschrieben haben.
Danach bewirkt die Reaktion des Transmitterstoffs mit den Rezeptormolekülen jedoch Folgendes:

① In der Membran öffnen sich Ionenkanäle, die besonders gut durchlässig für Cl^--Ionen oder K^+-Ionen sind.
② Die Cl^--Ionen strömen daraufhin durch die subsynaptische Membran in die postsynaptischen Zelle ein, während die K^+-Ionen aus ihr ausströmen.
③ Dadurch kommt es zu einer kurzzeitigen Hyperpolarisation des postsynaptischen Potenzials (PSP), die als **inhibitorisches* postsynaptisches Potenzial (IPSP)** bezeichnet wird.

Misst man das IPSP und stellt die Messergebnisse grafisch dar, so ergibt sich folgendes Diagramm:

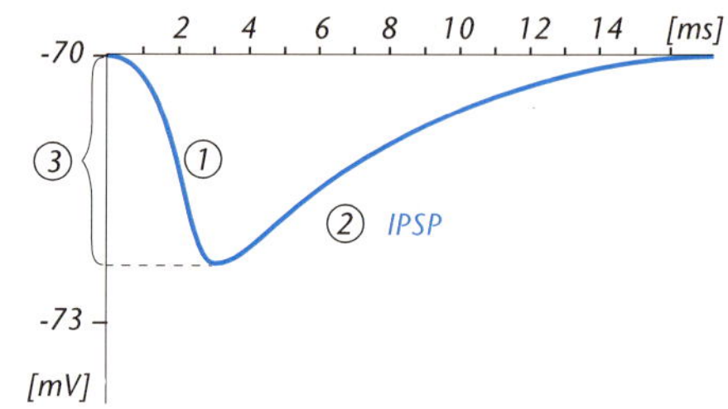

Abb. 28
Zeitlicher Verlauf des IPSP

① Innerhalb von etwa 2 ms sinkt das Membranpotenzial ab.
② Für etwa 15 ms liegt das Membranpotenzial unter dem Ruhewert.
③ Die Höhe der Hyperpolarisation beträgt lediglich einige Millivolt.

Diese Vorgänge, die an einer hemmenden Synapse ablaufen, entfernen das Membranpotenzial von der Schwelle, ab der ein Aktionspotenzial ausgelöst wird. Sie vermindern also die Erregbarkeit eines Neurons.

Als Transmitterstoffe dienen bei erregenden Synapsen z. B. Acetylcholin oder Glutaminsäure, bei hemmenden Synapsen hingegen

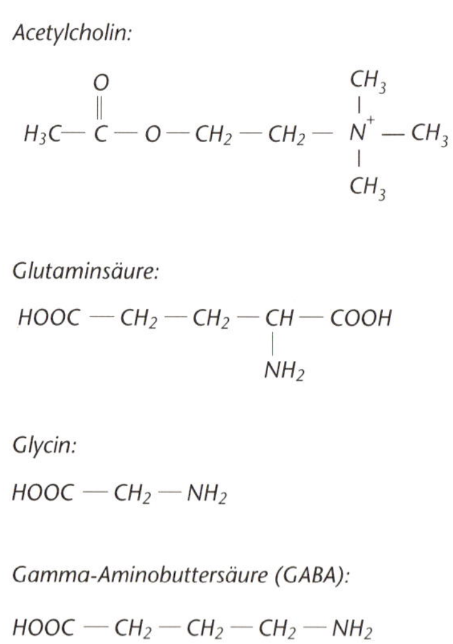

Abb. 29
Strukturformeln einiger Transmitterstoffe

Glycin oder Gamma-Aminobuttersäure (GABA) (*vgl. Abb. 29*). Daneben gibt es noch eine große Zahl weiterer Überträgerstoffe. Sie weisen häufig Aminosäurecharakter auf bzw. gehen durch einfache chemische Reaktionen aus Aminosäuren hervor (*zur Chemie der Aminosäuren vgl. die mentor Abiturhilfe Zellbiologie*).

5.2.3 Zusammenspiel der Synapsen

Die subsynaptischen Membranabschnitte am Dendriten bzw. Perikaryon einer Nervenzelle sind nicht zur Erregungsleitung, d. h. zur Bildung eines Aktionspotenzials, befähigt. Änderungen im PSP bewirken jedoch Ladungsverschiebungsvorgänge, die sich bis in das Gebiet des Axonhügels – das ist die Stelle, an der das Axon aus dem Perikaryon entspringt – ausbreiten. Erst dort kann es zur Ausbildung eines Aktionspotenzials kommen. Dies geschieht, wenn die Membran an dieser Stelle überschwellig depolarisiert wird. Ob dies der Fall ist, ergibt sich aus der Art der Aktivität der einzelnen Synapsen.

Eine **erste Möglichkeit** besteht darin, dass mehrere erregende Synapsen gleichzeitig aktiv sind:

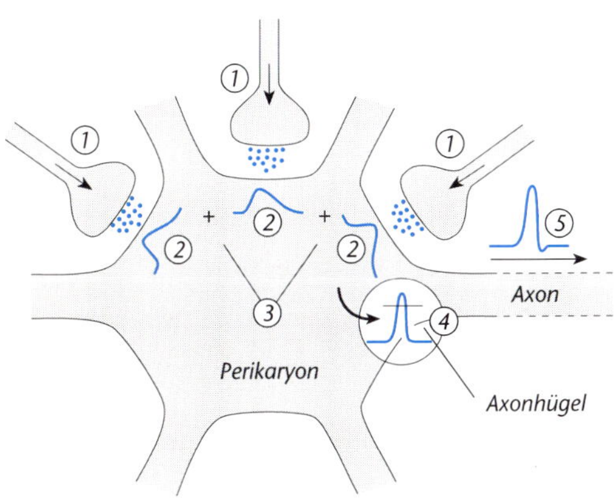

Abb. 30
Erregungsauslösung durch das Zusammenspiel mehrerer Synapsen

① Es werden mehrere Synapsen gleichzeitig aktiviert.
② Dabei kommt es jeweils zu einer einzelnen geringen Depolarisation der subsynaptischen Membran.
③ Die einzelnen depolarisierenden Einflüsse summieren sich.
④ Wird am Axonhügel der Wert der überschwelligen Depolarisation erreicht, so bildet sich ein Aktionspotenzial.
⑤ Das Aktionspotenzial breitet sich auf bekannte Weise entlang der gesamten Nervenfaser aus (*vgl. Kap. A.3.2.2*).

Diese Art der Erregungauslösung bezeichnet man auch als **räumliche Summation**, weil sie durch die gleichzeitige Aktivität mehrerer räumlich getrennter Synapsen bewirkt wird.

Eine **zweite Möglichkeit** besteht darin, dass eine einzelne erregende Synapse in kurzen zeitlichen Abständen mehrfach aktiv wird.

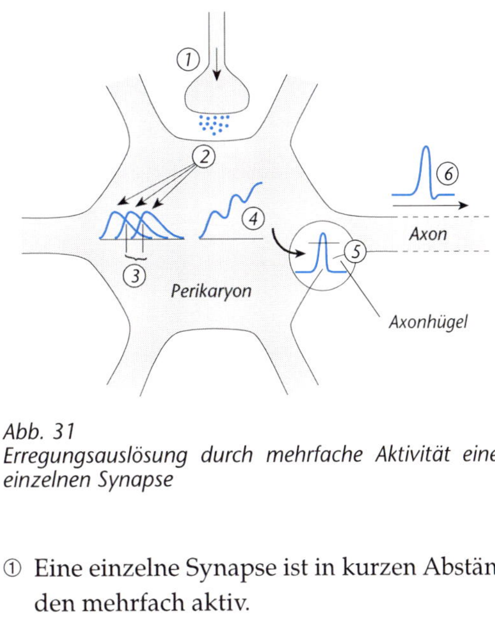

Abb. 31
Erregungsauslösung durch mehrfache Aktivität einer einzelnen Synapse

① Eine einzelne Synapse ist in kurzen Abständen mehrfach aktiv.
② Sie verursacht dabei jedes Mal eine einzelne geringe Depolarisation der subsynaptischen Membran.
③ Jede zusätzlich Depolarisation fällt in eine Phase, in der die vorherigen Depolarisationen noch nicht ganz abgeklungen sind.
④ Die einzelnen depolarisierenden Einflüsse summieren sich.
⑤ Wird am Axonhügel der Wert der über-

schwelligen Depolarisation erreicht, so bildet sich ein Aktionspotenzial.

⑥ Das Aktionspotenzial breitet sich wiederum auf bekannte Weise entlang der gesamten Nervenfaser aus (*vgl. Kap. A.3.2.2*).

Diese Art der Erregungauslösung bezeichnet man auch als **zeitliche Summation**, weil sie durch die mehrfach wiederholte Aktivität einer einzelnen erregenden Synapse bewirkt wird.

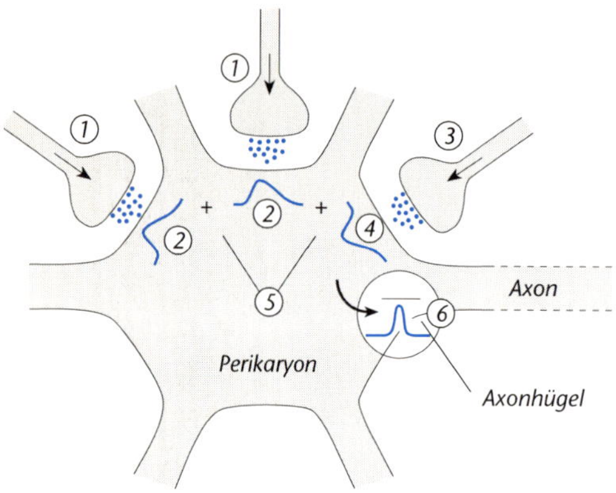

Abb. 32
Zusammenspiel erregender und hemmender Synapsen bei der Erregungsauslösung

Eine **dritte Möglichkeit** besteht darin, dass erregende Synapse und hemmende Synapsen gleichzeitig aktiv werden (*vgl. Abb. 32*).

① Es werden mehrere erregende Synapsen gleichzeitig aktiviert.

② Dabei kommt es jeweils zu einer einzelnen geringen Depolarisation der subsynaptischen Membran.

③ Gleichzeitig ist aber auch eine hemmende Synapse aktiv.

④ Dadurch wird in diesem Bereich eine Hyperpolarisation der subsynaptischen Membran bewirkt.

⑤ Die depolarisierenden und die hyperpolarisierenden Einflüsse überlagern sich.

⑥ Am Axonhügel wird der Wert der überschwelligen Depolarisation nicht erreicht; es entsteht kein Aktionspotenzial.

Das „Potpourri" von Erregungen, die durch die zahlreichen einlaufenden Synapsen auf ein Neuron einströmen können, wird quasi von diesem selbst verrechnet. Die Entscheidung, ob die Zelle selbst Aktionspotenziale als „Meldung" weiterleitet, erfolgt also postsynaptisch.

Aufgabe **A/14**

A/14 Ein gleich bleibender Reiz in der Nase wirkt oft eine Weile ein (Haahaahaa-...), bis es dann zum Niesen kommt (...-tschi!).
Um welchen Fall der Erregungsauslösung handelt es sich in diesem Beispiel?

5.3 Übertragung an der neuromuskulären Synapse

Am Anfang dieses Buches wurde u. a. am Beispiel des Fliegen fangenden Frosches dargelegt, wie Organismen allgemein äußere Reize verarbeiten und durch Reaktionen beantworten (*vgl. Kap. A.1*). Direkt beobachten können wir dabei die sichtbaren Bewegungen. Bei höher entwickelten Tieren und beim Menschen kommen diese durch die Aktivität der Muskulatur zustande. Daher betreffen die allermeisten vom Nervensystem ausgehenden

Informationen auch direkt irgendwelche Muskeln. Wir nehmen deshalb die Verschaltungsstelle, die die Verbindung zwischen den Nervenfasern und den Muskelzellen herstellt, nun genauer unter die Lupe.
Diese auch als neuromuskuläre Synapse bezeichnete Verbindung ist der am eingehendsten untersuchte und deshalb bestbekannte Synapsentyp. Seine Funktion können wir besser verstehen, wenn wir einige grundlegende Fakten des Aufbaus der Skelettmuskulatur in unsere Überlegungen mit einbeziehen (*vgl. Abb. 33*).

Ein Skelettmuskel ⓐ ist über Sehnen ⓑ mit Knochen ⓒ verbunden. Dadurch entstehen bei Kontraktionen Bewegungen. Der Muskel besteht aus Muskelfaserbündeln ⓓ, die wiederum aus vielen einzelnen Muskelfasern ⓔ bestehen.

Auf diesen sitzen die Endknöpfchen ⓕ der Nervenfasern auf und bilden zusammen mit Anteilen der Muskelfasermembran die Weitergabestelle der Erregung. Diese neuromuskuläre Synapse ⓖ wird auch als **motorische Endplatte** bezeichnet.

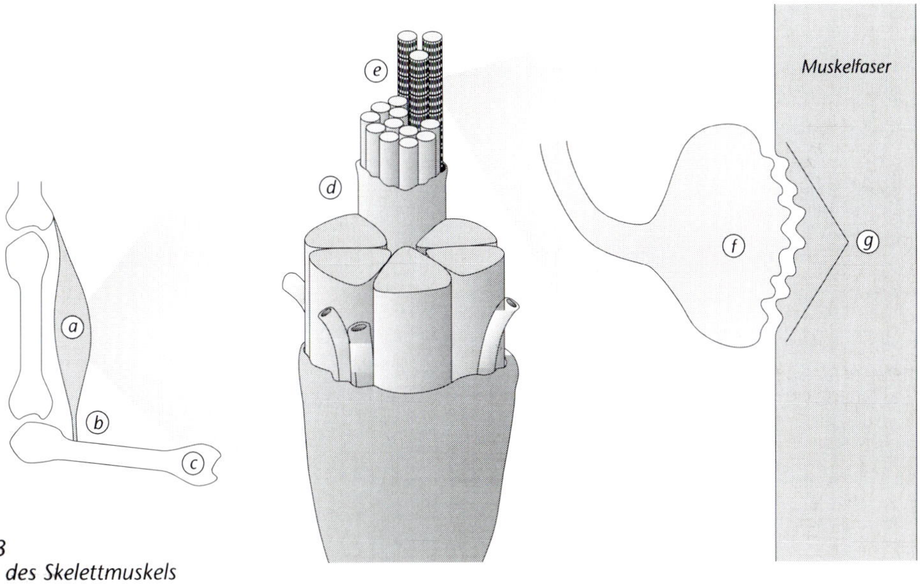

Abb. 33
Aufbau des Skelettmuskels

Erregungsübertragung an der neuromuskulären Synapse

Wir stellen nun die Abläufe in der neuromuskulären Synapse bei der Erregungsübertragung dar (*vgl. Abb. 34*). Dabei fügen wir einige Details an, auf deren Darstellung wir bisher verzichtet haben, die aber prinzipiell für jede chemische synaptische Übertragung gelten.

① Auch in der neuromuskulären Synapse führt ein einlaufendes Aktionspotenzial zur Depolarisation der Membran im Bereich des Endknöpfchens.

② Dies hat zur Folge, dass in der Membran Calciumionenkanäle geöffnet werden, was eine Erhöhung der Ca^{2+}-Ionen-Konzentration im Endknöpfchen zur Folge hat.

③ Synaptische Bläschen verschmelzen daraufhin mit der praesynaptischen Membran und setzen im Stile einer Exocytose (*vgl. die mentor Abiturhilfe Zellbiologie*) die Moleküle des Überträgerstoffs frei, bei dem es sich in diesem Fall um Acetylcholin handelt.

④ Nach Diffusion über den synaptischen Spalt und Anlagerung an die Rezeptoren in der subsynaptischen Membran öffnen sich Ionenkanäle, die besonders gut durchlässig für Na^+-Ionen sind.

⑤ Dies hat eine Depolarisation zur Folge, die als **Endplattenpotenzial** bezeichnet wird.

⑥ Dieses lokale Potenzial breitet sich in die angrenzenden Bezirke der Muskelfasermembran aus und löst dort ein Muskel-Aktionspotenzial aus, das letztendlich die Kontraktion bewirkt.

⑦ Das Enzym Cholinesterase spaltet die Acetylcholinmoleküle auf und löst sie so von den Rezeptoren ab. Die Ionenkanäle schließen sich wieder.

⑧ Die Bruchstücke des Transmitterstoffes diffundieren über den synaptischen Spalt zurück, werden in das Endknöpfchen aufgenommen und durch ein anderes Enzym wieder zu Acetylcholin zusammengesetzt.

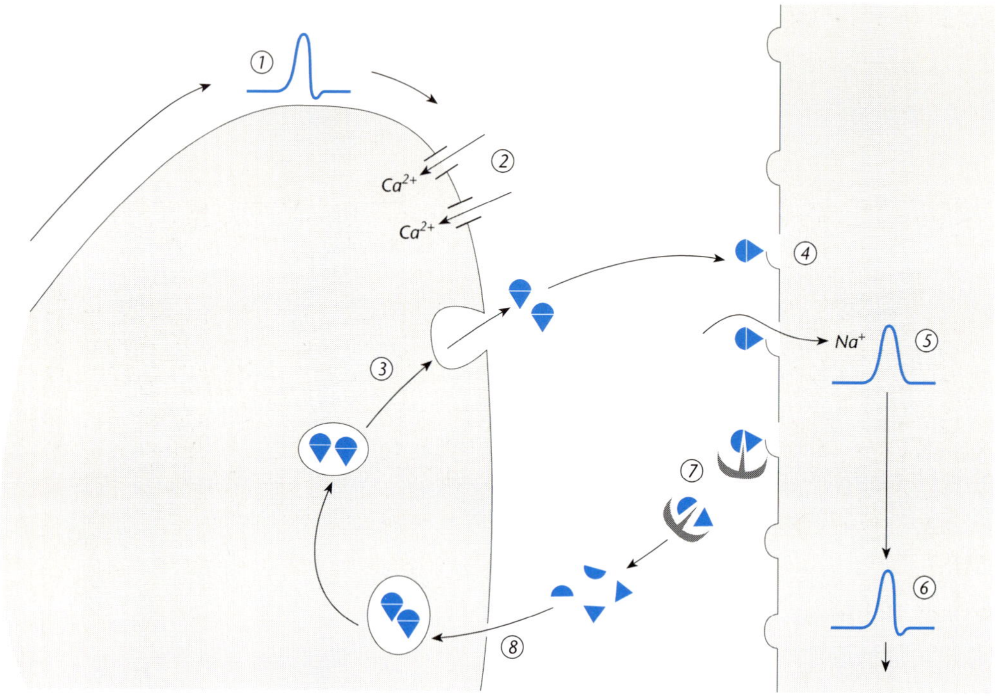

Abb. 34
Erregungsübertragung an der neuromuskulären Synapse

Aufgabe A/15

A/15 Beschreibe die einzelnen Schritte, die bei der Erregungsübertragung in der neuromuskulären Synapse nacheinander ablaufen. Kombiniere hierzu die allgemeinen Erläuterungen zur Synapsenfunktion (*Abb. 23*) mit den speziellen Ausführungen zur Funktion der neuromuskulären Synapse (*Abb. 34*).

Kontraktionsvorgänge in der Muskelfaser

Nachdem wir erläutert haben, wie die Erregung von der Nervenfaser in der neuromuskulären Synapse auf die Muskelfaser übertragen wird, folgt nun, wie es zur Kontraktion des Muskels kommt. Hierzu wenden wir uns zunächst der Innenarchitektur der Muskelfaser zu.

Im elektronenmikroskopischen Bild zeigt sich, dass eine Skelettmuskelfaser ihrerseits wieder aus noch kleineren faserartigen Strukturen, den so genannten **Muskelfibrillen**, aufgebaut ist. Diese bestehen aus einer Aufeinanderfolge sich stetig wiederholender Einheiten, den **Sarkomeren**. Sie stellen die eigentlichen kontraktilen Strukturelemente des Muskels dar. In ihrem Inneren befinden sich zwei Sorten von Eiweiß-Kettenmolekülen – **Actin** und **Myosin** – in regelmäßiger Anordnung.

Zwischen den Muskelfibrillen besteht ein verästeltes Schlauchsystem, das so genannte **sarkoplasmatische Retikulum**, das Verbindungen zu Einstülpungen der Muskelfasermembran aufweist.

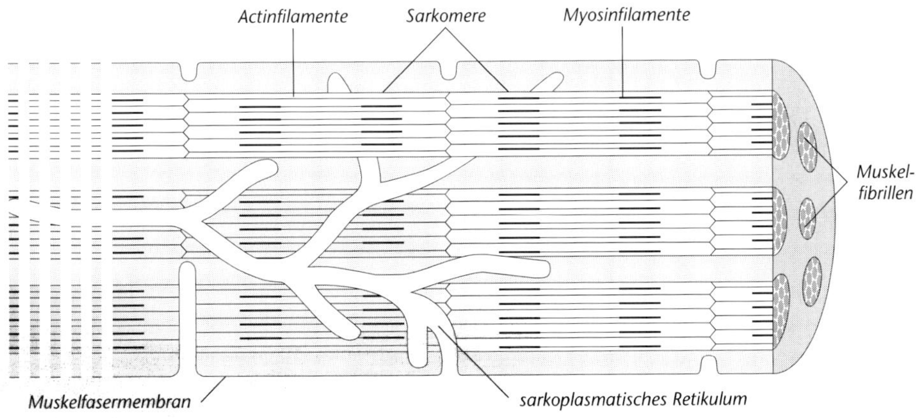

Abb. 35
Feinbau der Muskelfaser (Längsschnitt)

Wird durch Vorgänge, die wir oben (*vgl. die Ausführungen zu Abb. 34*) beschrieben haben, ein Muskel-Aktionspotenzial ausgebildet, so breitet sich dies über die Muskelfasermembran aus, läuft über die Einstülpungen in den Innenraum der Muskelfibrillen und löst am sarkoplasmatischen Retikulum eine Permeabilitätsänderung für Ca^{2+}-Ionen aus. Diese sickern daraufhin in den Raum zwischen Actin- und Myosinfilamenten ein. Dabei kommt es zum entscheidenden Vorgang, der zur Muskelkontraktion führt.

Die Anwesenheit von Ca^{2+}-Ionen bewirkt eine Strukturveränderung der Myosinfilamente. Seitlich hervorstehende Teilstrukturen – die Myosinköpfe – klappen um, binden sich an die Actinfilamente und verschieben sie zur Sarkomermitte (*vgl. Abb. 36a*). Die für diesen Bewegungsvorgang erforderliche Energie wird durch ATP bereitgestellt. Wir betrachten die ablaufenden Prozesse im Detail (*vgl. Abb. 36b*).

① Die eingedrungenen Ca^{2+}-Ionen wirken auf die Bindungsstelle zwischen Myosin und Actin ein.

② An die Myosinköpfe angelagertes ADP löst sich ab.

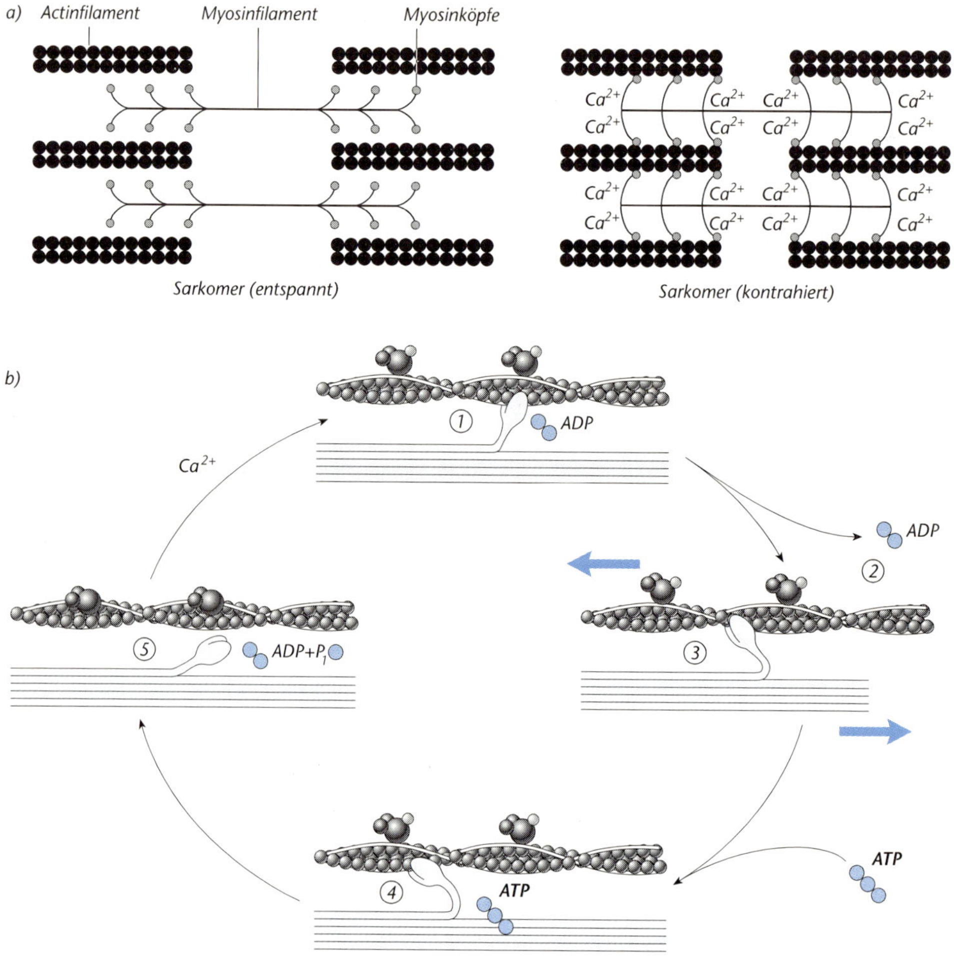

Abb. 36
Filament-Gleitmechanismus
a) Modellvorstellung
b) Energiebereitstellung

③ Die Myosinköpfe klappen um und verbinden sich mit Actin. Dadurch werden Actin und Myosin aneinander vorbeigeschoben.
④ ATP lagert sich an die gebundenen Myosinköpfe an, was zu einer Trennung von Myosin und Actin führt.
⑤ ATP wird gespalten. Dabei wird Energie frei und die Myosinköpfe gehen wieder in den „gespannten" Zustand über.

Der Vorgang kann von vorne beginnen. Die einzelnen Verschiebungen der Filamente folgen rasch aufeinander, die Actin- und Myosinfilamente werden ineinander geschoben. Das Sarkomer kontrahiert. Im Zusammenspiel aller Sarkomere ergibt sich die Kontraktion der Muskelfaser. Aus dem Zusammenspiel zahlreicher Muskelfasern resultiert die Kontraktion des Gesamtmuskels.

Die Bereitstellung der die Bewegung antreibenden Energie erfolgt über den Einsatz von ATP. Auf eine genauere Betrachtung der dabei ablaufenden Prozesse verzichten wir hier.

5.4 Langsame Synapsen

Alle bisher behandelten Synapsen sind dadurch gekennzeichnet, dass der synaptische Transmitterstoff einen innerhalb von Sekundenbruchteilen ablaufenden Effekt an der postsynaptischen Zelle bewirkt. Wie in den letzten 20 Jahren erkannt wurde, gibt es aber auch Synapsen, bei denen die postsynaptischen Zellen viel langsamer auf die Überträgerstoffe reagieren. Dabei kommen die Wirkungen der Transmitterübertragung teilweise erst nach Sekunden oder gar Minuten zum Abschluss.

Die Funktionsweise einer solchen **langsamen Synapse** wollen wir uns an einem ausgewählten Beispiel klarmachen (*vgl. Abb. 37*).

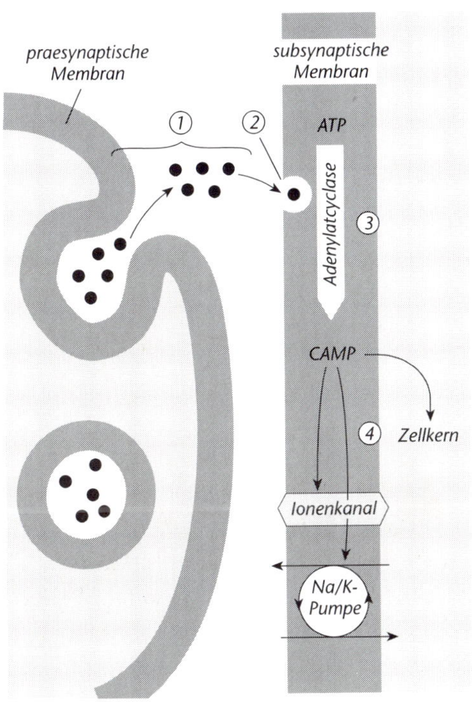

Abb. 37
Funktionsweise einer langsamen Synapse

① Zunächst laufen sämtliche Prozesse bis zur Anlagerung des Transmitterstoffes an die Rezeptoren der subsynaptischen Membran genauso ab wie in den uns bereits vertrauten Synapsentypen (*vgl. Erläuterungen zu den Abb. 23 und 34*).

② Die Rezeptoren sind in diesem Fall aber von anderer Beschaffenheit. Sie sind nicht mit Ionenkanälen gekoppelt, sondern lösen bei Besetzung durch Transmittermoleküle in der Zellmembran eine Kette von chemischen Reaktionen aus.

③ Am Anfang dieser Reaktionen steht ATP. Dieses wird bei besetztem Rezeptor unter Einwirkung des Enzyms Adenylatcyclase in cyclisches Adenosinmonophosphat (cAMP) umgewandelt.

④ cAMP kann dann Prozesse in Gang setzen, die z. B. die Natrium-Kalium-Pumpe beeinflussen, zur Öffnung von Ionenkanälen in der Zellmembran führen oder auch auf die im Zellkern ablaufenden Vorgänge einwirken.

In diesem Fall bewirkt also der Überträgerstoff im synaptischen Spalt die Aktivierung der postsynaptischen Zelle nicht allein. Vielmehr wirkt er in dieser cAMP als **„second messenger"** (zweiter Bote). Erst dieser ruft die eigentlichen elektrischen oder biochemischen Wirkungen hervor, die durch die Aktivierung der Synapse ausgelöst werden sollen.

Wer etwas über die Bedeutung dieser Art der Signalübertragung erfahren möchte, kann seine Neugier später stillen (*vgl. Kap. C.2.4.5*).

5.5 Beeinflussung der synaptischen Erregungsübertragung

Es gibt eine ganze Reihe von Substanzen, die den Aktivitätszustand des Nervensystems, insbesondere aber des Gehirns, beeinflussen. Da diese Substanzen auch auf psychische Prozesse einwirken, werden sie als **Psychopharmaka*** bezeichnet.
Einige werden ganz gezielt in der Medizin und vor allem in der Psychiatrie zur Behandlung

X! ↘ durchlesen

von psychischen Störungen verschiedenster Art eingesetzt. Es handelt sich also um **Medikamente**.

Davon zu unterscheiden sind die **Drogen**. Sie werden ebenfalls gezielt wegen ihrer psychischen Wirkungen konsumiert, aber aus ganz individuellen Motiven. Zu ihnen zählen die „Alltagsdrogen" wie Alkohol, Nikotin und Koffein und die so genannten „harten" Drogen wie Heroin und Kokain. Sie alle können ihre Konsumenten in hohem Maße **süchtig** machen (*vgl. dazu Kap. D.5.4*).

Allen Psychopharmaka ist **gemeinsam**, dass sie auf irgendeine Weise in den Prozess der synaptischen Erregungsübertragung eingreifen. Abbildung 38 zeigt, welche prinzipiellen **Möglichkeiten** dazu existieren. Wir wollen sie der Reihe nach kurz erläutern.

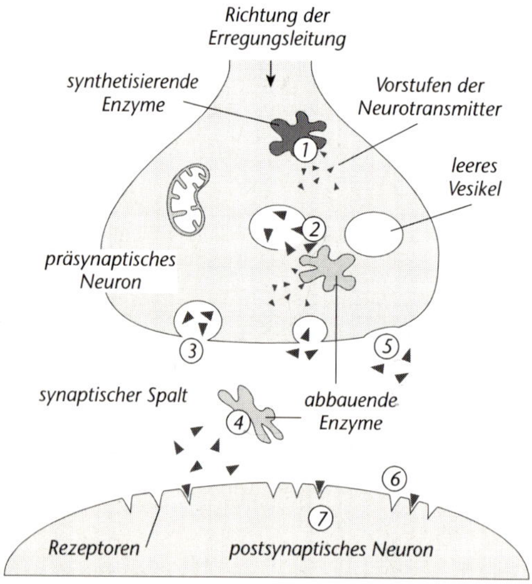

Abb. 38
Beeinflussungsmöglichkeiten der synaptischen Erregungsübertragung

① Da alle Neurotransmitter mithilfe von Enzymen aus Vorstufen gebildet werden, **unterbindet** eine Substanz, die eines dieser Enzyme hemmt, die **Synthese** dieses Neurotransmitters.

② Alle Neurotransmitter werden in Vesikeln gespeichert. Wenn eine Substanz dafür sorgt, dass die synaptischen **Vesikel auslaufen**, werden die ins Cytoplasma freigesetzten Transmitter sofort abgebaut.

③ Einige Substanzen beeinflussen die **Freisetzung** des Transmitters in den synaptischen Spalt. Sie ähneln in ihrer chemischen Struktur dem Transmitter so gut, dass sie ihn aus den Vesikeln verdrängen.

④ Fast alle Transmitter werden enzymatisch abgebaut. Substanzen, die eines der **abbauenden Enzyme hemmen**, sorgen dafür, dass sich dieser Transmitter im synaptischen Spalt anreichert und somit länger wirkt.

⑤ Andere Substanzen erreichen dasselbe, indem sie die **Wiederaufnahme** des Transmitters durch die praesynaptische Membran **hemmen**.

⑥ Substanzen, die dem Transmitter chemisch sehr ähnlich sind, können ihre Wirkung dadurch entfalten, dass sie sich an die gleichen **Rezeptoren** anlagern. Dadurch können sie die Wirkung des Transmitters **verstärken**. Wenn sie aber stattdessen den Rezeptor nur blockieren, ohne eine Wirkung zu entfalten, behindern sie die Anlagerung der Transmitter und wirken **hemmend**.

⑦ Bei langsamen Synapsen können Substanzen in den Vorgang der Signalübertragung durch den **second messenger** eingreifen.

Wir haben die Eingriffstellen und die betroffenen Neurotransmitter für die wichtigsten Psychopharmaka in Tabelle 1 zusammengestellt. Einige der aufgeführten Botenstoffe sind keine Neurotransmitter (Endorphine, Benzodiazepine). Sie werden in einem späteren Abschnitt behandelt (*vgl. Kap. D.5.4*).

Psychopharmaka-Gruppe	Wirkungsmechanismus an der Synapse	Wirkungen auf das Empfinden und Erleben	Allgemeine Wirkung
Opiate (z. B. Heroin)	Bindung an Endorphin-Rezeptoren → Hemmung der Adenylatcyclase	Dämpfung des Schmerzempfindens (auch sehr starke Schmerzen), euphorisierend; daher großes Abhängigkeitspotenzial	**dämpfend** 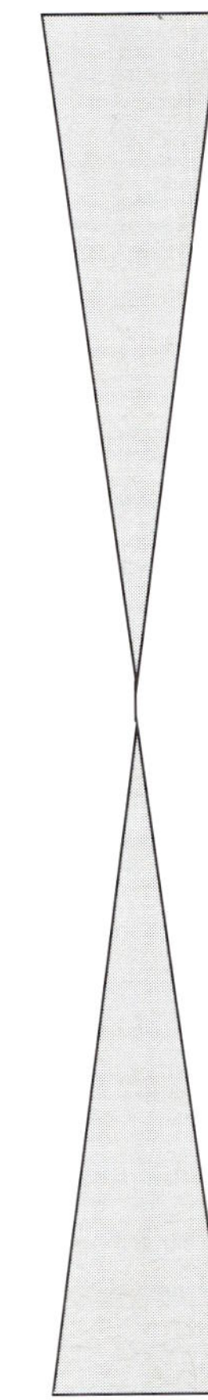
Neuroleptika (Medikamente gegen Psychosen)	Bindung an Dopamin-Rezeptoren → Hemmung der dopaminergen Übertragung	Linderung des psychotischen Erlebens und allgemeine Erregungsdämpfung; starke, unangenehme Nebenwirkungen	
Barbiturate (Schlafmittel)	Bindung an GABA-Rezeptoren → Verstärkung der hemmenden Wirkung von GABA	Allgemeine Erregungsberuhigung und Dämpfung des Wachgefühls; Gefahr der Abhängigkeitsbildung	
Tranquillizer (Beruhigungsmittel)	Bindung an Benzodiazepin*-Rezeptoren → Verstärkung der hemmenden Wirkung von GABA	Allgemeine Erregungsberuhigung, angst- und spannungslösend, schlaffördernd; Gefahr der Abhängigkeitsbildung	
Alkohol (Ethanol)	1. Membranverflüssigung → Hemmung der Nervenleitung 2. Beeinflussung des GABA-Rezeptors → Verstärkung der Wirkung von GABA	Wirkt bis etwa 1 ‰ entspannend, enthemmend und anregend; über 1 ‰ Einschränkungen der intellektuellen und sensorischen und motorischen Leistungen; Gefahr der Abhängigkeitsbildung	
Nikotin	Bindung an Acetylcholin-Rezeptoren → 1. in geringer Konzentration Aktivierung der cholinergen Übertragung 2. in hoher Konzentration Hemmung	Wirkt je nach Stimmungslage anregend oder beruhigend mit einer Reihe vegetativer Begleitsymptome; Gefahr der Abhängigkeitsbildung	
Amphetamine (Aufputschmittel) **Kokain/Crack**	1. Entleerung synaptischer Vesikel → 2. Hemmung der Wiederaufnahme → Erhöhung der Noradrenalin-Konzentration im synaptischen Spalt	Erzeugt Gefühle von Wachheit, Leistungsfähigkeit, Wohlbefinden bis zu Euphorie, gesteigertem Selbstvertrauen, gesteigerter Muskelkraft, Appetitlosigkeit; Gefahr der Abhängigkeitsbildung	
Antidepressiva (Medikamente gegen schwere Depressionen)	Hemmung der Wiederaufnahme von Noradrenalin und Serotonin → Erhöhung der Noradrenalin- und Serotonin-Konzentration im synaptischen Spalt	Wirken stimmungsaufhellend und antriebssteigernd, einige Substanzen auch angstreduzierend; unangenehme vegetative Nebenwirkungen	
Haschisch	Bindung an Acetylcholin-Rezeptoren → Hemmung der cholinergen Übertragung	Intensivierung sensorischer Erlebnisse, Euphorie, Ausgelassenheit, verändertes Zeitgefühl; Gewohnheitsbildung möglich	
Halluzinogene (z.B. LSD)	Bindung an Serotonin-Rezeptoren → Verstärkung der serotonergen Übertragung	Intensivierung sensorischer, vor allem visueller Erlebnisse, veränderte Wahrnehmung von Raum und Zeit, veränderte Selbstwahrnehmung; Gefahr von „Horrortrips"	**anregend**

Tab. 1
Einteilung der Psychopharmaka nach ihrer Wirkung im Gehirn

Die vielfältigen Wirkungen der Psychopharmaka auf das Gehirn und damit das Empfinden und Erleben beruhen darauf, dass **jede Substanz** nur **an einer bestimmten Stelle** in die synaptische Übertragung **durch einen bestimmte Neurotransmitter** eingreift.

Synapsengifte greifen ebenfalls in den ordnungsgemäßen Ablauf der synaptischen Erregungsübertragung ein. Wir wollen einige exemplarisch nennen.

Atropin, das Gift der Tollkirsche, blockiert u. a. die Acetylcholinrezeptoren in Synapsen des Herzens und führt auf diese Weise zum Tod durch Herzstillstand. Die lokale Anwendung am Auge führt zur Pupillenerweiterung.

Das in luftabgeschlossenen verderbenden Nahrungsmitteln (z. B. Wurst, Fleischkonserven) von Bakterien erzeugte **Botulinumgift** hemmt die Ausschüttung von Acetylcholin z. B. im Zwerchfell. Bereits 0,01 mg führen zur tödlichen Atemlähmung.

Das Pflanzengift **Curare** (Pfeilgift der Indianer) blockiert die Acetylcholinrezeptoren der neuromuskulären Synapse und führt zum Tod durch Atemlähmung.

E 605 (ein bekanntes, in Deutschland inzwischen verbotenes Pflanzenschutzmittel) hemmt die Cholinesterase und führt letztendlich zum Tod durch Atemlähmung.

Aufgabe **A/16**

A/16 Curare findet bei Operationen unter künstlicher Beatmung Verwendung und führt zur totalen Entspannung der Muskulatur.
Erkläre unter Bezug auf seine Wirkungsweise und unter Bezug auf die normale Synapsenfunktion diesen Effekt.

5.6 Zusammenfassung

- Aktionspotenziale werden in einer Nervenfaser bis zu den **Synapsen** geleitet. Dort erfolgt die **Weitergabe der neuronalen Erregung** auf die nachgeschalteten Zellen.

- Die Geschwindigkeit der **synaptischen Erregungsübertragung** ist deutlich langsamer als die der Erregungsleitung in einer Nervenfaser. Grund hierfür ist, dass der synaptische Spalt **auf chemischem Wege** überwunden wird.

- Trifft ein Aktionspotenzial am synaptischen Endknöpfchen ein, wird ein **Überträgerstoff** (**Transmitter**) in den synaptischen Spalt ausgeschüttet. Die Moleküle des Überträgerstoffs diffundieren zur subsynaptischen Membran und binden sich dort an **Rezeptoren**. Diese Anlagerung führt zur Öffnung von Membrankanälen, durch die daraufhin Ionen strömen, und führt damit zu einer **Veränderung des Membranpotenzials**.

- Je nach Synapsentyp kommt es zur Ausbildung eines Aktionspotenzials oder zur Ausbildung einer Hemmung.

- Bei einer zentralen **erregenden** (excitatorischen) **Synapse** bewirkt die Reaktion des Transmitterstoffs mit den Rezeptormolekülen die Öffnung von Ionenkanälen, die besonders gut durchlässig für Na^+-Ionen sind. Die Na^+-Ionen strömen daraufhin durch die subsynaptische Membran in die postsynaptische Zelle ein. Dadurch kommt es zu einer kurzzeitigen **Depolarisation** des postsynaptischen Potenzials (PSP), die als **excitatorisches postsynaptisches Potenzial (EPSP)** bezeichnet wird.

- Bei einer zentralen **hemmenden** (inhibitorischen) **Synapse** bewirkt die Reaktion des Transmitterstoffs mit den Rezeptormolekülen die Öffnung von Ionenkanälen, die besonders gut durchlässig für Cl^--Ionen oder K^+-Ionen sind. Die Cl^--Ionen strömen daraufhin durch die subsynaptische Membran in die postsynaptische Zelle ein, während die K^+-Ionen aus ihr ausströmen. Dadurch kommt es zu einer kurzzeitigen **Hyperpolarisation** des postsynaptischen Potenzials (PSP), die als **inhibitorisches postsynaptisches Potenzial (IPSP)** bezeichnet wird.

- Als **Transmitterstoffe** dienen bei erregenden Synapsen z. B. **Acetylcholin** oder **Glutaminsäure**, bei hemmenden Synapsen hingegen **Glycin** oder **Gamma-Aminobuttersäure** (GABA).

- Das **Zusammenspiel mehrerer Synapsen** führt zur Erregungsauslösung. Dabei summieren sich die einzelnen depolarisierenden Einflüsse. Wird dabei am **Axonhügel** der Wert der **überschwelligen Depolarisation** erreicht, so bildet sich ein **Aktionspotenzial** aus, das sich entlang der gesamten Nervenfaser ausbreitet.
  Kommt die überschwellige Depolarisation durch die gleichzeitige Aktivität mehrerer räumlich getrennter Synapsen zustande, so spricht man von **räumlicher Summation**. Wird sie hingegen durch die mehrfach wiederholte Aktivität einer einzelnen erregenden Synapse bewirkt, so spricht man von **zeitlicher Summation**.
  Die Vorgänge, die an einer hemmenden Synapse ablaufen, entfernen das Membranpotenzial von der Schwelle, ab der ein Aktionspotenzial ausgelöst wird. Beim Zusammenspiel von hemmenden mit erregenden Synapsen überlagern sich die depolarisierenden und die hyperpolarisierenden Einflüsse.

- Auch im Fall der **neuromuskulären Synapse** – der Verschaltungsstelle zwischen den Nervenfasern und den Muskelzellen – führt ein einlaufendes Aktionspotenzial zur Ausschüttung von Molekülen eines Überträgerstoffs, bei dem es sich in diesem Fall um **Acetylcholin** handelt. Nach Diffusion über den synaptischen Spalt und Anlagerung an die Rezeptoren in der subsynaptischen Membran öffnen sich Ionenkanäle, die besonders gut durchlässig für Na^+-Ionen sind. Dies hat eine Depolarisation zur Folge, die als **Endplattenpotenzial** bezeichnet wird. Dieses lokale Potenzial breitet sich in die angrenzenden Bezirke der Muskelfasermembran aus und führt dort zur Ausbildung eines **Muskel-Aktionspotenzials**, das letztendlich die Kontraktion bewirkt.

- **Muskelfasern** bestehen aus **Muskelfibrillen**, die aus einer Aufeinanderfolge von kontraktilen Strukturelementen – den **Sarkomeren** – aufgebaut sind. In ihrem Inneren befinden sich zweierlei Sorten von Eiweiß-Kettenmolekülen – **Actin** und **Myosin** – in regelmäßiger Anordnung.
  Die Ausbreitung eines Muskel-Aktionspotenzials über die Muskelfasermembran führt zum **Aneinandervorbeigleiten der Actin- und Myosinfilamente**. Das Sarkomer kontrahiert. Im Zusammenspiel aller Sarkomere ergibt sich die **Kontraktion der Muskelfaser**. Aus dem Zusammenspiel zahlreicher Muskelfasern resultiert die Kontraktion des Gesamtmuskels. Für diesen Vorgang ist Energie in Form von ATP notwendig.

- Bei **langsamen Synapsen** sind die Rezeptoren, an die sich die Moleküle des Transmitterstoffes anlagern, nicht direkt mit Ionenkanälen gekoppelt, sondern lösen bei Besetzung durch Transmittermoleküle die Bildung von cyclischem Adenosinmonophosphat (cAMP) aus. Dieses wirkt als „**second messenger**" und bringt die eigentlichen elektrischen oder biochemischen Wirkungen hervor, die durch die Aktivierung der Synapse ausgelöst werden sollen.

- Die **Effekte**, die ein Neurotransmitter ausübt, werden generell **von den Rezeptormolekülen auf der subsynaptischen Membran bestimmt**. Je nach deren Beschaffenheit und Wirkungsweise kann der gleiche Überträgerstoff schnelle erregende bzw. hemmende Wirkung entfalten oder über ein second-messenger-System langsam wirken.

- Die synaptische Erregungsübertragung kann durch **Psychopharmaka** (**Medikamente und Drogen**) beeinflusst werden.
  Alle Psychopharmaka greifen auf irgendeine Weise in den Prozess der synaptischen Erregungsübertragung ein. Gleiches gilt für **Synapsengifte** wie **Atropin, Botulinumgift, Curare** und **E 605**.

6. Nervenzellverbände

Die einzelnen Nervenzellen eines Tieres sind zu Netzwerken zusammengefasst. Diese kontrollieren und steuern die Aktivität unterschiedlicher Körperteile und ermöglichen durch ihre Kooperation dem Organismus die sinnvolle Verarbeitung und Beantwortung von Außenreizen.
Je nach Höhe der Entwicklungsstufe sind diese Nervensysteme in unterschiedlicher Komplexität ausgebildet.

6.1 Nervensysteme von Wirbellosen

Das einfachste Nervensystem findet man bei den Hohltieren. Beim Süßwasserpolyp (*Hydra*) besteht es aus einer Ansammlung von Nervenzellen, die mehr oder weniger gleichmäßig über den Körper verteilt sind. Durch ihre Fortsätze sind sie miteinander zu einem **Nervennetz** verbunden.
Wie wir aus Abbildung 39 erkennen können, hat *Hydra* Neuronen mit relativ kurzen Zell-

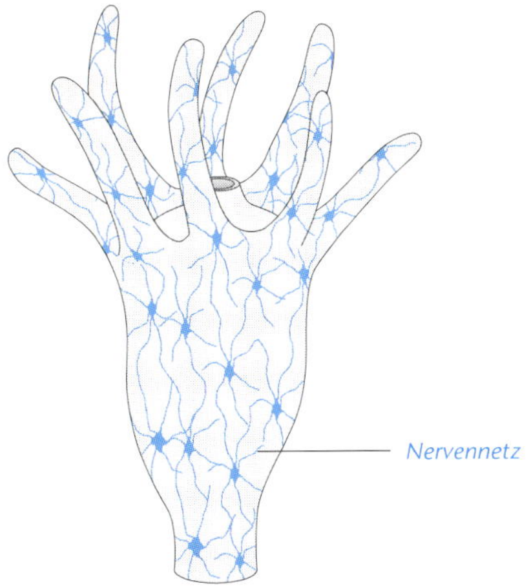

Abb. 39
Nervennetz von Hydra

fortsätzen. Die Weiterleitung eines Signals zu einer entfernt liegenden Zelle erfolgt demnach über zahlreiche Synapsen hinweg.

Bei der Höherentwicklung der Tiere im Verlaufe der Evolution hat sich die Ausbildung eines Vorderendes (Kopfes) durchgesetzt. Es ist als Träger des Mundes mit der Nahrungsaufnahme beschäftigt. Zum Aufspüren der Nahrung hat sich dabei die Ansammlung von Sinnesorganen als notwendig erwiesen. Hand in Hand damit kam es im Kopfbereich zu einer Konzentration von Nervenzellen, um die Aufgabe der Steuerung und Informationsverarbeitung besser bewältigen zu können.

Aufgabe A/17

A/17 Welche Auswirkung auf die Geschwindigkeit der Signalleitung bringt die Zwischenschaltung zahlreicher Synapsen mit sich?

Diese Entwicklungstendenz zeigt sich bereits bei noch relativ einfach strukturierten Organismen wie den Strudelwürmern. An deren Vorderende befinden sich zwei als **Ganglien** bezeichnete Verdickungen im Nervensystem, von denen ausgehend zwei Hauptnervenstränge längs durch den Körper ziehen. Von ihnen zweigen dann zahlreiche kleinere Nervenstränge ab. Bei jedem Ganglion (griech. Geschwulst) handelt es sich um Ansammlungen der Perikarien zahlreicher Nervenzellen, über die die nervliche Kontrolle der angeschlossenen Körperregionen läuft. Es handelt sich hier quasi um die Vorstufe des Gehirns von komplexer organisierten Tieren.

Eine noch deutlich ausgeprägtere Tendenz zur Zentralisierung zeigt sich im **Strickleiternervensystem** der Insekten, die etwa drei Viertel aller Tierarten ausmachen. Auch deshalb ist ihr weit stärker differenziertes Nervensystem von besonderem Interesse. Wir können seinen typischen Bau der Abbildung 41 entnehmen.

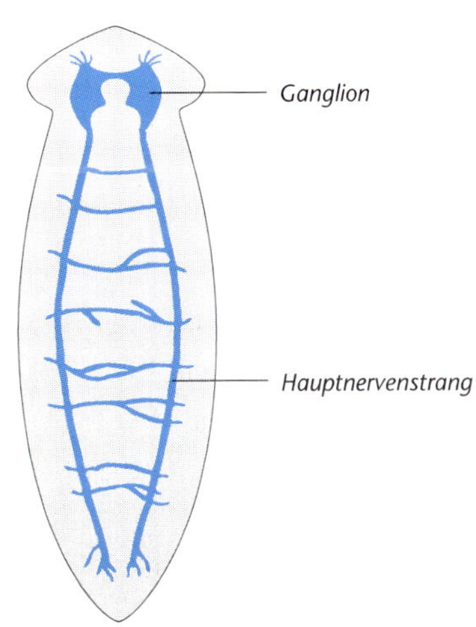

Abb. 40
Nervensystem eines Strudelwurms

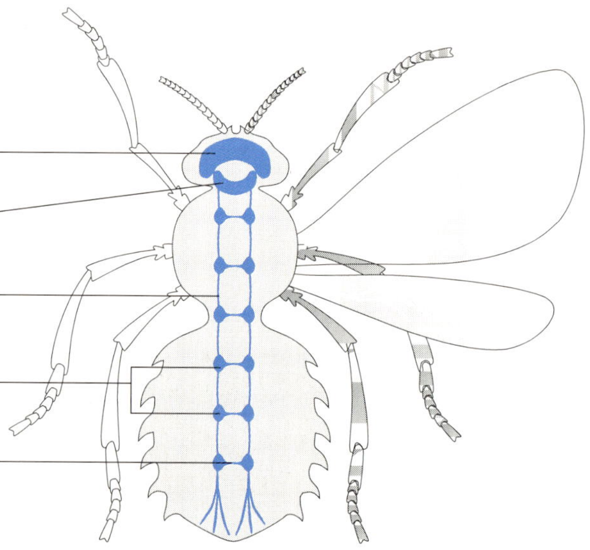

Abb. 41
Strickleiternervensystem eines Insekts (nur zentrale Anteile dargestellt)

6.2 Nervensysteme der Wirbeltiere und des Menschen

Die Wirbeltiere (Fische, Amphibien, Reptilien, Vögel und Säugetiere) weisen einen sehr hohen Grad an körperlicher Komplexität auf. Dementsprechend ist auch ihr Nervensystem besonders hoch organisiert. Als beherrschendes Zentrum befindet sich im Schädel das **Gehirn**, von dem aus als Hauptnervenrohr das **Rückenmark** entlang der Rückenseite des Körpers nach hinten bzw. unten zieht (*vgl. Abb. 42*). Gehirn und Rückenmark bilden zusammen das **Zentralnervensystem**. Davon ausgehend durchziehen zahlreiche Nerven als **peripheres Nervensystem** den Körper. Auch das Nervensystem des Menschen ist nach diesem Muster aufgebaut. Wir wollen deshalb die einzelnen Komponenten genauer betrachten.

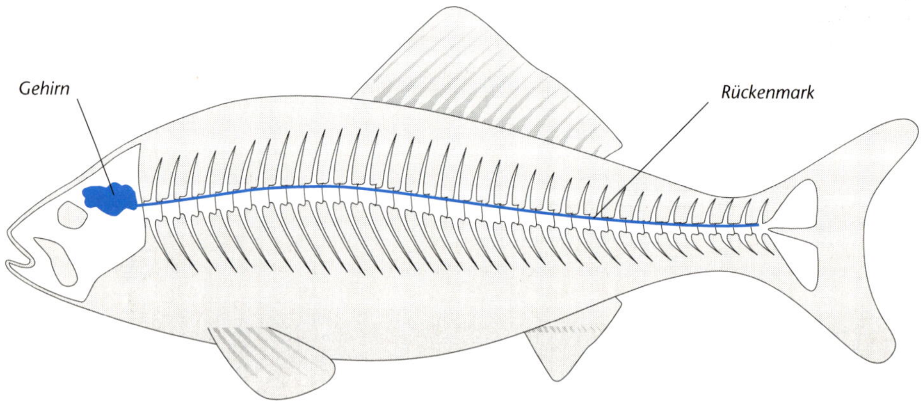

Abb. 42
Lage des Zentralnervensystems bei einem Wirbeltier

6.2.1 Zentralnervensystem (ZNS)

Das Gehirn

Das Gehirn eines Wirbeltieres bildet sich im Embryonalstadium – ebenso wie das Rückenmark – aus dem einfachen Nervenrohr, das sich an der Rückenseite des Embryos befindet. Das Vorderende dieses Rohres ist zunächst zu einem Bläschen verdickt, das sich dann im weiteren Verlauf seines Wachstums in fünf Gehirnabschnitte untergliedert.

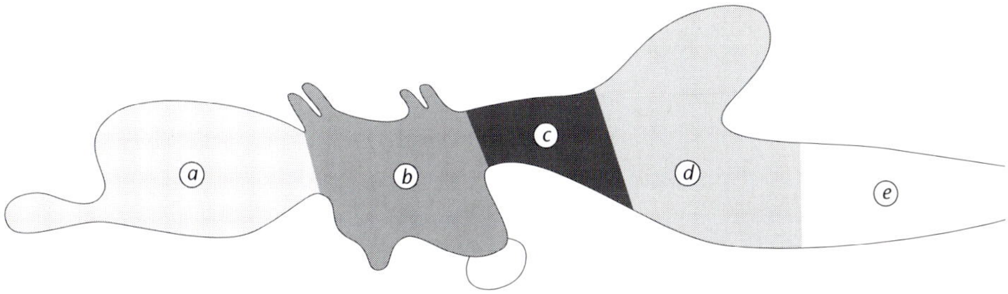

Abb. 43
Gehirnabschnitte eines Wirbeltieres

- Das **Vorderhirn** ⓐ ist bei höheren Wirbeltieren zu einem hoch entwickelten Großhirn ausgebildet, das beim Menschen u. a. Sitz des Bewusstseins ist. Bei den niederen Wirbeltieren dient es vorwiegend als Riechhirn.
- Das **Zwischenhirn** ⓑ ist der Ursprung des Sehnervs. Zugleich liegt in seinem Bereich der Hypothalamus, der in enger Verbindung mit der Hirnanhangsdrüse (Hypophyse) – einer sehr bedeutsamen Hormondrüse – steht (*vgl. Kap. C*).
- Das **Mittelhirn** ⓒ ist bei niederen Wirbeltieren eine Hauptschaltstelle zwischen sensorischen Bahnen aus Auge und Ohr.
- Das **Hinterhirn (Kleinhirn)** ⓓ steuert die Bewegungskoordination und spielt eine wichtige Rolle für die Erhaltung des Körpergleichgewichts, d. h. für die Einhaltung der korrekten räumlichen Lage.
- Das **Nachhirn** ⓔ ist die Übergangsstelle des Gehirns zum Rückenmark. Es reguliert viele lebenswichtige Grundfunktionen (z. B. At-

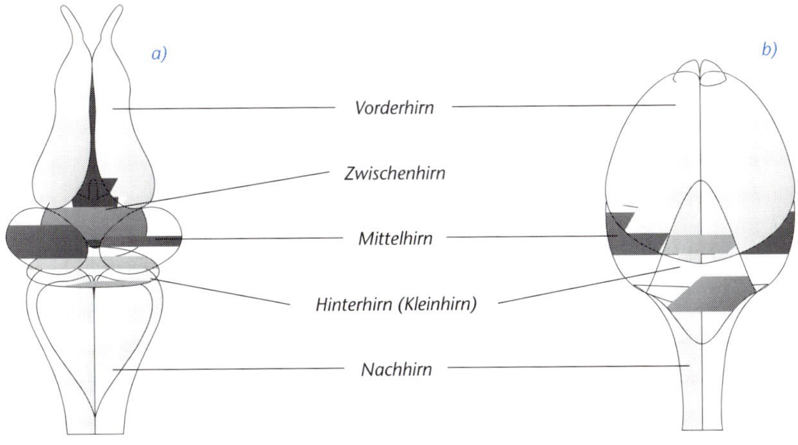

Abb. 44
Gehirne von a) Frosch und b) Taube in Aufsicht

mung, Blutkreislauf, Kauen, Schlucken, Husten). Es ist der Ursprung mehrerer Nerven, die die Kopfregion versorgen, sowie des Nervus vagus*, der Teil des vegetativen Nervensystems ist (*vgl. Kap. A.8*).

Die genannten Gehirnabschnitte sind sowohl hinsichtlich der Kompliziertheit der inneren Struktur als auch der Größe bei den verschiedenen Wirbeltierklassen sehr unterschiedlich ausgestaltet.

Dies wollen wir durch den Vergleich eines Vogelgehirns mit dem eines Amphibiums verdeutlichen (*vgl. Abb. 44*).

Auch mit ungeschultem Blick ist der relative Größenunterschied und die unterschiedliche Ausformung der einzelnen Gehirnabschnitte zu erkennen. So nimmt z. B. das Kleinhirn beim Frosch vergleichsweise wenig Raum ein, während es beim Vogel deutlich größer erscheint.

Aufgabe — A/18

A/18 Stelle einen Zusammenhang her zwischen der Lebensweise eines Amphibiums und eines Vogels und der Ausgestaltung ihrer Kleinhirne.

Auch das **menschliche Gehirn** ist in die oben genannten fünf Abschnitte untergliedert. Der eindeutig dominante Teil ist hier jedoch das zum Großhirn gewordene Vorderhirn. Es ist Sitz von Gedächtnis, Intelligenz, Wille, Bewusstsein und Lernfähigkeit. Auf einzelne dieser Punkte werden wir später noch eingehen (*vgl. Kap. D*).

An dieser Stelle beschränken wir uns darauf, den Bau des menschlichen Gehirns darzustellen:

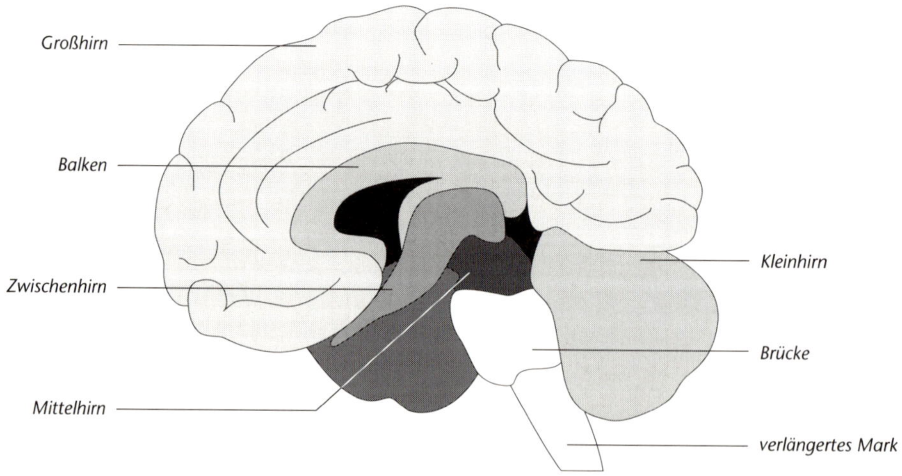

Abb. 45
Gehirn des Menschen im Längsschnitt

Das Rückenmark

Das Rückenmark entsteht ebenso wie das Gehirn aus dem ursprünglichen Neuralrohr der Wirbeltierembryonen. Es bleibt in seiner weiteren Entwicklung im Vergleich zum Gehirn jedoch viel einfacher und einheitlicher strukturiert. Wir werden uns deshalb bei seiner Betrachtung auf die Verhältnisse beim Menschen beschränken.

Wie Abbildung 46 zeigt, durchzieht das Rückenmark ⓐ – vom Nachhirn ⓑ aus beginnend – den Wirbelkanal bis in den Bereich der Lendenwirbel ⓒ. Dabei zweigen von ihm zwischen den Wirbeln zahlreiche Nerven ab ⓓ.

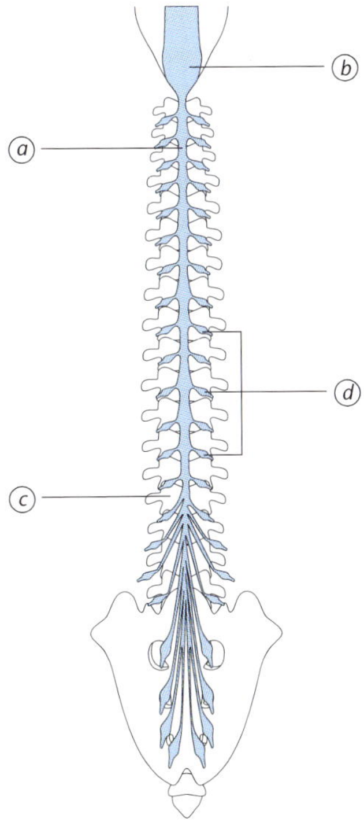

Abb. 46
Lage des Rückenmarks im Wirbelkanal

Weitere wichtige Informationen liefert uns die Betrachtung eines Rückenmarksquerschnittes. Wir können dabei zwei verschiedenfarbige Rückenmarksbereiche unterscheiden (*vgl. Abb. 47*). Die so genannte weiße Substanz ⓐ (sie besteht aus Nervenfasern) umschließt die – allgemein als schmetterlingsförmig beschriebene – graue Substanz ⓑ, die eine Ansammlung von Nervenzellkörpern darstellt. Die „Flügel" des Schmetterlings werden als Hörner bezeichnet und in Vorderhorn b_1 und Hinterhorn b_2 unterschieden. Seitlich zweigen Nerven ab, wobei man zwischen den vorderen Wurzeln ⓒ und den hinteren Wurzeln ⓓ des Rückenmarks unterscheidet. In den Hinterwurzeln liegen Ansammlungen von Nervenzellkörpern – die Spinalganglien ⓔ.

Die Funktion des Rückenmarks lässt sich nicht isoliert betrachten. Sie wird nur verständlich, wenn man die Nerven, die sich – davon ausgehend – in den Körper hineinverzweigen, in die Überlegungen mit einbezieht (*vgl. Abb. 48*).

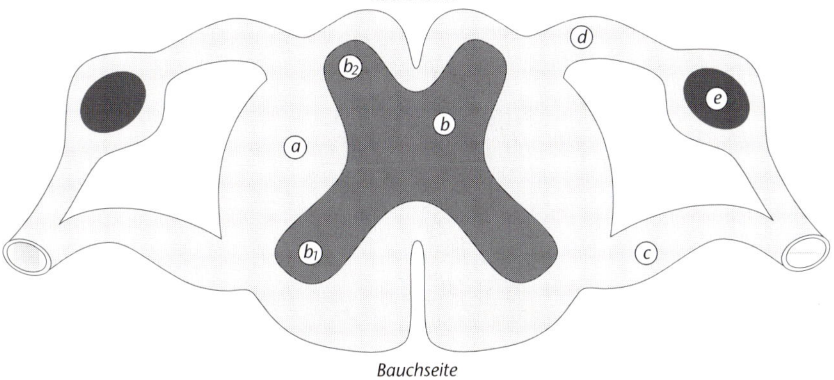

Abb. 47
Schematischer Querschnitt durch das Rückenmark mit austretenden Rückenmarksnerven

6.2.2 Peripheres Nervensystem

Wenn wir uns im Sommer beim Baden vom Schulstress erholen, wird uns dieses wohlverdiente Vergnügen manchmal durch die Attacken von Stechmücken vergällt, die sich auf unserer Haut niederlassen. Den Angriff der Blut saugenden Insekten empfinden wir als Schmerz und unterbinden ihn in den meisten Fällen umgehend mit einem zielsicheren Angriff, der vom ZNS gesteuert wird. Diesem ist die Steuerung aber nur möglich, wenn es Kenntnis von dem Einstich erhält.

Die Mitteilung darüber erfolgt über eine Nervenbahn, die, aus der Peripherie des Körpers kommend, dem ZNS die Meldung zuführt. Man bezeichnet diese Richtung der Informationsweiterleitung als **Afferenz**. Die Antwort des ZNS besteht in unserem Beispiel darin, dass es eine Aktion jener Muskeln veranlasst, die zu einer zielgerichteten Bekämpfung des Parasiten führen. Die erforderlichen Meldungen werden den **Erfolgsorganen** in der Peripherie des Körpers über dafür geeignete Nervenbahnen zugeführt. Diese Richtung der Informationsweiterleitung bezeichnet man als **Efferenz**.

Afferente Nervenzellen leiten Informationen von den Sinneszellen zum ZNS.

Efferente Nervenzellen leiten Informationen vom ZNS zu den Erfolgsorganen.

Bei der Komplexität des Wirbeltierkörpers mit all seinen Möglichkeiten, äußere Reize mit Reaktionen zu beantworten, ist der Grad der „Verdrahtung" des Körpers mit afferenten und efferenten Nervenbahnen natürlich immens. Einen Eindruck davon vermittelt Abbildung 48, die die Verhältnisse beim Menschen zeigt.

Von den zahlreichen Nerven, die in ihrem Inneren wie ein Kabelbündel aufgebaut sind (*vgl. Abb. 49*), werden in Abbildung 48 nur einige wenige benannt. Eine intensivere Beschäftigung mit ihnen würde den Rahmen dieser Abiturhilfe sprengen.

Unsere weiteren Überlegungen werden sich mit der Funktionsweise des Nervensystems befassen (*vgl. Kap. A.7*). Dafür ist es wichtig, das Augenmerk auf die Verzahnungsstellen des Zentralnervensystems mit dem peripheren Nervensystem zu richten. Wir werfen deshalb einen noch genaueren Blick auf das Rückenmark und betrachten einen Ausschnitt, wie er auf der Länge von vier Brustwirbeln anzutreffen ist (*vgl. Abb. 50*).

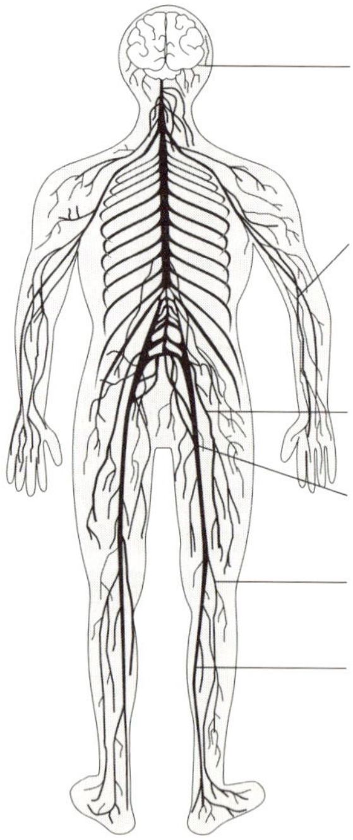

Abb. 48
Übersicht über einen Teil des peripheren Nervensystems des Menschen

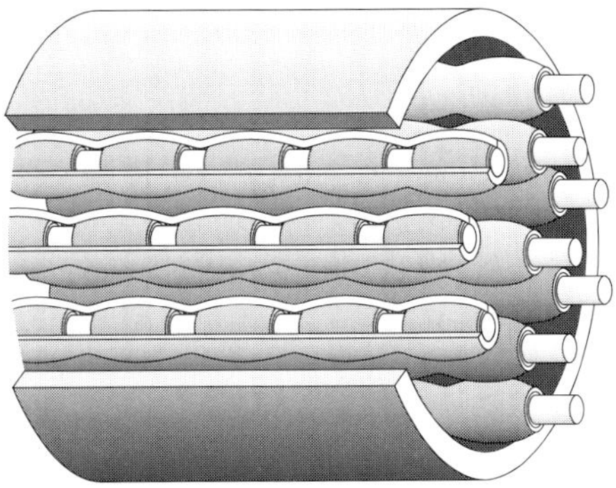

Abb. 49
Schnitt durch einen Nerv

Wir sehen, wie aus der weißen Substanz des Rückenmarks in regelmäßiger Wiederkehr beiderseits Nervenfasern entspringen.
Dabei handelt es sich einerseits um Hinterwurzelfasern ⓐ und andererseits um Vorderwurzelfasern ⓑ, die sich links und rechts des Rückenmarks jeweils zu einem Spinalnerven ⓒ vereinigen. Dieser ist jeweils ein „Kabelbündel", zusammengesetzt aus zahlreichen Nervenfasern. Wir wissen bereits, dass diese wie Einbahnstraßen funktionieren, also eine Meldung immer nur in einer Richtung durchlassen (*vgl. Kap. A.3*).
Anatomische und funktionelle Untersuchungen haben ergeben, dass die efferenten und afferenten Nervenfasern jeweils in genau festgelegten Bereichen verlaufen. Diese Lagebeziehungen können wir wiederum mit einer Abbildung verdeutlichen (*vgl. Abb. 51*).

Die über den Spinalnerv einlaufenden afferenten Nervenfasern führen sämtlich über die Hinterwurzel zum Rückenmark ⓐ. Die Perikarien dieser dem pseudounipolaren Typus (*vgl. Kap. A 2.2*) zugehörenden Nervenzellen liegen dabei im Spinalganglion ⓑ.
Im Vorderhorn befinden sich Nervenzellkörper ⓒ, aus denen die efferenten Nervenfasern entspringen. Sie verlassen das Rückenmark in Richtung Peripherie über die Vorderwurzel ⓓ.

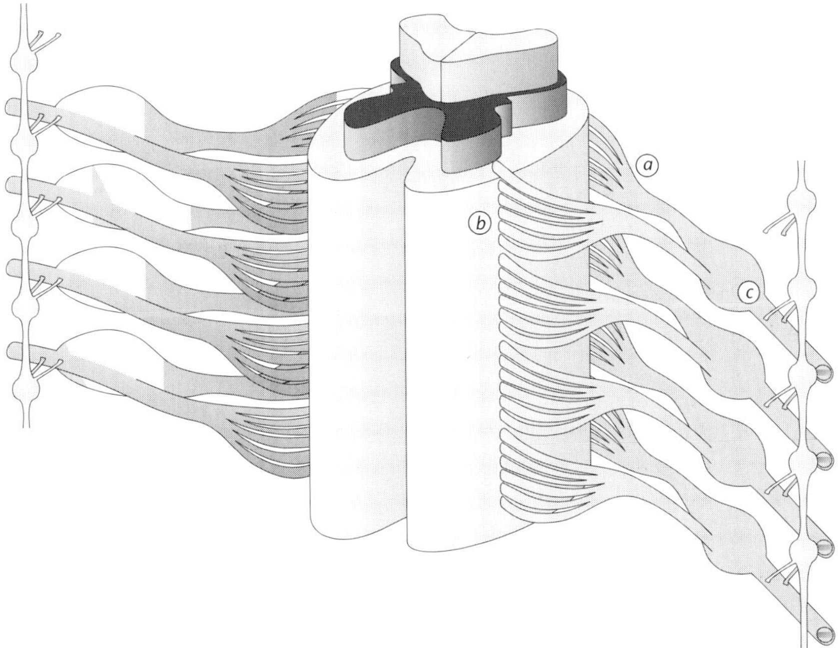

Abb. 50
Rückenmark und zugehörige Nervenpaare im Bereich der Brustwirbelsäule

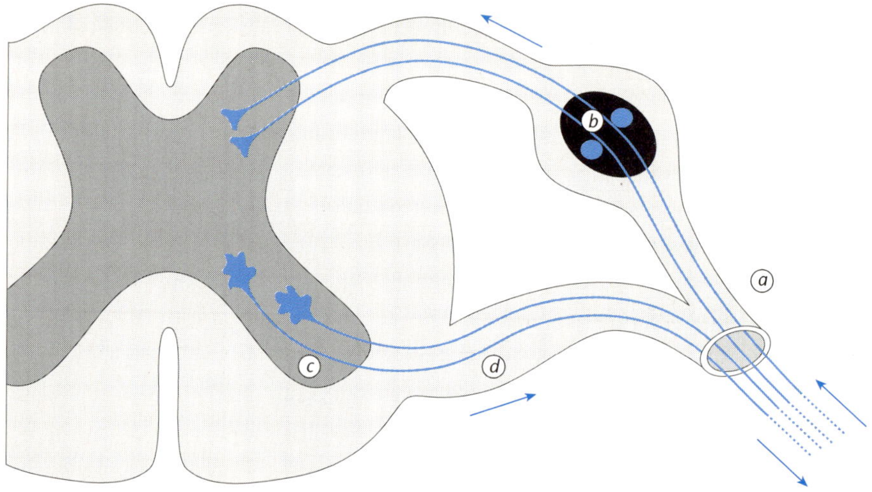

Abb. 51
Querschnitt einer Rückenmarkshälfte mit schematisch eingezeichneten Nervenfasern

7. Physiologie kleiner Neuronenverbände

Nervensysteme bestehen aus einer Vielzahl von Nervenzellen. Der Verschaltungsgrad der Zellen untereinander kann dabei enorm sein (*vgl. z. B. Abb. 24*).

Bei der riesigen Anzahl von Nervenzellen, die man bei hoch entwickelten Tieren und beim Menschen (bei ihm sind es mehr als zehn Milliarden) findet, ergeben sich vielfältige Möglichkeiten des Zusammenspiels, die von sehr einfachen bis zu äußerst komplexen Beziehungsstrukturen reichen und damit auch die Durchführung der unterschiedlichsten Verhaltensweisen erlauben.

Wir beschäftigen uns hier nur mit der Arbeitsweise ganz kleiner Neuronenverbände. Auf einfache und deshalb für uns überschaubare Verhältnisse treffen wir z. B. bei den Reflexen. Darunter versteht man Verhaltensweisen, die durch eine besonders strenge Reiz-Reaktions-Beziehung gekennzeichnet sind.

7.1 Reflexbogen

Ein allseits beliebtes Beispiel ist der Kniesehnenreflex, von dem wir wohl alle schon gehört haben und den wir zunächst experimentell durchführen wollen.

VERSUCH

1

Eine Versuchsperson soll sich entspannt auf eine Tischkante setzen und die Beine übereinander schlagen. Schlage dann mit einem medizinischen Hammer oder auch mit der Handkante (bitte nicht zu wuchtig!) auf die Kniesehne des oben liegenden Beins. Dabei kommt es darauf an, die richtige Stelle unterhalb der Kniescheibe zu treffen (*vgl. Abb. 52*). Trifft der Schlag exakt, so schwingt der Unterschenkel unwillkürlich infolge einer Kontraktion des Beinstreckers nach vorne.

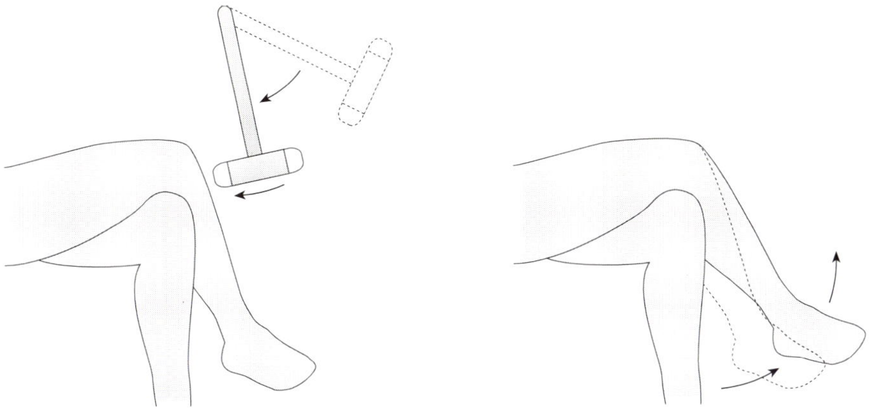

Abb. 52
Auslösung des Kniesehnenreflexes

Die dabei im Körper ablaufenden Vergänge wollen wir anhand einer Abbildung erläutern (*vgl. Abb. 53*).

① Im Oberschenkelmuskel (Beinstrecker) befinden sich zwischen den Muskelfasern schraubenartig aufgerollte Endigungen von Sinneszellen – so genannte **Dehnungsrezeptoren**.

② Durch einen Schlag auf die Kniesehne wird der Muskel ruckartig bewegt; dabei wiederum werden die Rezeptoren in ihm rasch gedehnt.

③ Die Sinneszellen senden daraufhin eine schnelle Folge von Aktionspotenzialen in Richtung Rückenmark (*Afferenz, vgl. Kap. A.6.2.2*).

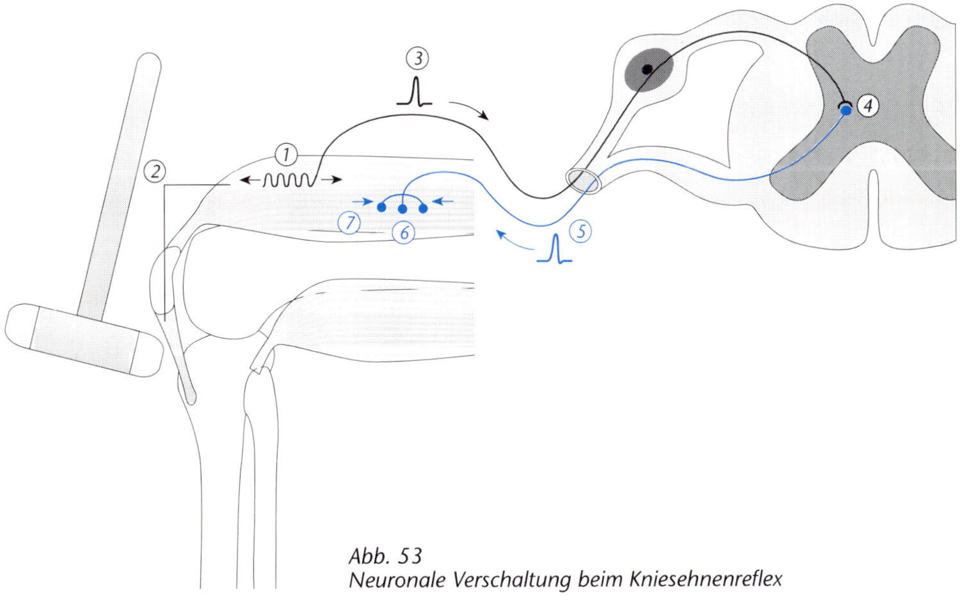

Abb. 53
Neuronale Verschaltung beim Kniesehnenreflex

④ Im Rückenmark wird die einlaufende Erregung synaptisch auf motorische Nervenzellen umgeschaltet.
⑤ Diese senden daraufhin ebenfalls eine rasche Abfolge von Aktionspotenzialen in Richtung Muskel (*Efferenz, vgl. Kap. A.6.2.2*).
⑥ Dort angekommen, erfolgt die synaptische Übertragung der Erregung auf die Muskelfasern.
⑦ Diese ziehen sich daraufhin zusammen, der ganze Muskel wird kontrahiert.

Dieser Ablauf erweist sich für uns z. B. dann als vorteilhaft, wenn wir unvermittelt ein schweres Gewicht in die Hand gedrückt bekommen oder nach einem Sprung wieder auf dem Boden landen. Wir gehen dabei nur leicht in die Knie, sinken aber nicht vollends zu Boden, denn der Beinstrecker wird reflektorisch (also quasi vollautomatisch, ohne unser willentliches Zutun) verkürzt.
Dabei ist die Reaktionszeit überdies so kurz wie nur irgendwie möglich, denn die Umschaltung vom einlaufenden Signal (Afferenz) zum auslaufenden Signal (Efferenz) erfolgt **über eine einzige Synapse**. Man spricht deshalb auch von einem **monosynaptischen Reflex**.

Die für den Beinstrecker beschriebene Verschaltung gilt prinzipiell auch für andere Skelettmuskeln.
Einige weitere Reflexe, die du selbst ausprobieren kannst, sind in Tabelle 2 aufgeführt.

Reflex	Auslösung	Ergebnis
Achillessehnenreflex	Schlag auf Achillessehne	Beugung des Fußes
Wartenbergscher Reflex	Finger einhakeln und ziehen	Beugen des Daumens
Kremaster-Reflex	Bestreichen der Haut innen am Oberschenkel	Hochsteigen des Hodens
Greifreflex bei Säuglingen	Bestreichen der Handinnenfläche	Fingerbeugen bis zum Festhalten

Tabelle 2
Einige Reflexe

7.2 Hemmschaltung für den Gegenspieler

Die von einem Muskel verursachte Bewegung kann von seinem **Antagonisten** (Gegenspieler) wieder rückgängig gemacht werden. Dabei darf es aber nicht vorkommen, dass beide Muskelsysteme gleichzeitig aktiviert werden, da dies zu Verletzungen führen könnte. Wird also der Oberschenkelmuskel reflektorisch aktiviert, so muss dafür gesorgt werden, dass bei seinem Gegenspieler nicht gleichzeitig eine Kontraktion ausgelöst wird. Die oben beschriebene neuronale Verschaltung ist zu diesem Zweck noch um einige Komponenten ergänzt.
Die Sinneszelle, die die Dehnung des Beinstreckers meldet, wirkt nicht nur auf das zugeordnete Motoneuron desselben Muskels

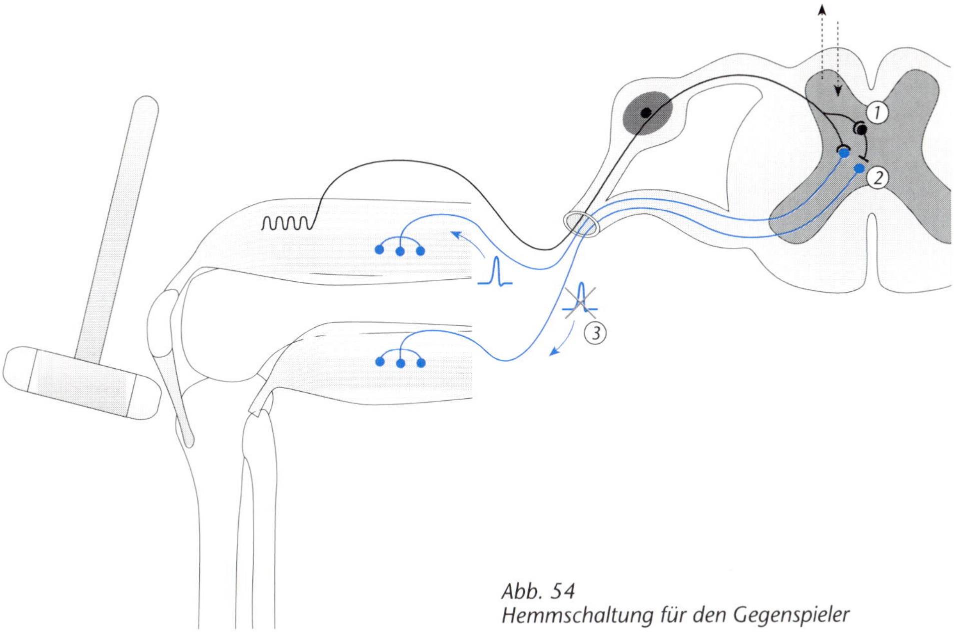

Abb. 54
Hemmschaltung für den Gegenspieler

ein, sondern es geschieht noch mehr (*vgl. Abb. 54*):

① Die Erregung wird über eine Endverzweigung auch auf ein **Interneuron** übertragen.
② Dieses wirkt über eine hemmende Synapse auf das Motoneuron des Gegenspielers ein.
③ Dadurch wird die Bildung einer Erregung in dieser Zelle unterdrückt und beim Beinbeuger kann keine Kontraktion stattfinden.

Dass der Verschaltungsgrad noch weiter reicht, ist in der Abbildung durch die gestrichelten Pfeile angedeutet. Sie zeigen einerseits, dass einlaufende sensorische Signale im Rückenmark auch Richtung Gehirn umgeschaltet werden und dass andererseits von diesem auch Steuerimpulse einlaufen.

Wir können sehen, dass die einfachen Verhältnisse, wie wir sie beim monosynaptischen Reflex antreffen, bei weiterer Betrachtung schnell an Komplexität zunehmen. Wenn wir dann noch überlegen, dass die Stellung der Muskeln im Gehirn nicht nur registriert, sondern z. B. auch mit Sinneseindrücken (Sehsinn, Gleichgewichtssinn) verrechnet wird und danach Stellbefehle an die Muskeln gehen, bekommen wir eine Vorstellung davon, wie umfangreich schon allein die Neuronenverbände sein müssen, die der Muskelsteuerung dienen.

Aufgabe A/19

A/19 Ruckartige Dehnung des Oberschenkelbeugers führt zu einer afferenten Meldung an das Rückenmark, die jeweils efferente Signale an Beinstrecker und -beuger mit unterschiedlicher Wirkung zur Folge hat.
Fertige eine Skizze an, die die neuronale Verschaltung für dieses Beispiel wiedergibt.

8. Vegetatives Nervensystem

In den zurückliegenden Kapiteln haben wir uns mit den Bestandteilen des Nervensystems befasst, die uns – von den Reflexen einmal abgesehen – den willentlichen Einsatz unserer Muskulatur erlauben oder uns die bewusste Verarbeitung aufgenommener Reize ermöglichen.

So können manche von uns etwa beim Anblick eines auf sie zu kommenden Tennisballes den Arm samt Schläger zielgerichtet zum Ball führen und diesen unerreichbar im gegnerischen Feld platzieren.
Wenn wir anschließend gemütlich mit unserem Spielpartner oder unserer Spielpartnerin zusammensitzen und uns durch einen Imbiss stärken, merken wir beim Gespräch über das zurückliegende hochklassige Tennismatch hingegen in der Regel nicht, dass gleichzeitig bestimmte Eingeweidemuskeln unseres Körpers sinnvolle Bewegungen durchführen, die zur Nahrungsverarbeitung im Verdauungstrakt erforderlich sind. Die notwendige Steuerung läuft ohne bewusste Wahrnehmung oder willentlichen Einfluss ab.

Im Falle der beschriebenen sportlichen Betätigung arbeiten die uns aus Kapitel A.6 bereits bekannten Teile des ZNS und des peripheren Nervensystems zusammen. Sie werden in ihrer Gesamtheit auch als **animales Nervensystem** bezeichnet. Die Steuerung der angesprochenen Verdauungsvorgänge wird hingegen von anderen Bestandteilen des Nervensystems übernommen, die als **vegetatives** oder **autonomes Nervensystem** bezeichnet werden.

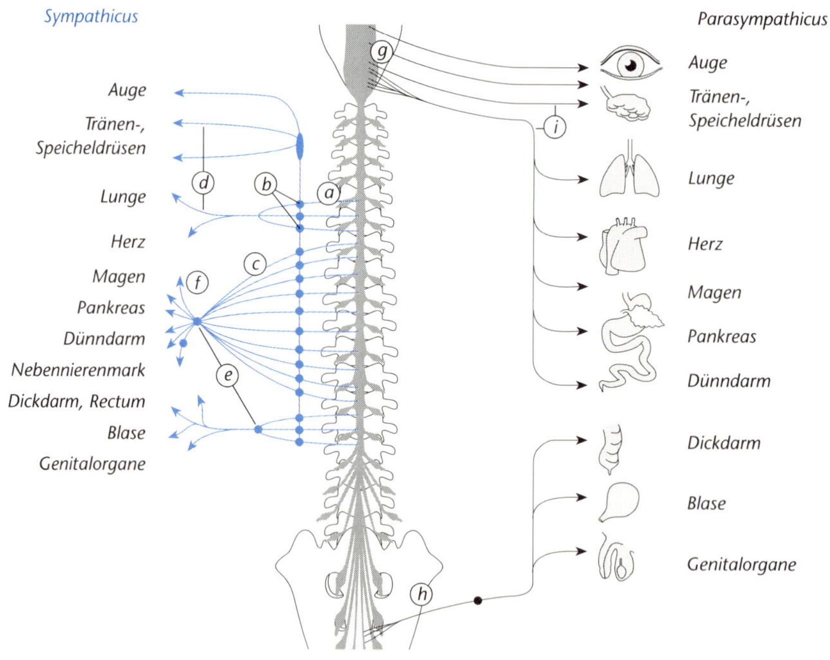

Abb. 55
Aufbau des peripheren vegetativen Nervensystems (links nur Sympathicus, rechts nur Parasympathicus dargestellt)

8.1 Aufbau des vegetativen Nervensystems

Das vegetative Nervensystem (VN) weist zentrale Bereiche in Gehirn und Rückenmark auf. Diese stehen in Verbindung mit den peripheren Bereichen des vegetativen Nervensystems, auf die wir unsere Darstellung beschränken.

Die aus dem Rückenmark austretenden Nervenfasern des peripheren vegetativen Nervensystems ⓐ laufen zu einem der beiden **Grenzstränge** ⓑ, die links und rechts der Wirbelsäule liegen. Sie sind die auffälligsten und deshalb auch zuerst entdeckten Strukturen des VN. Ein Grenzstrang stellt eine untereinander verbundene Ansammlung von Nervenknoten dar. Von ihm ausgehend durchziehen zahlreiche Nerven den Körper ⓒ. Die oberen laufen direkt zu ihren Versorgungsgebieten ⓓ. Die unteren laufen zu weiter entfernt liegenden Ganglien ⓔ. Erst aus diesen entspringen dann die Nerven, die in die Versorgungsgebiete führen ⓕ.
Als man diese anatomischen Beziehungen entdeckte, glaubte man, die „Sympathien" der Organe untereinander erklären zu können. Aus dieser Vorstellung leitet sich auch die Bezeichnung sympathisches Nervensystem (**Sympathicus**) für diesen Teil des VN ab.

Die weiteren Teile des peripheren VN werden hingegen dem parasympathischen Nervensystem (**Parasympathicus**) zugeordnet. Sie liegen in ihrem Ursprung weit auseinander. Einerseits entspringen Nerven aus dem Hirnstamm ⓖ und andererseits aus dem untersten Abschnitt des Rückenmarks ⓗ, um von dort aus meist direkt in die Versorgungsgebiete zu ziehen ⓘ.

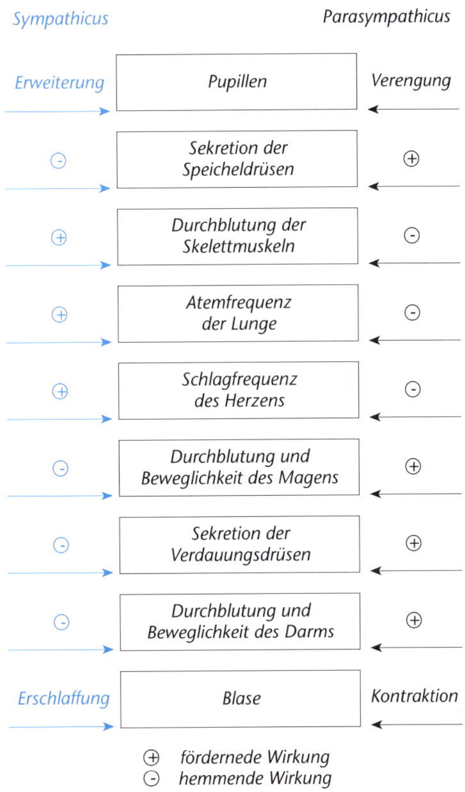

Abb. 56
Wirkung von Sympathicus und Parasympathicus auf einige Organe (Auswahl)

8.2 Wirkungen des vegetativen Nervensystems

Die Nerven des VN, die in die Versorgungsgebiete ziehen, treffen dort auf die ihnen zugeordneten Organe wie Lunge, Herz, Leber, Magen. Dabei werden fast alle Organe von beiden Anteilen des VN versorgt. Diese wirken auf gegensätzliche Weise auf ein Organ ein. Wirkt die eine Komponente dabei fördernd, so wirkt die andere hemmend und umgekehrt.

Sympathicus und Parasympathicus wirken als Antagonisten.

Die Wirkung von Sympathicus und Parasympathicus auf die Organe kann der Abbildung 56 entnommen werden.
Die Auswertung von Abbildung 56 ergibt eine unterschiedliche Wirkungsweise der beiden Anteile des VN (*vgl. Aufgabe A20 und A21*).

Der Sympathicus fördert alle Organe, deren Tätigkeit bei großer körperlicher Aktivität – z. B. in Alarmsituationen – notwendig ist. Gleichzeitig hemmt er dabei alle Organe, deren Aktivität der erforderlichen Höchstleistung des Körpers im Wege stünden.
Der Parasympathicus hingegen fördert – in Ruhesituationen – alle Organfunktionen, die der Erhaltung und Erholung des Körpers dienen, und drosselt die Alarmfunktionen.

Aufgaben A/20-A/21

A/20 Liste alle Organfunktionen auf, die
a) vom Sympathicus gefördert werden,
b) vom Parasympathicus gefördert werden.

A/21 Überlege, in welcher Situation es günstig ist, wenn der Sympathicus die Steuerung der inneren Organe übernimmt.

Das vegetative Nervensystem reguliert die Funktionen der inneren Organe und stimmt ihre Leistungen aufeinander ab.

Der Transmitterstoff, mit dem die Erregung auf die Erfolgsorgane übertragen wird, ist bei den meisten parasympathischen Neuronen **Acetylcholin**, bei den sympathischen Neuronen **Noradrenalin**.

Aufgabe A/22

A/22 Erkläre, wieso ein und derselbe Transmitterstoff entgegengesetzte Wirkungen an den unterschiedlichen Organen erzeugen kann.

9. Zusammenfassung

- Die einzelnen Nervenzellen eines Tieres sind zu Netzwerken zusammengefasst. Je nach Höhe der Entwicklungsstufe sind diese **Nervensysteme** in unterschiedlicher Komplexität ausgebildet.
  Das einfachste Nervensystem ist das **Nervennetz** der Hohltiere.

- Im Verlaufe der Evolution kam es im Kopfbereich zu einer Konzentration von Nervenzellen. Eine deutlich ausgeprägte Tendenz zur Zentralisierung zeigt sich im **Strickleiternervensystem** der Insekten.
  Das **Zentralnervensystem** der Wirbeltiere besteht aus **Gehirn** und **Rückenmark**; davon ausgehend durchziehen zahlreiche Nerven als **peripheres Nervensystem** den Körper.

- Das Gehirn eines Wirbeltieres untergliedert sich in fünf Abschnitte: **Vorderhirn, Zwischenhirn, Mittelhirn, Hinterhirn (Kleinhirn)** und **Nachhirn**.

- Das Rückenmark durchzieht – vom Nachhirn aus beginnend – den Wirbelkanal bis in den Bereich der Lendenwirbel. Im Querschnitt sind zwei verschiedenfarbige Rückenmarksbereiche zu unterscheiden. Die **weiße Substanz** besteht hauptsächlich aus Nervenfasern, die **graue Substanz** aus Ansammlungen von Nervenzellkörpern. Seitlich zweigen Nerven ab: Man unterscheidet zwischen den **vorderen Wurzeln** und den **hinteren Wurzeln** des Rückenmarks.

- **Afferente** Nervenzellen leiten über die Hinterwurzeln Informationen von den Sinneszellen zum ZNS.

- **Efferente** Nervenzellen leiten über die Vorderwurzeln Informationen vom ZNS zu den Erfolgsorganen (Muskeln und Drüsen).

- Aufschlüsse über die Arbeitsweise kleiner **Neuronenverbände** sind durch die Analyse von Reflexen möglich.
  Bei der Auslösung des **Kniesehnenreflexes** laufen im Körper folgende Vorgänge ab:
  Durch einen Schlag auf die Kniesehne wird eine ruckartige Bewegung des Beines durch den Oberschenkelmuskel ausgelöst. Dabei werden die Rezeptoren in ihm aktiviert und senden eine schnelle Folge von Aktionspotenzialen in Richtung Rückenmark (Afferenz). Dort wird die einlaufende Erregung monosynaptisch auf motorische Nervenzellen umgeschaltet. Diese senden daraufhin eine rasche Abfolge von Aktionspotenzialen in Richtung Muskel (Efferenz). Dort angekommen erfolgt die synaptische Übertragung der Erregung auf die Muskelfasern. Diese ziehen sich zusammen, der ganze Muskel wird kontrahiert, das Bein schwingt vor.

- Die von einem Muskel verursachte Bewegung kann von seinem Antagonisten (Gegenspieler) wieder rückgängig gemacht werden. Die gleichzeitige Aktivierung beider Systeme, die zu Verletzungen führen könnte, wird durch eine **Hemmschaltung** verhindert. Diese sorgt dafür, dass die Erregung nicht nur auf Motoneuronen des zu aktivierenden Muskels übertragen wird, sondern gleichzeitig auch auf Interneuronen, die über hemmende Synapsen auf die Motoneuronen des Gegenspielers einwirken. Dadurch wird in diesen Zellen die Bildung einer Erregung unterdrückt und beim Antagonisten kann keine Kontraktion stattfinden.

- Das **vegetative** oder **autonome Nervensystem** (VN) steuert die Arbeit der inneren Organe. Es weist zentrale Bereiche in Gehirn und Rückenmark auf. Diese stehen in Verbindung mit den peripheren Bereichen des vegetativen Nervensystems.

- Anatomisch und funktionell unterscheidet man zwischen **Sympathicus** und **Parasympathicus**.

- Die Nerven des VN, die in die Versorgungsgebiete ziehen, treffen dort auf die ihnen zugeordneten Organe wie Lunge, Herz, Leber, Magen. Dabei werden fast alle Organe von beiden Anteilen des VN versorgt. Diese wirken auf gegensätzliche Weise auf ein Organ ein. Wirkt die eine Komponente dabei fördernd, so wirkt die andere hemmend und umgekehrt. **Sympathicus und Parasympathicus wirken als Antagonisten**.

- Der **Sympathicus** fördert alle Organe, deren Tätigkeit bei großer **körperlicher Aktivität** – z. B. in Alarmsituationen – notwendig ist. Gleichzeitig hemmt er dabei alle Organe, deren Aktivität der erforderlichen Höchstleistung des Körpers im Wege stünden.

- Der **Parasympathicus** fördert alle Organfunktionen, die der **Erhaltung und Erholung** des Körpers dienen, und hemmt die Alarmfunktionen.

- Der Transmitterstoff, mit dem die Erregung auf die Erfolgsorgane übertragen wird, ist bei den meisten parasympathischen Neuronen **Acetylcholin**, bei den sympathischen Neuronen **Noradrenalin**.

B Sinne

Lebewesen können auf äußere und innere Reize in geeigneter Weise reagieren (*vgl. Kap. A.1*). Dazu verfügen sie über die Fähigkeit zur Reizaufnahme. Diese ist an bestimmte Wahrnehmungsstrukturen gebunden. Bei mehrzelligen Tieren und dem Menschen handelt es sich dabei um Sinnesorgane. Allseits bekannt sind Gehörsinn, Seh-, Tast-, Geruchs- und Geschmackssinn. Alle Sinnesorgane verfügen über Rezeptorzellen, die auf bestimmte Reize ansprechen und diese in Nervensignale umwandeln.

1. Überblick über die verschiedenen Rezeptortypen

Dem Bau nach unterscheidet man dabei zwischen drei verschiedenen Zelltypen:

ⓐ Eine **primäre Sinneszelle** nimmt den Reiz auf, leitet die Erregung entlang ihres Axons

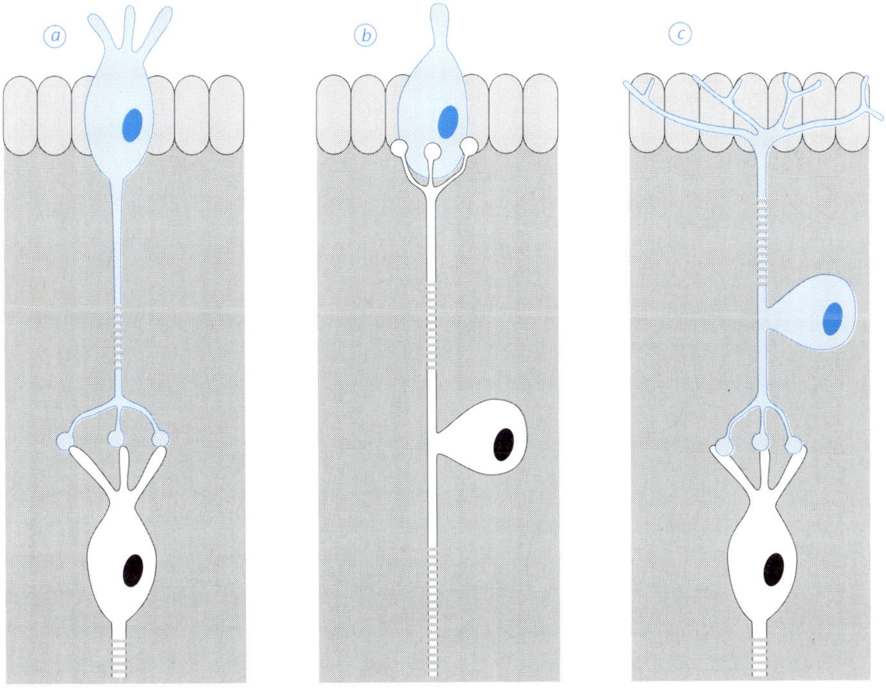

Abb. 57
Sinneszellen bzw. Sinnesnervenzellen

weiter und überträgt sie auf eine Nervenzelle. (Beispiel: Geruchsrezeptoren der Wirbeltiere)

ⓑ Eine **sekundäre Sinneszelle** nimmt den Reiz auf, verfügt jedoch nicht über Strukturen, um die Erregung selbstständig weiterzuleiten. Vielmehr überträgt sie die Erregung vermittels eines Neurotransmitters auf eine Nervenzelle. (Beispiel: Rezeptoren in den Hörsinnesorganen der Wirbeltiere)

ⓒ Eine **Sinnesnervenzelle** besitzt weit aufgefaserte Dendriten, die der Reizaufnahme dienen. Die Erregung wird über die Dendriten fortgeleitet, die nahtlos in das Axon übergehen. (Beispiel: Tast- und Schmerzrezeptoren der Wirbeltierhaut)

Eine weitere Einteilungsmöglichkeit richtet sich nach der Art der Reize, von denen die Rezeptoren in Erregung versetzt werden (*vgl. Tab. 3; weitere Sinne bzw. Rezeptortypen werden in Kapitel B.4 behandelt*).

Alle Rezeptoren wandeln die aufgenommenen Reize in die „Sprache" des Nervensystems um. Wir befassen uns zunächst mit den grundlegenden Prinzipien dieser Umwandlung (*vgl. Abb. 58*).

Rezeptortypen	**Beispiele für auslösende Reize**	**Sinne**
Chemorezeptoren	gasförmige chemische Stoffe gelöste chemische Stoffe	Geruchssinn Geschmackssinn
Mechanorezeptoren	Töne bestimmter Frequenz Schwerkraft Drücke Drücke	Gehörsinn Gleichgewichtssinn Schmerzsinn Tastsinn
Photorezeptoren	Licht einer bestimmten Wellenlänge	Sehsinn
Thermorezeptoren	Wärmeunterschied	Temperatursinn

Tabelle 3
Sinne und Rezeptortypen

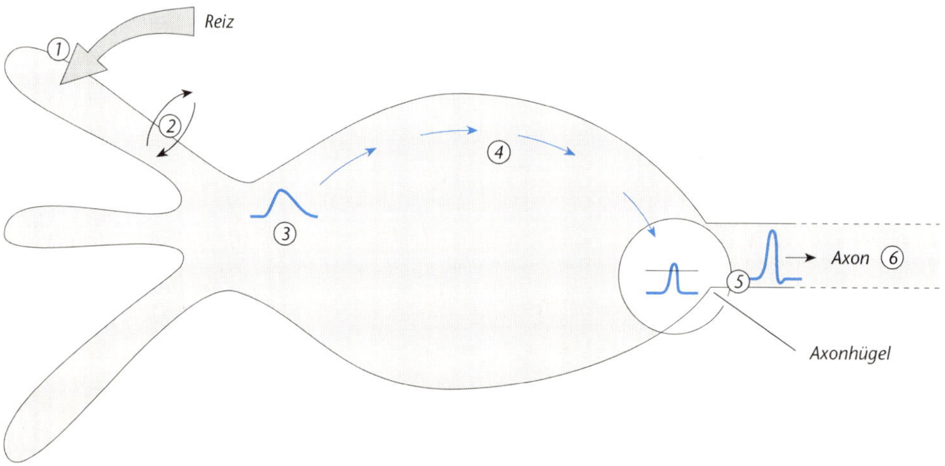

Abb. 58
Verarbeitung eines Reizes durch eine Rezeptorzelle

① Den auftreffenden Reiz nehmen bestimmte Zellstrukturen wahr, die speziell dafür geeignet sind. Bei Mechanorezeptoren handelt es sich um bestimmte Bereiche, die sich verformen können, bei Chemorezeptoren um Kontaktstellen für Moleküle. Bei Photorezeptoren absorbiert ein Sehfarbstoff einfallendes Licht (*vgl. Kap. B.2.2.2*).

② Beim Eintreffen eines **adäquaten Reizes** – also eines solchen, der allein dem Rezeptor angemessen ist – ändert sich die Durchlässigkeit der Rezeptormembran für bestimmte Ionensorten.

③ Das Membranpotenzial nimmt als Folge davon ab (*eine Ausnahme davon werden wir später kennen lernen; vgl. die Ausführungen zu Abb. 70*). Die Differenz zwischen dem Membranpotenzial im Ruhezustand bzw. nach erfolgter Reizung bezeichnet man als **Rezeptorpotenzial**.

④ Das Rezeptorpotenzial breitet sich durch Ionenverschiebungsvorgänge über das Perikaryon hinweg bis zum Beginn des Axons aus.

⑤ Wird das Membranpotenzial am Axonhügel dabei überschwellig, so bildet sich ein Aktionspotenzial aus.

⑥ Das Aktionspotenzial breitet sich längs des Axons aus.

Alle Reize – ganz gleich ob es sich um Lichtreize, chemische Reize, mechanische oder andere Reize handelt – führen also in den für sie jeweils adäquaten Rezeptoren zur Ausbildung von Aktionspotenzialen.

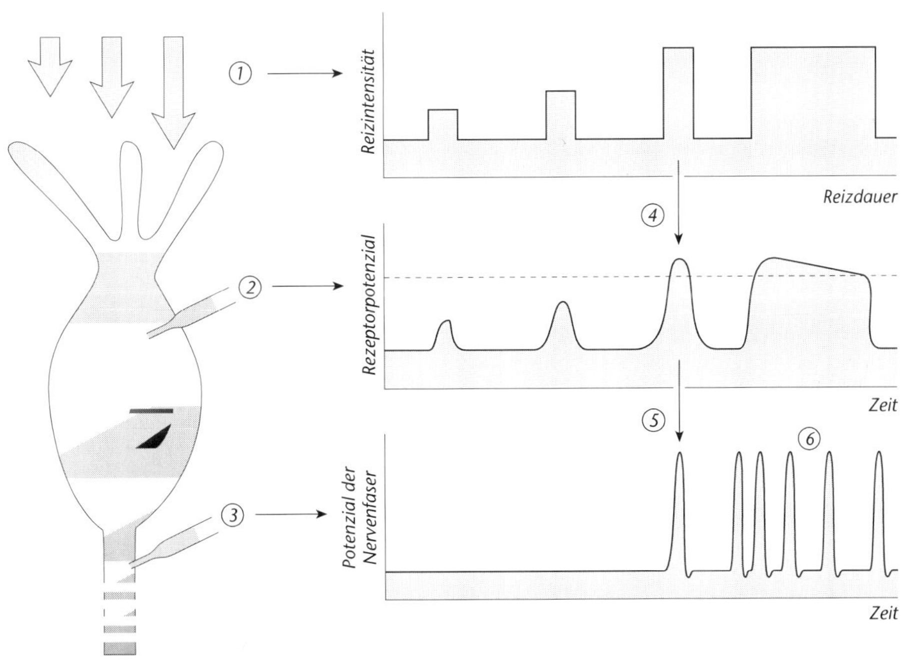

Abb. 59
Reizstärke – Rezeptorpotenzial – Aktionspotenzial

Auf ein Sinnesorgan einwirkende Reize können von unterschiedlicher Intensität oder Dauer sein. So macht es sicher einen Unterschied, ob eine Fliege oder ein Hamster über unsere Haut läuft. Der Zusammenhang zwischen Reizstärke, Rezeptorpotenzial und Potenzial der Nervenfaser wurde in eingehenden Untersuchungen aufgeklärt (*vgl. Abb. 59*).

Dabei wurden Rezeptoren adäquaten Reizen von unterschiedlicher Intensität und Dauer ausgesetzt ①. Gemessen wurde einerseits das daraus resultierende Rezeptorpotenzial ②, andererseits das sich daraus ergebende Potenzial der Nervenfaser ③.

Man stellte fest:

Die Reizstärke wird jeweils umgesetzt in ein Rezeptorpotenzial bestimmter Höhe ④.

Erreicht dies eine bestimmte Schwelle, so entstehen fortgeleitete Aktionspotenziale ⑤. Die Frequenz, mit der diese auftreten, ist proportional zum Rezeptorpotenzial und damit auch zur Reizstärke.

Unterschiedliche Reizstärken werden in unterschiedliche Frequenzen von Aktionspotenzialen übersetzt.

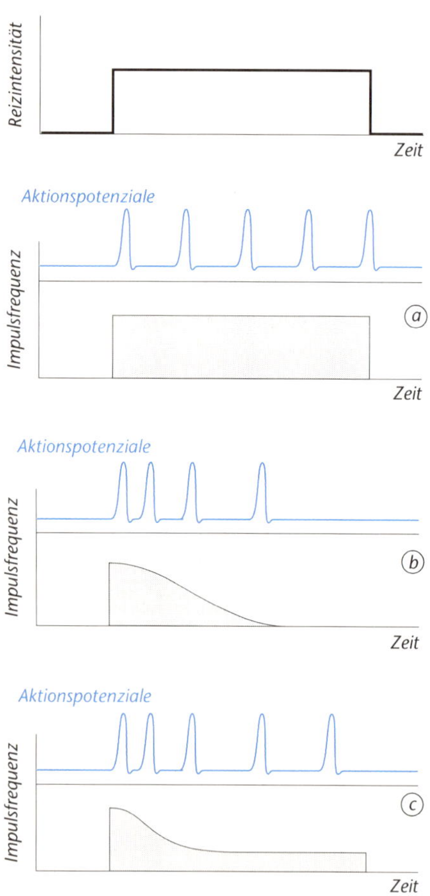

Weitere Untersuchungen ergaben, dass Sinneszellen unterschiedlich auf einen **konstanten Reiz** reagieren. Man unterscheidet diesbezüglich drei verschiedene Typen:

ⓐ Bei **tonischen Sinneszellen** ändert sich die Impulsfrequenz bei Dauerreizung nicht.

ⓑ Bei **phasischen Sinneszellen** fällt die Impulsfrequenz bei Dauerreizung auf null ab.

ⓒ Bei **phasisch-tonischen Sinneszellen** fällt die Impulsfrequenz bei Dauerreizung zunächst stark ab, bleibt dann aber auf einem konstanten Niveau erhalten.

Der Bedeutung dieser Unterschiede können wir durch die Bearbeitung einer Aufgabe auf die Spur kommen.

Abb. 60
Reaktion verschiedener Typen von Sinneszellen auf einen konstanten Reiz

Aufgabe B/1

B/1 Kommt man in ein länger ungelüftetes Klassenzimmer, so kann es einem passieren, dass man zunächst die Ausdünstung der Schülerinnen und Schüler (und die des Lehrers) als unangenehm empfindet, nach einer Weile aber den ursprünglich wahrgenommenen Geruch nicht mehr registriert.
Welcher Typ von Sinneszelle ist in diesem Fall für die Wahrnehmung zuständig?

Je nach ihrer speziellen Aufgabe reagieren die Sinneszellen ganz unterschiedlich auf anhaltende Reize.
Rezeptoren, die sich rasch an die neue Reizstärke anpassen (*vgl. Aufgabe B1*), registrieren im Grunde nur den Reizwechsel. Ein weiteres Beispiel dafür sind die Berührungsrezeptoren der Haut.

Bei anderen Rezeptoren hingegen kommt es darauf an, einen Dauerreiz über die gesamte Einwirkzeit zuverlässig zu erfassen. Beispiele hierfür sind Gelenkstellungsrezeptoren oder Rezeptoren, die die Atemgaskonzentrationen im Blut messen.

2. Der Lichtsinn

Alle Sinneszellen arbeiten nach denselben soeben dargestellten Prinzipien. In den Sinnesorganen stehen sie im anatomischen und funktionellen Zusammenhang mit anderen Baueinrichtungen und es tritt eine Fülle weiterer Fakten hinzu. Wir wollen den Lichtsinn exemplarisch herausgreifen und daran noch weitere Details herausarbeiten.

2.1 Die Entwicklung verschiedener Augentypen

Im Verlaufe der Evolution haben sich im Tierreich verschiedene Augentypen entwickelt. Wir geben zunächst einen Überblick über die unterschiedliche Anatomie und das jeweilige Leistungsvermögen (*vgl. Abb. 61*).

ⓐ Bei manchen niederen Tieren (z. B. dem Regenwurm) liegen in der Haut verstreut **einzelne Lichtsinneszellen**, die in dieser Anordnung lediglich ein Hell-Dunkel-Sehen ermöglichen.

ⓑ **Flachaugen** findet man bei Quallen, Seesternen und Lanzettfischchen. Bei ihnen befindet sich in der flachen Haut eine Ansammlung von Lichtsinneszellen, die nach dem Körperinneren hin von einer lichtundurchlässigen Pigmentschicht abgeschirmt sind. Damit wird die Bestimmung der ungefähren Richtung des einfallenden Lichtes möglich.

ⓒ **Pigmentbecheraugen** findet man u. a. bei Strudelwürmern und manchen Schnecken. In diesem Fall sind die Sehzellen umgeben von einer halbkugelförmigen Schicht von

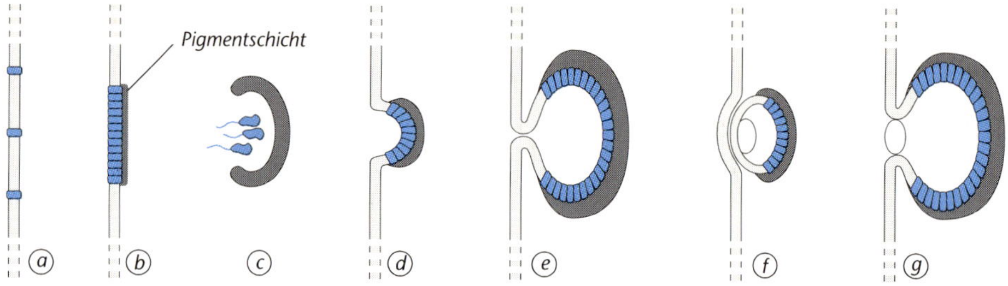

Abb. 61
Verschiedene Augentypen in schematischer Darstellung (Lichtsinneszellen sind rot eingezeichnet)

Pigmentzellen. Die Bestimmung der Richtung des einfallenden Lichtes erreicht in diesem Fall bereits eine größere Genauigkeit als bei Flachaugen.

ⓓ **Grubenaugen** z. B. von Quallen sind weiterentwickelte Flachaugen, bei denen aber die Ansammlung von Lichtsinneszellen mitsamt der abschirmenden Pigmentschicht in eine Grube abgesenkt ist. Hier ist ebenfalls die Richtungsbestimmung des einfallenden Lichtes möglich.

ⓔ **Lochkameraaugen** sind weiterentwickelte Grubenaugen, bei denen die Öffnung nur noch aus einem engen Loch besteht. Dieser Augentyp, den man bei niederen Tintenfischen (*Nautilus*) findet, erlaubt bereits bildhaftes Sehen. Allerdings ist das Bild sehr lichtschwach.

ⓕ Bei **Blasenaugen** ist die Grube durch eine durchsichtige Haut komplett verschlossen und im Innenraum der Grube befindet sich ein lichtbrechendes Sekret, das man bereits als eine Art von Linse bezeichnen kann. Blasenaugen – man findet sie z. B. bei Weinbergschnecken – sind bereits eine einfache Form von Linsenaugen. Auch hier ist bildhaftes Sehen möglich, wobei das Bild aber immer noch sehr lichtschwach ist.

ⓖ Mit den **Linsenaugen** ist schließlich die höchste Stufe des Sehens erreicht. Die Grubenöffnung ist vergrößert – damit wird das Bild lichtstärker. In die Grubenöffnung ist

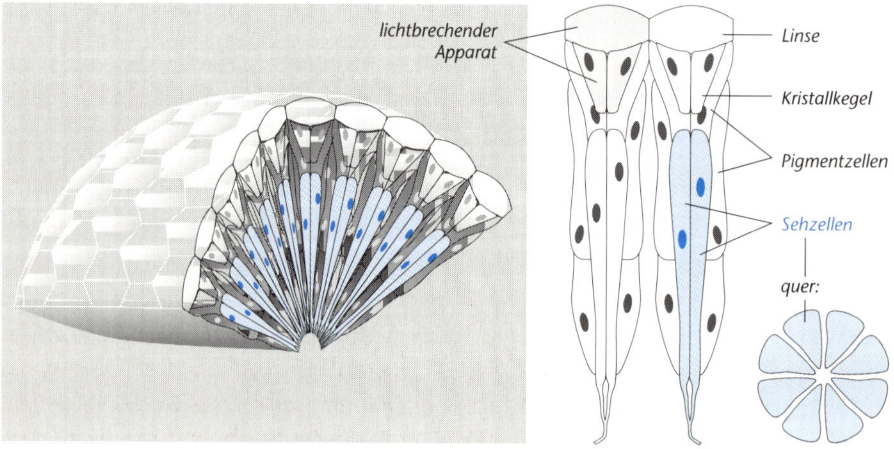

Abb. 62
Facettenauge in Übersicht und Einzelauge im Detail

eine Sammellinse eingelagert, womit eine scharfe Abbildung ermöglicht wird. Die leistungsfähigsten Linsenaugen findet man bei den höchstentwickelten Tintenfischen und bei den Wirbeltieren.

Wir werden diesen Augentypus noch eingehender betrachten (*vgl. Kap. B.2.2*).

Einen ganz anderen Augentyp findet man bei den Gliedertieren wie z. B. den Insekten (*vgl. Abb. 62*).

Das **Facettenauge (= Komplexauge)** besteht aus vielen Einzelaugen, die wabenartig zusammengesetzt sind. Jedes Einzelauge setzt sich zusammen aus einem Licht brechenden Apparat, aus (meist 8) Sinneszellen und aus Pigmentzellen, die die Einzelaugen voneinander abschirmen. Die von den Einzelaugen gelieferten Bilder setzen sich mosaikartig zu einem Gesamtbild zusammen. Komplexaugen liefern relativ lichtstarke, scharfe Bilder, entsprechen also im Leistungsvermögen prinzipiell den Linsenaugen. Allerdings gilt dies nur eingeschränkt. Ein Komplexauge von der Größe eines Linsenauges würde eine wesentlich schlechtere Bildschärfe aufweisen. Allerdings sind ja die Komplexaugen entsprechend den Abmessungen ihrer Träger deutlich kleiner als z. B. die Augen der Wirbeltiere. Und in diesem Größenbereich funktionieren beide Augen hinsichtlich Lichtstärke und Bildschärfe in etwa gleich gut.

Der Sehbereich der Facettenaugen ist im Vergleich zum Menschenauge in den UV-Bereich hinein verschoben. Außerdem können manche Facettenaugen (z. B. bei Libellen) bis zu 300 Einzelbilder pro Sekunde auflösen; beim Menschen sind nur 16 Bilder pro Sekunde voneinander unterscheidbar. Auf diese Weise kann eine Libelle schnelle Bewegungen besser erfassen. Ein Kinofilm (18 bzw. 24 Bilder pro Sekunde), bei dem wir die Einzelbilder nicht mehr unterscheiden können, würde ihr wie ein Lichtbildvortrag erscheinen.

Aufgabe **B/2**

B/2 Erstelle eine Übersicht über die verschiedenen Augentypen und ihr jeweiliges Leistungsvermögen.

2.2 Das menschliche Auge

2.2.1 Bau des menschlichen Auges

Das menschliche Auge funktioniert als typisches Linsenauge nach demselben Prinzip, das auch in der Fotografie Anwendung findet (*vgl. Abb. 63*). Dort besteht eine Kamera aus einem lichtdichten Gehäuse. An dessen Vorderteil ist das Objektiv als lichtbrechender Apparat angebracht. Die Blende dient zur Dosierung der Lichtmenge, die in das Gehäuse eintreten kann. Auf der Innenseite der Rückwand befindet sich eine Bildbühne, die die lichtempfindliche Schicht des Filmes aufnimmt. Auch das menschliche Auge verfügt über analoge Bau-

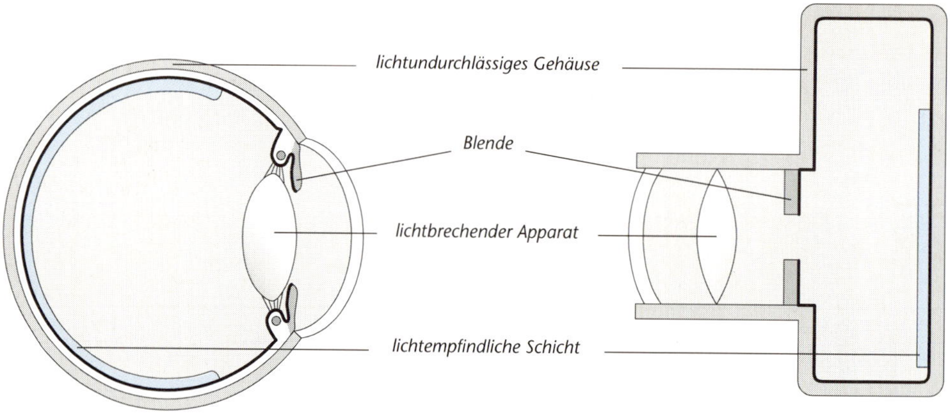

Abb. 63
Kamera und Auge im Vergleich

teile. Einen detaillierten Überblick über seinen Bau gibt die Abbildung 64.
Mit diesem Sinnesorgan können scharfe und zugleich lichtstarke Bilder erzeugt werden. Und zwar werden Lichtstrahlen, die von einem Gegenstand ausgehend auf das Auge treffen, vom lichtbrechenden Apparat so gesammelt, dass auf der Netzhaut ein verkleinertes und auf dem Kopf stehendes Abbild des Gegenstandes entsteht (*vgl. Abb. 65*).

Um verstehen zu können, wie dieses Bild zu Sinnesempfindungen führt, betrachten wir zunächst den Feinbau der Netzhaut.

In der Netzhaut liegen die Lichtsinneszellen, die **Photorezeptoren** ⓐ, auf der dem Lichteinfall abgewandten Seite.
In Richtung des Lichteinfalls stehen sie über Synapsen in Verbindung mit **bipolaren Schaltzellen** ⓑ.

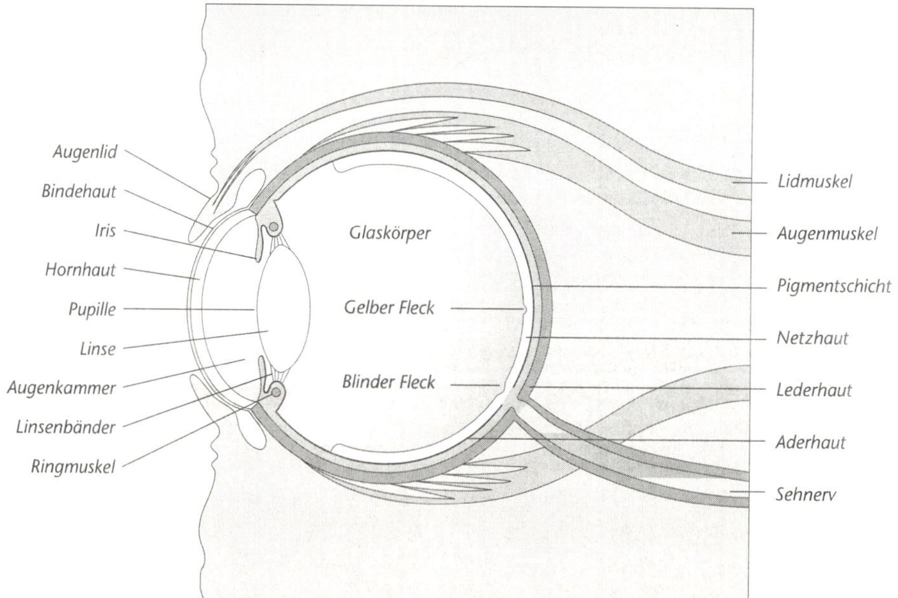

Abb. 64
Bau des menschlichen Auges

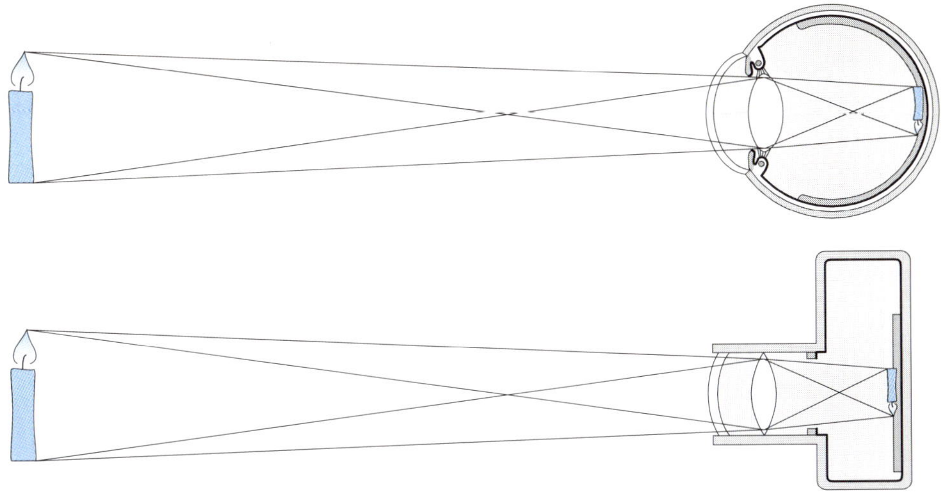

Abb. 65
Bildentstehung

Jede Bipolare hat auf der einen Seite Kontakt mit mehreren Rezeptorzellen und auf der anderen Seite mit mehreren **Ganglienzellen** ⓒ.
Amakrinzellen ⓓ verbinden jeweils mehrere Ganglienzellen miteinander.
Horizontalzellen ⓔ verbinden jeweils mehrere Rezeptorzellen seitlich miteinander.
Es fällt auf, dass bereits auf der Ebene der Netzhaut die sie aufbauenden Neuronen eng miteinander verschaltet sind. Diese Verschaltung erfolgt sowohl über erregende als auch über hemmende Synapsen und spielt eine Rolle für die neuronale Verarbeitung des auf die Netzhaut projizierten Bildes (*vgl. Kap. B.2.3*).
Die Nervenfasern der Ganglienzellen sammeln sich an einer Stelle der Netzhaut und bilden ab dort in ihrer Gesamtheit den Sehnerv. An der Stelle, an der dieser aus dem Augapfel austritt, ist kein Platz für Lichtsinneszellen. Die Netzhaut weist hier den **Blinden Fleck** auf.

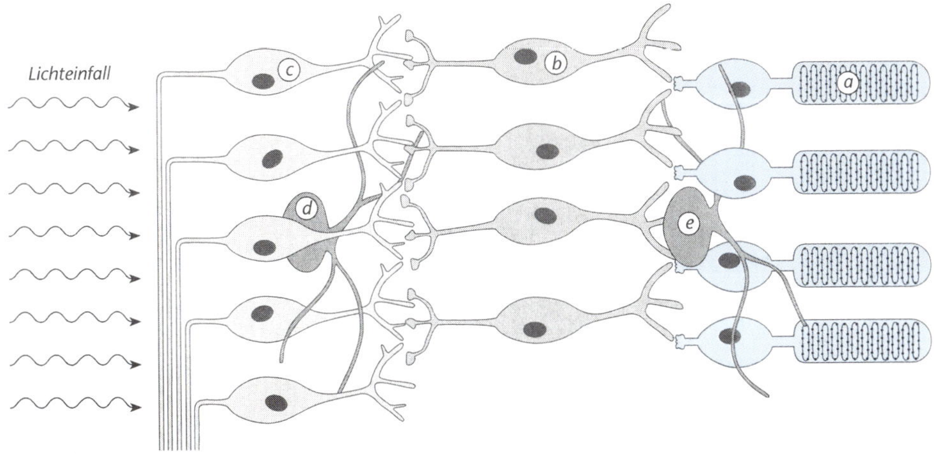

Abb. 66
Vereinfachtes Schema vom Bau einer Netzhaut

Abb. 67
Bestimmung des Blinden Flecks

2

Betrachte bei geschlossenem linken Auge das Kreuz in Abbildung 67 mit dem rechten Auge. Verändere den Abstand zwischen Papierebene und Auge und fixiere dabei beständig das Kreuz.
In einer bestimmten Entfernung verschwindet der Vogel, da sein Abbild auf den Blinden Fleck der Netzhaut fällt.

Aufgabe **B/3**

B/3 Zeichne eine Skizze vom Aufbau der Netzhaut und benenne die verschiedenen darin enthaltenen Zelltypen.

2.2.2 Vorgänge in den Photorezeptoren

Im Bereich der Netzhaut sind wir auf der Ebene der Rezeptoren angekommen und wenden uns nun eingehend der Frage zu, wie die Lichtreize von den Photorezeptoren erfasst werden.

Auf der Netzhaut des menschlichen Auges befinden sich pro mm^2 im Durchschnitt 400 000 Photorezeptoren. Das ergibt insgesamt etwa 125 Millionen Zellen. In ihrer Anzahl überwiegen deutlich die sehr lichtempfindlichen **Stäbchen** gegenüber den weniger lichtempfindlichen, dafür aber „farbtüchtigen" **Zapfen**, von denen es drei Sorten gibt (*vgl. S. 78*).

Alle Rezeptortypen enthalten lichtempfindliche Farbstoffe. Im Fall der Stäbchen handelt es sich dabei um **Rhodopsin** (Sehpurpur).

Rhodopsin ist ein Chromoprotein, welches aus zwei Komponenten besteht – dem Eiweißanteil **Opsin** und der Farbstoffkomponente Retinal (Aldehyd des Vitamins A). **Retinal** kann in zwei Formen vorliegen (*vgl. Abb. 68*).

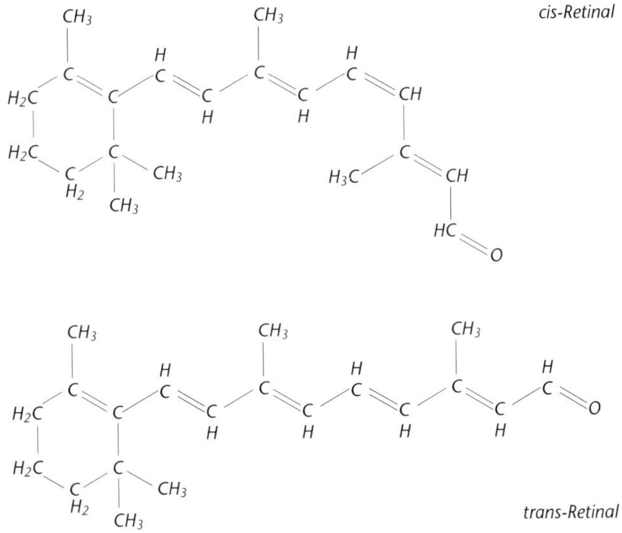

Abb. 68
Strukturformeln von Retinal

In seiner cis-Form ist Retinal fest an Opsin gebunden. Bei Lichteinfall geht die gewinkelte cis-Form in die gestreckte trans-Form über und Retinal löst sich vom Opsin ab. Diese Veränderung hat in der Lichtsinneszelle entscheidende Auswirkungen.

ⓐ Die Lichtsinneszelle weist in ihrem Außenglied zahlreiche geldrollenartig nebeneinander gelagerte Membranstapel auf, in die dicht gepackt Rhodopsinmoleküle eingelagert sind.

ⓑ In der Außenmembran des Außengliedes befinden sich Natriumionenkanäle, die in Dunkelheit (*vgl. Abb. 69*) – in der wir eigentlich Inaktivität erwarten – paradoxerweise geöffnet sind. Als Folge davon ist das Membranpotenzial der Zelle stark depolarisiert (–20 mV)!

ⓒ Die Zelle setzt deshalb in der Synapsenregion ständig Transmitterstoff frei.

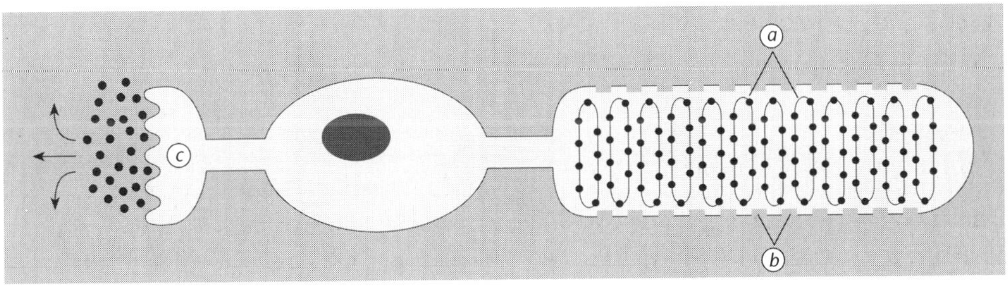

Abb. 69
Photorezeptor in Dunkelheit

ⓐ Bei Lichteinfall (*vgl. Abb. 70*) wechseln die von einem Lichtstrahl „getroffenen" Retinalkomponenten der Rhodopsinmoleküle ihre Form (*vgl. Ausführungen zu Abb. 68*).

ⓑ Als Folge davon schließen sich die Natriumionenkanäle in der Außenmembran des Außengliedes und es kommt im belichteten Zustand zu einer Hyperpolarisation,

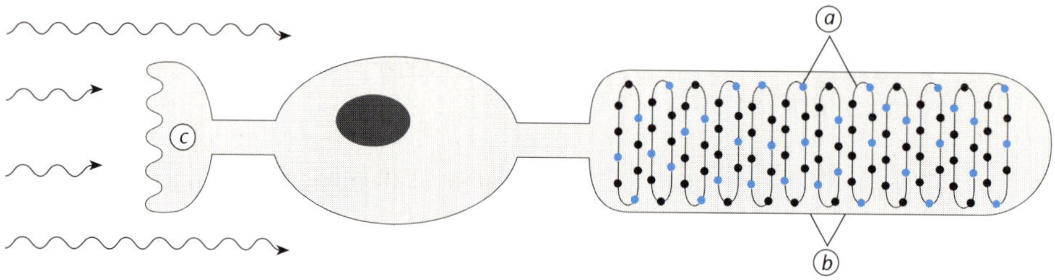

Abb. 70
Photorezeptor im Licht

die das Membranpotenzial auf Werte um –70 mV absinken lässt. Bei Belichtung (*vgl. Abb. 70*) stellt sich hier also – jetzt, da wir eigentlich Aktivierung erwarten – quasi das Ruhepotenzial ein.

ⓒ Die Ausschüttung von Transmitterstoff wird eingestellt.

Aufgabe B/4

B/4 Vergleiche die normale Verarbeitung eines Reizes in einer Rezeptorzelle (*Abb. 58 und zugeordneter Text*) mit der soeben beschriebenen Arbeitsweise einer Lichtsinneszelle.

Die Lichtsinneszelle reagiert auf die Reizeinwirkung im Gegensatz zu anderen Rezeptoren also mit einer Desaktivierung.

Wie ist es möglich, dass gerade dadurch eine Sinnesempfindung bewirkt wird?
Der Schlüssel zur Antwort liegt in der Funktionsweise der Synapse des Photorezeptors. Bei Dunkelheit wird hier der Neurotransmitter freigesetzt, der über den synaptischen Spalt wandert und die Folgezelle **hemmt**. Bei Belichtung wird die Neurotransmitterausschüttung eingestellt. Die Folgezelle wird also **nicht mehr gehemmt**, sondern auf diese Weise sogar aktiviert.
Die Entfernung zwischen den Membranstapeln und der Außenmembran ist allerdings zu groß, als dass die Veränderung der Rhodopsinmoleküle bei Lichteinfall den Verschluss der Natriumionenkanäle direkt bewirken könnte. Vielmehr sind diese beiden Ereignisse über eine mehrstufige, kaskadenartig ablaufende Folge von Reaktionen miteinander verknüpft.
Dabei spielt eine entscheidende Rolle, dass der Öffnungszustand der Natriumionenkanäle von der Konzentration von cGMP (cyclisches Guanosinmonophosphat) abhängt. Dieses cyclische Nukleotid kann ähnlich wie cAMP dazu

dienen, externe Signale in interne umzuwandeln (*vgl. Kap. A.5.4 und C.2.5.3*). Einen Überblick über die Abläufe im Einzelnen gibt die Abbildung 71.

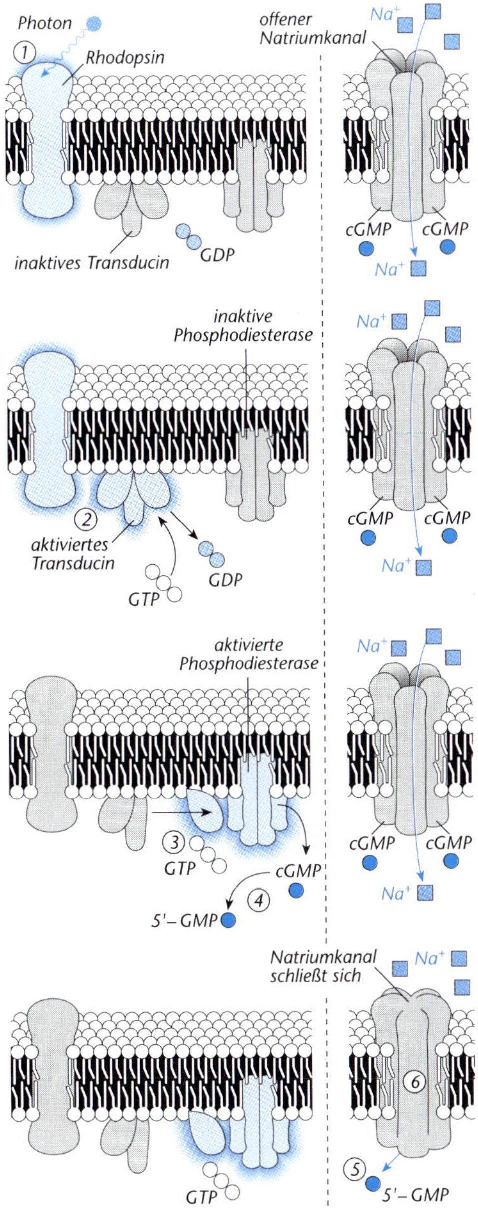

Abb. 71
Vorgänge in der Sehkaskade

① Rhodopsin wird durch Lichteinstrahlung angeregt.

② Das angeregte Rhodopsin aktiviert daraufhin Transducin*, einen Proteinkomplex.

③ Das aktivierte Transducin aktiviert nun seinerseits das Enzym Phosphodiesterase.

④ Die aktivierte Phosphodiesterase beginnt mit der Umwandlung von vielen Molekülen cyclischen GMPs zu 5'-GMP.

⑤ Die Absenkung der Konzentration von cyclischem GMP in der Zelle führt zur Ablösung dieses Nukleotids von den Natriumionenkanälen.

⑥ Die Natriumionenkanäle schließen sich; die Zelle wird hyperpolarisiert.

Der Mechanismus der Sehkaskade ist so konstruiert, dass ein einziges Photon das Schließen einer großen Anzahl von Natriumionenkanälen bewirkt (*vgl. Abb. 72*).

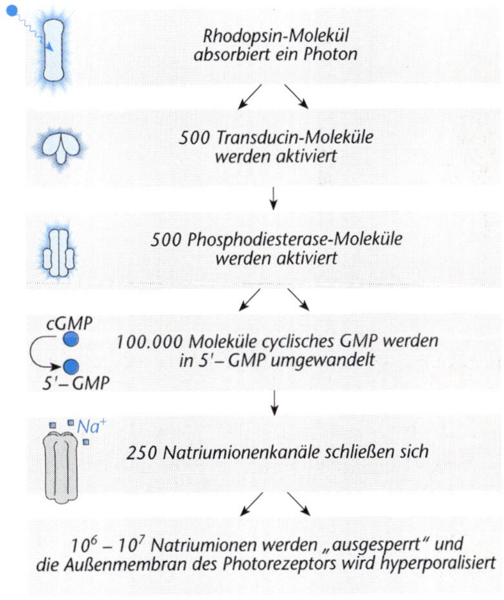

Abb. 72
Erregungskaskade

2.2.3 Leistungen des Auges

Akkommodation* (Einstellen auf die Entfernung)

VERSUCH 3

a) Blicke mit einem Auge in die Ferne. Halte dabei einen Bleistift etwa 15 cm weit vor das Auge. Wie wird dieser wahrgenommen?

b) Richte deinen Blick nun auf den Bleistift. Wie erscheinen entfernte Gegenstände?

Der Versuch 3 zeigt, dass wir ferne und nahe Gegenstände nicht gleichzeitig scharf sehen können. Das Auge kann seine aktuelle Scharfeinstellung wechseln. Dies geschieht durch eine Änderung der Form der Linse (*vgl. Abb. 73*).

In **Ferneinstellung** ist die Linse abgeflacht und weist dadurch nur eine geringe Brechkraft auf ⓐ. Diese Form der Linse kommt dadurch zustande, dass sie von Aufhängefasern flach gezogen wird ⓑ. Einfallende Lichtstrahlen werden nur schwach abgelenkt ⓒ. Auf der Netzhaut wird der ferne Gegenstand scharf abgebildet ⓓ.

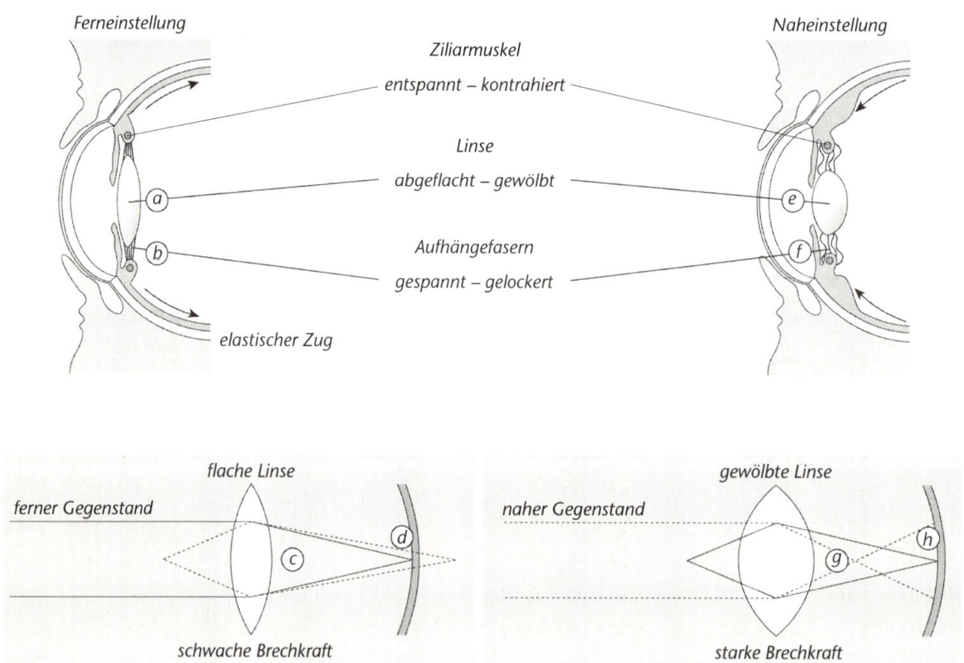

Abb. 73
Akkommodation des Auges

In **Naheinstellung** ist die Linse stärker gekrümmt und weist dadurch eine größere Brechkraft auf ⓔ. Diese Form der Linse kommt dadurch zustande, dass sich der so genannte Ziliarmuskel zusammenzieht und dadurch die Aufhängefasern schlaff werden und nicht mehr an der Linse ziehen ⓕ. Diese krümmt sich dann durch ihre eigene Elastizität. Einfallende Lichtstrahlen werden stärker abgelenkt ⓖ. Auf der Netzhaut wird der nahe Gegenstand scharf abgebildet ⓗ.

Aufgabe B/5

B/5 Mit zunehmendem Alter schwindet die Elastizität der Linse. Welche Auswirkung auf das Akkommodationsvermögen des Auges erwartest du?

Exkurs: Korrektur von Sehfehlern

Es gibt sehr viele Menschen, die Gegenstände nicht in allen Entfernungsbereichen scharf sehen können. Abhilfe schaffen in diesen Fällen Sehhilfen wie Brillen oder Kontaktlinsen.

Kurzsichtigkeit beruht häufig auf einem zu langen Augapfel (*vgl. Abb. 74 a*). Weit entfernte Gegenstände erscheinen unscharf, da die von einem fernen Gegenstand in das Auge einfallenden Strahlen sich schon vor der Netzhaut schneiden. Auf der Netzhaut selbst entsteht ein unscharfes Bild. In diesem Fall helfen Brillen mit Zerstreuungsgläsern (konkaver* Schliff) oder entsprechende Kontaktlinsen. Der Strahlengang wird dadurch vor dem Auge „aufgeweitet". Die Ebene der scharfen Abbildung verschiebt sich nach hinten auf die Netzhaut.

Bei **Weitsichtigkeit**, die häufig auf einem zu kurzen Augapfel beruht (*vgl. Abb. 74 b*), erscheinen nahe Gegenstände unscharf. Die von einem nahen Gegenstand in das Auge einfallenden Strahlen schneiden sich erst in einer Ebene hinter der Netzhaut. Auf der Netzhaut selbst entsteht ein unscharfes Bild. Abhilfe schaffen in diesem Fall Brillen mit Sammelgläsern (konvexer* Schliff) oder entsprechende Kontaktlinsen. Der Strahlengang wird dadurch vor dem Auge „verengt". Die Ebene der scharfen Abbildung verschiebt sich nach vorne auf die Netzhaut.

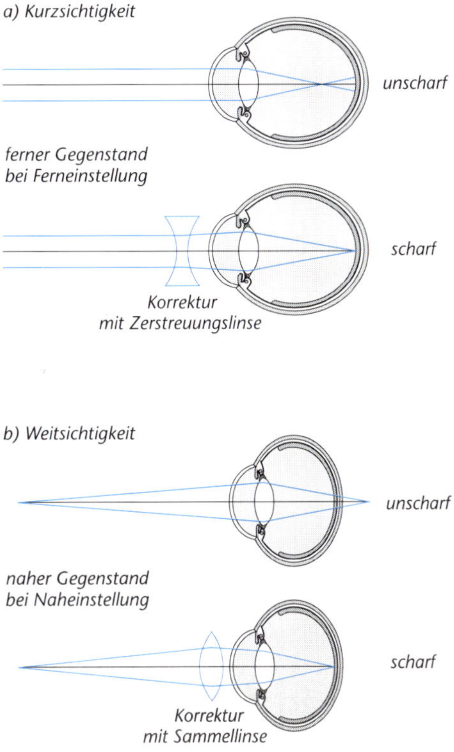

Abb. 74
Sehfehler und ihre Korrektur

Die Stärke von Brillengläsern – eigentlich ihre Brechkraft – wird in Dioptrien* angegeben. Je höher der Wert, desto stärker die Linse.

Bei der **Altersweitsichtigkeit** erscheinen nahe Gegenstände, die in jungen Jahren mühelos scharf gesehen werden konnten, unscharf. Sie beruht nicht etwa auf einer abweichenden Form des Augapfels, sondern auf mangelnder Elastizität der Augenlinse (*vgl. auch Aufgabe B5*). Die Elastizität nimmt dabei mit steigendem Alter ständig ab und der Punkt, ab dem man scharf sieht, rückt immer weiter weg. Ist er weiter weg als die Arme lang sind, legt man sich eine Lesebrille zu. Diese ist mit Sammelgläsern ausgestattet, wodurch die mangelnde Krümmungsfähigkeit der Augenlinse ausgeglichen wird.

Adaptation* (Anpassung an die Helligkeit)

Die meisten Kameraobjektive verfügen mit der Blende über eine Baueinrichtung zur Steuerung des Lichteinfalls (*vgl. Abb. 75a*). Wie die Durchführung von Versuch 4 zeigt, besitzt das Auge eine analoge Einrichtung. Bei schwacher Lichteinstrahlung ist die Pupillenöffnung des Auges groß, sodass viel Licht ins Augeninnere eintreten kann. Bei zunehmender Helligkeit verkleinert sich die Pupillenöffnung, der Lichteinfall wird gedrosselt (*vgl. Abb. 75 b*).

Wenn wir aus gleißender Helligkeit in einen dunklen Raum geraten, so können wir zunächst kaum etwas sehen. In einem abgedunkelten Kinosaal etwa haben wir erst einmal Schwierigkeiten, einen noch freien Platz zu er-

VERSUCH 4

Betrachte in einem abgedunkelten Raum das Auge eines Menschen aus der Nähe. Beleuchte dann das Auge plötzlich mit einem Licht (z. B. mit einer gewöhnlichen Taschenlampe). Entferne anschließend das Licht wieder.
Der Versuch lässt sich vor einem Spiegel auch als Eigenexperiment durchführen. Beschreibe deine Beobachtungen.

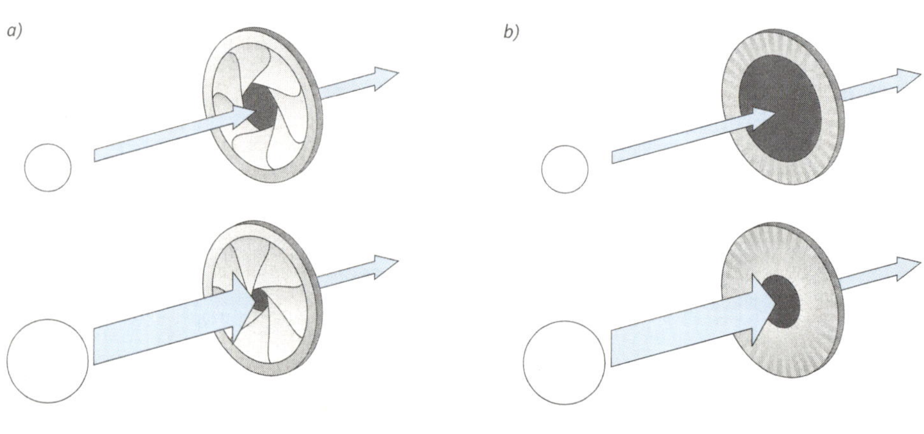

Abb. 75
Kamerablende und Pupille

spähen. Nach einigen Minuten ist das aber kein Problem mehr; wir können dann auch im Dämmerlicht die Umgebung gut erkennen. Die sofortige Weitung unserer Pupillen bei Betreten des dunklen Raumes hat in diesem Fall nicht ausgereicht. Unsere Augen haben sich noch auf eine andere Weise an die Helligkeit der Umgebung angepasst. Dabei spielt der Aufbau der Netzhaut die entscheidende Rolle.

Wir wissen bereits, dass diese die Lichtsinneszellen enthält (*vgl. Abb. 66*). Davon gibt es zwei Sorten, die sich in ihrer Lichtempfindlichkeit unterscheiden – die sehr lichtempfindlichen **Stäbchen** und die weniger lichtempfindlichen **Zapfen**. Bei starkem Lichteinfall sind die Stäbchen in Fortsätze der Pigmentschicht eingesenkt. Die Lichtverarbeitung wird von den frei hervorragenden Zapfen durchgeführt. Bei Abdunklung vertauschen die beiden Sehzellensorten ihre Plätze. Dieser Vorgang benötigt eine gewisse Zeit und so dauert es eine Weile, bis die lichtempfindlichen Stäbchen in Position gebracht sind und ihre Arbeit aufnehmen können.

Aufgabe B/6

B/6 Versuche haben gezeigt, dass man immer dann, wenn man etwas genau betrachtet, das Bild des beobachteten Gegenstandes auf den Gelben Fleck (*vgl. Abb. 64*) projiziert. Dort befinden sich Sehzellen in besonders hoher Konzentration. Das Bild erscheint wegen dieser feinen Rasterung sehr scharf. Mikroskopische Untersuchungen haben ergeben, dass die Netzhaut im Gelben Fleck aber nur mit Zapfen und nicht mit Stäbchen ausgestattet ist.
Was ist zu erwarten, wenn man im Dämmerlicht, in dem man Gegenstände gerade noch erkennen kann, eine bestimmte Stelle (z. B. ein Bild an der Wand) fixiert?

Farbensehen

Wenn weißes Licht (z.B. Sonnenlicht) durch ein Prisma dringt, wird es in ein regenbogenartiges Spektrum* verschiedener Farben zerlegt.

Die von uns als verschiedene Farben empfundenen Lichtanteile unterscheiden sich physikalisch durch ihre Wellenlängen:

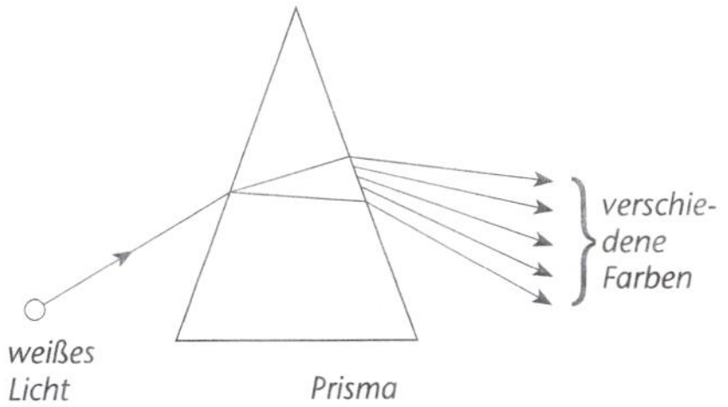

Abb. 76
Zerlegung des weißen Lichtes in seine Farbanteile

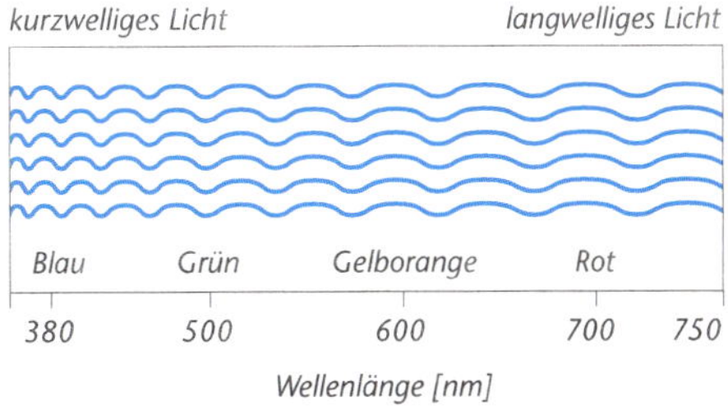

Abb. 77
Farbeindruck und Wellenlänge des Lichtes

Die Mischung aller Farben ergibt den Farbeindruck „Weiß“. Dieser kann aber bereits durch die Mischung der **drei** (spektralreinen) **Grundfarben Rot, Grün** und **Blau** erzielt werden. Durch unterschiedliche Mischungsverhältnisse dieser drei Grundfarben lassen sich alle überhaupt möglichen Farbeindrücke erzeugen. Technische Anwendung findet dieses Prinzip z. B. beim Farbfernseher. Davon kann man sich überzeugen, wenn man mit der Lupe die Farbfelder des TV-Bildschirms betrachtet.

Dieses Prinzip der additiven Farbmischung dreier Grundfarben führte bereits im Jahre 1801 den Physiker YOUNG zu der Vermutung, dass unser Auge alle Farbempfindungen auf ebendiese Weise erzeugt. HELMHOLTZ zog 1852 den Schluss, dass in der Netzhaut des menschlichen Auges drei verschiedene Sorten von Zapfen vorhanden sein müssen. Diese Vermutung konnte in späteren Untersuchungen bestätigt werden.

Das menschliche Auge enthält also drei Sorten von Zapfen, die jeweils mit einem anderen Sehfarbstoff ähnlich dem Rhodopsin der Stäbchen ausgestattet sind. Diese Farbstoffe und damit die jeweilige Zapfensorte sind empfindlich für rotes, grünes bzw. blaues Licht:

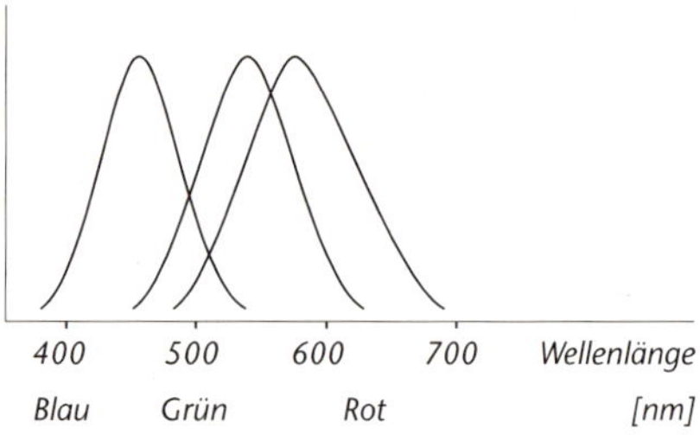

Abb. 78
Lichtabsorptionspektren der drei Zapfensorten

Die verschiedenen Wellenlängen werden demnach von den drei Zapfensorten unterschiedlich stark verarbeitet. Damit wird in ihrem Zusammenspiel das Erkennen sämtlicher Farbsorten möglich.
Farbenblindheit bzw. Farbenfehlsichtigkeit, die es in mehreren Varianten gibt und von der etwa 8 % der männlichen und 0,5 % der weiblichen Bevölkerung betroffen sind, beruhen auf dem Ausfall oder der Veränderung einer oder mehrerer Zapfensorten (*zur Vererbung der Farbenblindheit vgl. die mentor Abiturhilfe Genetik*).

2.3 Das Prinzip der lateralen Hemmung

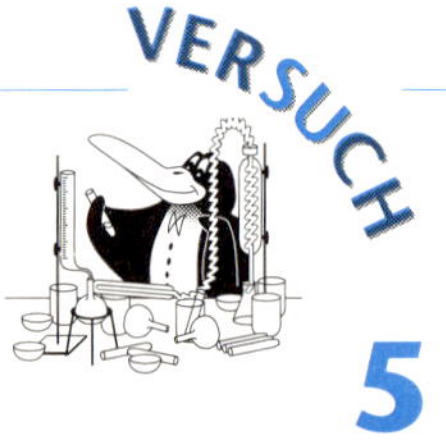

Fixiere in Abbildung 79 eine Kreuzungsstelle der weißen Gitterstreifen und achte dabei auf den Helligkeitseindruck sämtlicher weißer Gitterlinien.
Du wirst feststellen, dass die Kreuzungspunkte – mit Ausnahme des direkt fixierten – dunkler erscheinen, als sie in Wirklichkeit sind.

Betrachte die Abbildung 80, die sich aus verschiedenen Graustufen zusammensetzt, mit halb geschlossenen Augen und führe dabei seitliche Kopfbewegungen aus.
Du wirst feststellen, dass eine einheitliche graue Fläche an der Grenze zu einer dunkleren Fläche heller erscheint und an der Grenze zu einer helleren Fläche dunkler.

Abb. 79
Versuch zur lateralen Hemmung (optische Täuschung 1)

Abb. 80
Versuch zur lateralen Hemmung (optische Täuschung 2)

Offensichtlich werden Helligkeitsunterschiede in der Wahrnehmung verstärkt. Dadurch wird die Wahrnehmung von Gegenständen, die sich eigentlich kaum von der Umgebung abheben, erleichtert.
Der Erklärung für dieses Phänomen kam man auf die Spur durch ein Experiment von HARTLINE aus dem Jahre 1940. Dabei führte man am Facettenauge des Pfeilschwanzkrebses (*Limulus*) elektrophysiologische Untersuchungen durch. Die Nervenfasern der Einzelaugen sind hinter ihren Austrittsstellen durch Querverbindungen miteinander verknüpft und vereinigen sich zum optischen Nerv, der zum Gehirn führt (*vgl. Abb. 81*).

① Man isolierte aus dem optischen Nerv des Limulusauges das Axon eines Einzelauges. Jedes Einzelauge hat mehrere Nervenfasern, doch können nur an einer Aktionspotenziale registriert werden. Die in diesem Axon auftretenden Aktionspotenziale wurden mit Elektroden abgeleitet und mit einem Oszilloskop messtechnisch erfasst.
② Das zu dem Axon gehörende Einzelauge wurde mit Dauerlicht aus einer eng begrenzten Lichtquelle bestrahlt.
③ Die Folge war die Aussendung von Aktionspotenzialen mit hoher Frequenz.
④ Man belichtete nun zusätzlich benachbarte Einzelaugen ebenfalls mit punktförmigen Lichtquellen.
⑤ Im Axon des untersuchten Einzelauges sank daraufhin die Impulsfrequenz auf null ab, um dann wieder anzusteigen. Sie blieb aber deutlich unter dem ursprünglichen Wert bei Einzelbelichtung.
⑥ Nach Abschalten des „Hemmlichtes" stieg die Frequenz der Aktionspotenziale wieder auf den ursprünglichen Wert an.

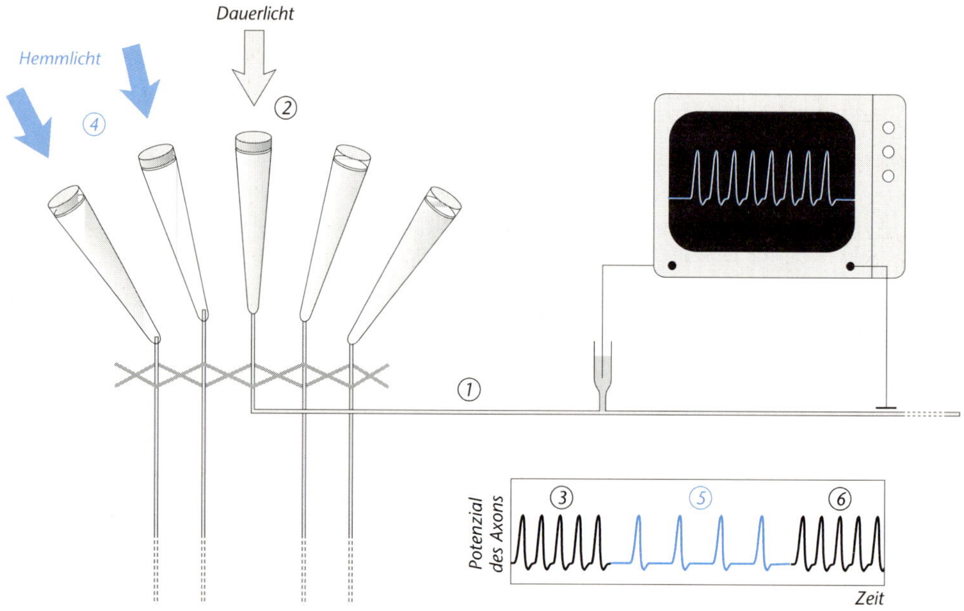

Abb. 81
Entdeckung der lateralen Hemmung am Limulusauge; schematische Darstellung

Während der gesamten Versuchsdauer blieb die Belichtung im untersuchten Einzelauge konstant.

Die Senkung der Impulsfrequenz konnte also eindeutig nur durch die Belichtung der benachbarten Einzelaugen zustande kommen.

Insgesamt wurde festgestellt, dass jedes Einzelauge seine Nachbarn hemmt, und zwar umso mehr, je stärker es selbst belichtet wird. Umgekehrt wird es auf die gleiche Weise von seinen Nachbarn beeinflusst. Und dies hat Auswirkungen, die wir mithilfe eines Schaltschemas erklären wollen (*vgl. Abb. 82*).

① Von zwei unterschiedlich hellen Flächen strahlt Licht unterschiedlicher Intensität aus.

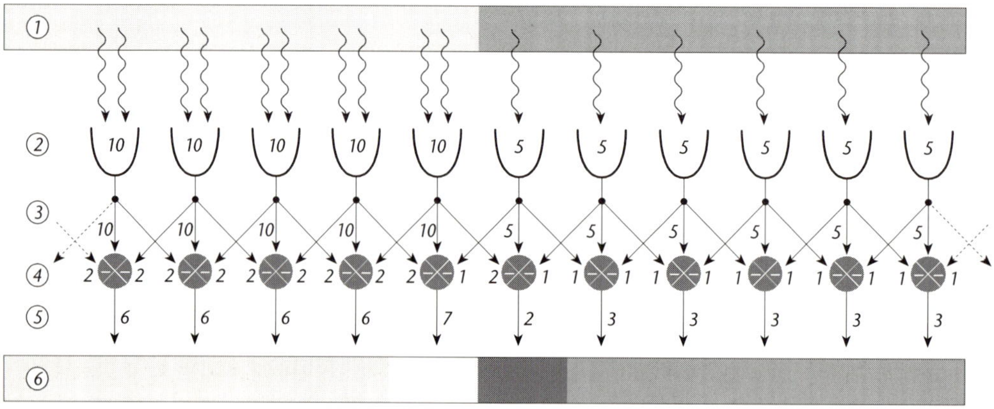

Abb. 82
Schaltprinzip der lateralen Hemmung

② Das Licht fällt auf nebeneinander stehende Rezeptoren, von denen die heller beleuchteten eine stärkere Reizstärke (10 „Einheiten") registrieren als die weniger hell beleuchteten (5 „Einheiten").

③ Die Rezeptoren wandeln die Reizstärke in Erregungsmuster um, die einerseits direkt weitergeleitet werden und andererseits über seitliche Verknüpfungen hemmend auf die benachbarten Rezeptoren einwirken. In unserem Schema beträgt der Hemmfaktor 1/5. (In Wirklichkeit erreicht der Hemmfaktor viel kleinere Werte.)

④ Die direkt weitergeleiteten Erregungsmuster werden mit den seitlich einwirkenden, hemmenden Erregungsmustern verrechnet. (*Rechenbeispiele siehe Aufgabe B7!*)

⑤ Nach der Verrechnung werden geänderte Werte in Richtung Gehirn weitergeleitet, links der Wert 6, rechts der Wert 3. Das Verhältnis (6 : 3 = 2) entspricht dabei dem der einwirkenden Reizstärken (10:5=2). An der **Helligkeitsgrenze** ergeben sich jedoch **andere Werte** (7 bzw. 2).

⑥ In der Wahrnehmung erscheint die einheitlich hellere Fläche an der Grenze zur dunkleren Fläche heller, als sie in Wirklichkeit ist. Die einheitlich dunklere Fläche hingegen erscheint an ebendieser Grenze dunkler als in Wahrheit.

Für *Limulus* bedeutet dies eine Verschärfung der Abbildung und eine Erhöhung ihres Kontrastes.
Das Prinzip der lateralen Hemmung ist mittlerweile auch durch Befunde für Insektenaugen und Wirbeltieraugen bestätigt.

Aufgaben B/7-B/8

B/7 Vollziehe die Verrechnung der Erregungsmuster in Abbildung 82 nach. Erkläre dabei das Zustandekommen der vier unterschiedlichen Werte (6,7,2 und 3).

B/8 Die optischen Täuschungen in den Versuchen 5 und 6 zeigen, dass das Prinzip der lateralen Hemmung auch im menschlichen Auge verwirklicht ist.
Welches Baumerkmal der Netzhaut liefert dazu die Voraussetzung (*vgl. Abb. 66*)?

3. Der Gehörsinn

Mit unseren Augen können wir nur Ereignisse wahrnehmen, die in unserem Blickfeld ablaufen. Lesen wir z. B. in diesem Buch, so können wir nicht gleichzeitig sehen, was hinter unserem Rücken abläuft. Wir können die Vorgänge, die dort ablaufen, aber dennoch erfassen. Wir können hören, dass der kleine Bruder sich anschleicht, um uns zu nerven, dass draußen ein Feuerwehrauto lärmt, dass im Garten eine Amsel singt usw. Das Ohr ist im Gegensatz zum Auge nicht auf eine bestimmte Einfallsrichtung des Reizes angewiesen, sondern zu einer Rundumerfassung befähigt. In dieser Hinsicht ist es dem Auge überlegen. In der zwischenmenschlichen Kommunikation spielt der Gehörsinn eine herausgehobene Rolle, da er uns die Wahrnehmung von Sprache ermöglicht.

Die dem Gehör adäquaten Reize sind Schallwellen. Diese werden von Schallquellen erzeugt. Schwingt z. B. eine Stimmgabel oder bewegen sich die Stimmbänder im Kehlkopf, so werden angrenzende Luftmoleküle in Schwingungen versetzt. Diese Schwingungen breiten sich als Druckschwankungen nach allen Seiten aus – ganz ähnlich wie Wasserwellen, die entstehen, wenn man einen Stein in ruhiges Wasser wirft. Die Anzahl der Druckschwankungen pro Sekunde nennt man Schallfrequenz und gibt sie in Hertz (Hz) an. Das Ohr eines jungen Erwachsenen kann einen Frequenzbereich von 20 Hz (sehr tiefer Ton) bis 20 000 Hz (sehr hoher Ton) registrieren. Die Wahrnehmungsgrenze für hohe Töne sinkt mit zunehmendem Alter deutlich ab. Will sich ein Sechzehnjähriger eine Stereoanlage kaufen, die statt eines Frequenzbereichs von 25–17 000 Hz einen von 25–19 000 Hz wiedergeben kann, so hat er zwar die Ohren, um den Unterschied zu hören, meist aber nicht den Geldbeutel, um ihn auch zu bezahlen. Sein Opa hingegen kann häufig den höheren Preis aufbringen, die zusätzlichen hohen Töne aber gar nicht mehr wahrnehmen. Vielleicht kann man ihn mit diesem Argument zum Tausch überreden!

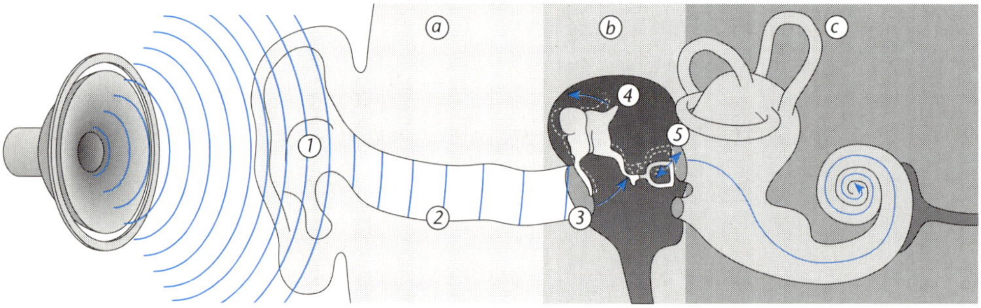

Abb. 83
Längsschnitt durch das menschliche Ohr

Das menschliche Ohr besteht aus drei Hauptabschnitten:

ⓐ **Außenohr**
ⓑ **Mittelohr**
ⓒ **Innenohr**

Ankommende Schallwellen werden von der **Ohrmuschel** aufgefangen ①, gelangen durch den **Gehörgang** ② und versetzen an dessen Ende das **Trommelfell** ③ in Schwingungen, die durch die drei **Gehörknöchelchen** ④ im Mittelohr (Hammer, Amboss und Steigbügel) auf die Membran des ovalen Fensters ⑤ zum **Innenohr** übertragen werden. Dort findet dann die Erfassung der Reize durch Sinneszellen statt. Durch die Hebelwirkung der Gehörknöchelchen und den Größenunterschied zwischen Trommelfell und ovalem Fenster wird der Schalldruck um das Zwanzigfache verstärkt.

Das Innenohr besteht aus einem knochenumgebenen Hohlraumsystem und weist auf den ersten Blick einen recht unübersichtlichen Bau auf (*vgl. Abb. 84*).

Der schneckenförmig gewundene knöcherne Gang ist mit einer Lymphflüssigkeit gefüllt und wird durch Membranen in drei Gänge unterteilt (A, B und C). Auf einer der Membranen – der Grundmembran – sitzen die Hörsinneszellen auf.

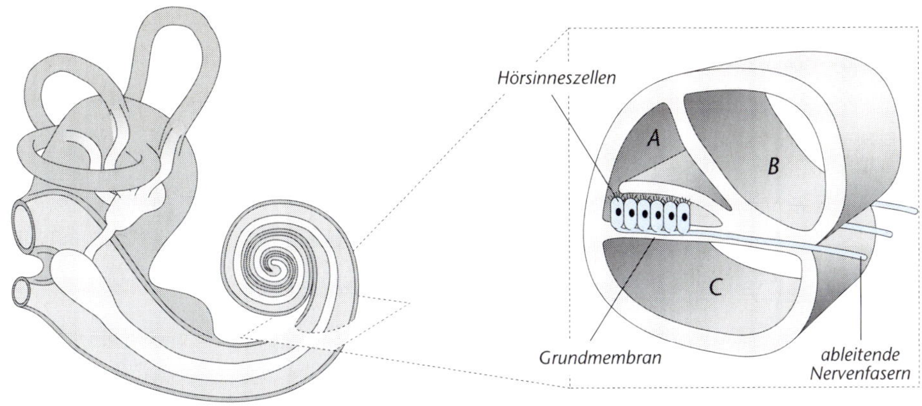

Abb. 84
Anatomie des Innenohres

Um die Vorgänge, die im Innenohr ablaufen, besser erklären zu können, haben wir einen zeichnerischen Trick angewendet und die Schnecke „gestreckt" (*vgl. Abb. 85*).

Wird das ovale Fenster durch die Bewegung der Gehörknöchelchen in Schwingungen versetzt ①, so werden diese auf die Lymphflüssigkeit übertragen ② und damit fangen die Membranen zu schwingen an ③. Dadurch gerät auch die Lymphe im unteren Gang in Bewegung ④ und trifft auf das elastische runde Fenster, welches die Schwingungen übernimmt ⑤.

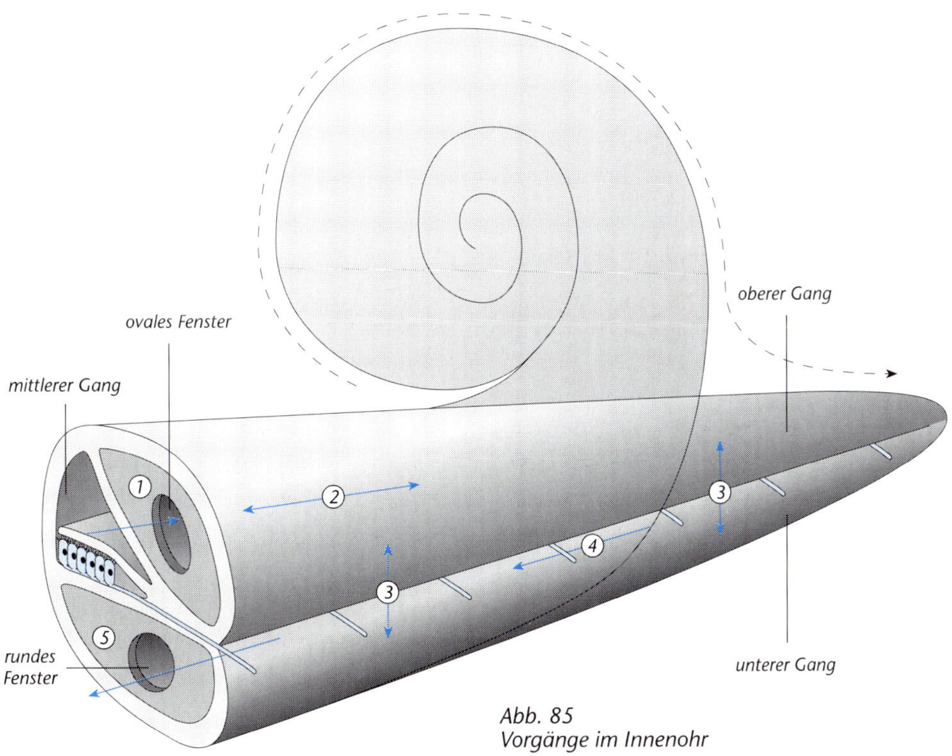

Abb. 85
Vorgänge im Innenohr

Aufgaben B/9-B/10

B/9 Die Schwingungen der leicht beweglichen Luftmoleküle im Gehörgang werden in Schwingungen der schwerer beweglichen Lymphflüssigkeit im Innenohr umgesetzt.

a) Welche Teile des Ohres sorgen für die Übertragung?

b) Welcher physikalische „Trick" spielt dabei eine Rolle?

B/10 Kalkablagerungen auf der Membran des runden Fensters können zu Schwerhörigkeit und Taubheit führen, auch wenn alle anderen Teile des Ohres funktionstüchtig sind. Finde dafür eine Erklärung.

Schallschwingungen, die das ovale Fenster ein- und auslenken, führen also zu Wanderwellen, die die Membranen entlang laufen ① und an irgendeiner Stelle ihre maximale Höhe erreichen ②. An dieser Stelle werden Grund- und Deckmembran minimal gegeneinander verschoben ③, wobei sich die Sinneshärchen der Rezeptoren verbiegen und über ableitende Fasern, die sich zum Hörnerv vereinigen, Signale weiterleiten ④. Diese werden dann in

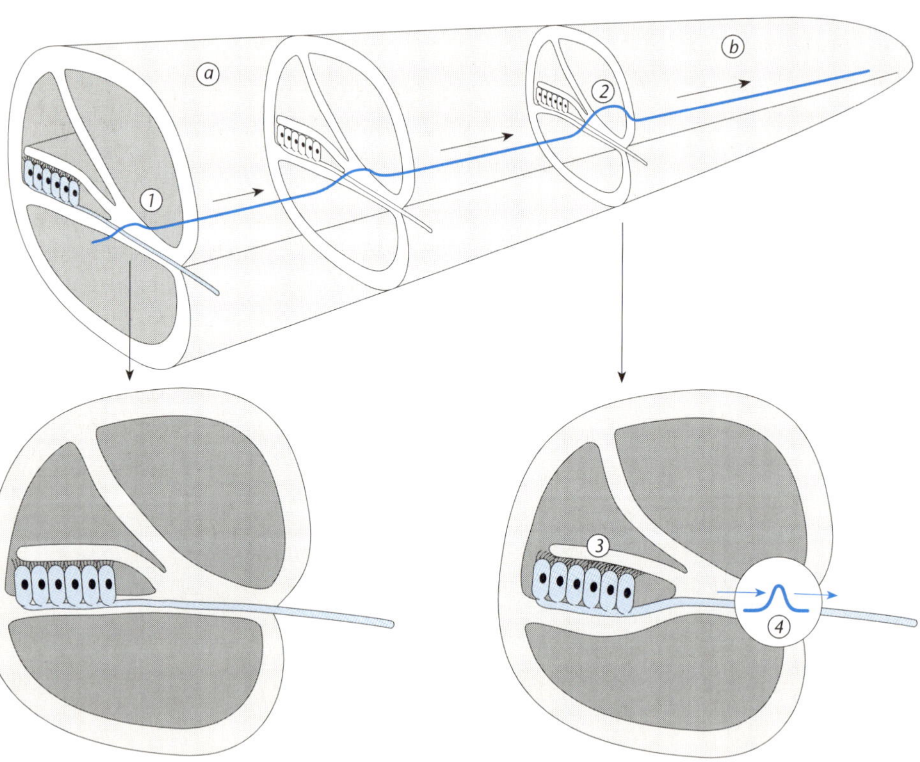

Abb. 86
Aktivierung der Hörsinneszellen

bestimmten Bereichen der Großhirnrinde in Tonwahrnehmung umgesetzt. In welchem Abschnitt der Schnecke die Membran ihre stärkste Auslenkung erfährt, hängt von der Tonfrequenz ab. Bei hohen Tönen tritt dieses Maximum nahe am Anfang auf ⓐ, bei tiefen Tönen hingegen nahe dem Ende ⓑ. Töne unterschiedlicher Frequenz werden demnach von verschiedenen Sinneszellen registriert.

Für **Hörstörungen** gibt es verschiedene Ursachen:
Neben den Schädigungen des Trommelfells und der Gehörknöchelchen, z. B. als Folge einer Mittelohrentzündung, ist besonders die Schädigung von Hörzellen im Innenohr zu nennen. Dazu kann es schon durch einen überlauten Knall (Kanonenschlag zu Silvester zu nahe am Ohr) oder durch Dauerlärmbelästigung (Diskothek) kommen. Ein Diskolautsprecher in 2 m Entfernung ist beispielsweise doppelt so laut wie ein Düsenjäger im Landeanflug!!

4. Besondere Leistungen von Sinnesorganen

Viele Tiere können mit ihren Sinnesorganen Leistungen erreichen, die entweder weit über das hinausreichen, wozu der Mensch in der Lage ist, oder sie können sogar Reize registrieren, die für uns ohne technische Hilfsmittel nicht erfassbar sind.

So können sich Zugvögel u.a. nach dem Magnetfeld der Erde orientieren, verfügen also gewissermaßen über einen „eingebauten Kompass".

Haie sind mit Elektrorezeptoren ausgerüstet, mit denen sie die Muskelpotenziale von Beutetieren orten können, die sich im Meeresgrund versteckt halten.

Ameisen und Bienen können mit ihren Komplexaugen die unterschiedlichen Schwingungsebenen polarisierten Lichts wahrnehmen. Dies verleiht ihnen die Fähigkeit, sich auch bei wolkenverdeckter Sonne zu orientieren.

Fledermäuse können Ultraschalllaute wahrnehmen und sich damit in stockfinsterer Nacht durch Echoortung orientieren.

Männliche Seidenspinner – eine Schmetterlingsart – können den Sexualduftstoff ihrer Weibchen noch in einer extremen Verdünnung wahrnehmen. Ein einziges Duftmolekül zwischen zehntausend Billionen Luftmolekülen reicht bereits aus. Dieser Wert macht es möglich, dass ein Seidenspinnermännchen ein Weibchen derselben Art praktisch kilometerweit riechen kann.

5. Zusammenfassung

- Sinnesorgane verfügen über Rezeptorzellen, die auf bestimmte Reize ansprechen und diese in Nervensignale umwandeln.

- Dem Bau nach unterscheidet man zwischen **primären Sinneszellen, sekundären Sinneszellen** und **Sinnesnervenzellen**.

- Nach der Art der Reize, von denen die Rezeptoren in Erregung versetzt werden, unterscheidet man zwischen **Photorezeptoren, Thermorezeptoren, Chemorezeptoren** und **Mechanorezeptoren**.

- Rezeptorzellen wandeln aufgenommene, für sie **adäquate Reize** in die „Sprache" des Nervensystems um.
  Bei Eintreffen eines adäquaten Reizes verändert sich die Durchlässigkeit der Rezeptormembran für bestimmte Ionensorten. Als Folge davon bildet sich ein **Rezeptorpotenzial** aus. Dieses kann dann zur Ausbildung von Aktionspotenzialen führen, durch die die Erregung der Zelle weitergemeldet wird.

- Unterschiedliche **Reizstärken** werden von den Rezeptoren in unterschiedliche **Frequenzen von Aktionspotenzialen** übersetzt.

- Je nachdem wie Sinneszellen auf einen konstanten Reiz reagieren, unterscheidet man zwischen **tonischen Sinneszellen, phasischen Sinneszellen** und **phasisch-tonischen Sinneszellen**.
  Bei der Entwicklung des Lichtsinnes haben sich im Verlaufe der Evolution verschiedene Augentypen herausgebildet:

  - **Flachaugen** und **Grubenaugen** ermöglichen die Bestimmung der ungefähren Richtung des einfallenden Lichtes.

  - Bei **Pigmentbecheraugen** erreicht die Bestimmung der Richtung des einfallenden Lichtes eine größere Genauigkeit.

  - **Lochkameraaugen** und **Blasenaugen** erlauben bildhaftes Sehen. Allerdings ist das Bild sehr lichtschwach.

  - **Linsenaugen** ermöglichen die Abbildung eines scharfen und lichtstarken Bildes.

  - Die aus vielen Einzelaugen zusammengesetzten **Facettenaugen (Komplexaugen)** liefern ebenfalls relativ lichtstarke, scharfe Bilder.

- Die **Netzhaut** des menschlichen Auges besteht aus **Photorezeptoren, bipolaren Schaltzellen, Ganglienzellen, Amakrinzellen** und **Horizontalzellen**, die auf charakteristische Weise miteinander verschaltet sind.
  Diese Verschaltung spielt eine Rolle für die neuronale Verarbeitung des auf die Netzhaut projizierten Bildes.

- An der Austrittsstelle des Sehnervs aus dem Augapfel weist die Netzhaut einen **Blinden Fleck** auf.

- Die Photorezeptoren (lichtempfindliche **Stäbchen** oder „farbtüchtige" **Zapfen**) enthalten lichtempfindliche Farbstoffe (z. B. **Rhodopsin**), die bei Lichteinfall ihre Form ändern und damit die Prozesse in der **Sehkaskade** in Gang setzen, die zur Aktivierung der Folgezellen und letztendlich zur Ausbildung einer Sinnesempfindung führen.

- Das Auge kann sich auf verschiedene Entfernungen einstellen (**Akkomodation**) und sich an verschiedene Helligkeiten anpassen (**Adaptation**).

- **Drei** verschiedene **Zapfensorten**, die jeweils für eine der Grundfarben (Rot, Grün und Blau) empfindlich sind, ermöglichen durch ihr Zusammenwirken das **Farbensehen**.

- Die **laterale Hemmung** von Sinneszellen führt dazu, dass Helligkeitsunterschiede in der Wahrnehmung verstärkt werden. Dadurch wird die Abbildung schärfer und kontrastreicher.

- Das menschliche Ohr besteht aus **Außenohr, Mittelohr** und **Innenohr**. Schwingungen des Trommelfells werden über die Gehörknöchelchen auf das Innenohr übertragen. Dort aktivieren Schwingungen der Membran **Hörsinneszellen**.

- Viele Tiere können mit ihren Sinnesorganen besondere Leistungen erreichen. Dazu gehören die Orientierung im Magnetfeld der Erde, die Wahrnehmung von elektrischen Feldern oder von Ultraschall-Lauten sowie die Registrierung der Schwingungsebene polarisierten Lichtes.

C Hormone

1. Einführung

Ein Einzeller wie das Pantoffeltierchen ist ein vollständiger funktionsfähiger Organismus, dessen lebenserhaltende Prozesse alle in einer einzigen Zelle ablaufen (*vgl. die mentor Abiturhilfe Zellbiologie*).

In vielzelligen Organismen ist die Situation sehr viel komplexer. Die lebenserhaltenden Prozesse werden **arbeitsteilig** von verschiedenen Zellverbänden oder Organen übernommen, die mitunter sehr weit voneinander entfernt liegen. Um deren Funktionen zu koordinieren, muss es Mechanismen geben, die eine **Verständigung** zwischen den Zellen ermöglichen.

Im klassischen Altertum waren Ärzte und Philosophen der Ansicht, dass das geordnete Zusammenspiel der Organe auf dem Zusammenwirken von vier Körpersäften beruhe. Diese seien: das Blut (sanguis), der Schleim (phlegma), die Galle (chole) und die schwarze Galle (melan-chole).

Man war damals der Ansicht, dass das Vorherrschen einer der Flüssigkeiten jeweils die Ursache für das Auftreten eines der vier Temperamente sei (*vgl. Kasten*).

Die antike Temperamentenlehre unterschied zwischen folgenden Persönlichkeitstypen:

> Der **Sanguiniker** wurde als heiterer, lebhafter, unternehmungslustiger und unbeständiger Mensch beschrieben.
>
> Der **Phlegmatiker** galt als träger, schwerfälliger und gleichgültiger Mensch.
>
> Als **Choleriker** wurde ein jähzorniger, zu starken Gefühlsausbrüchen neigender Mensch bezeichnet.
>
> Der **Melancholiker** wurde charakterisiert als Mensch gedrückter Stimmung, meist verbunden mit einer Neigung zum Grübeln.

Krankheiten wurden mit einer falschen Mischung der vier Säfte erklärt. Dementsprechend behandelte man Patienten häufig mit Aderlässen („Ablassen" von Blut) und mit Klistieren (Einbringen kleiner Flüssigkeitsmengen durch den After in den Dickdarm). Diese Anschauung wurde zu Beginn der Neuzeit verworfen.

Am Ende des 19. Jahrhunderts erkannte man, dass viele Lebensvorgänge tatsächlich durch besondere im Blut beförderte Stoffe gesteuert werden. Diese wurden als **Hormone*** bezeichnet.

Hormone sind chemische Botenstoffe, die von bestimmten Drüsen oder Geweben gebildet und an das Blut abgegeben werden. Mit dem Blutstrom gelangen die Hormone zu den Zielorganen, an denen sie ganz bestimmte Wirkungen entfalten.

In den meisten höheren Organismen gibt es demnach neben dem **Nervensystem**, dessen Arbeitsweise in Kapitel A erläutert wurde, noch einen zweiten Weg, um Signale zwischen Zellen auszutauschen: das **Hormonsystem**.

Nerven- und Hormonsystem haben eines **gemeinsam**: Die Zellen verständigen sich mithilfe von chemischen **Botenstoffen**. Der Hauptunterschied besteht in den **Entfernungen**, über die die Botenstoffe wirken:

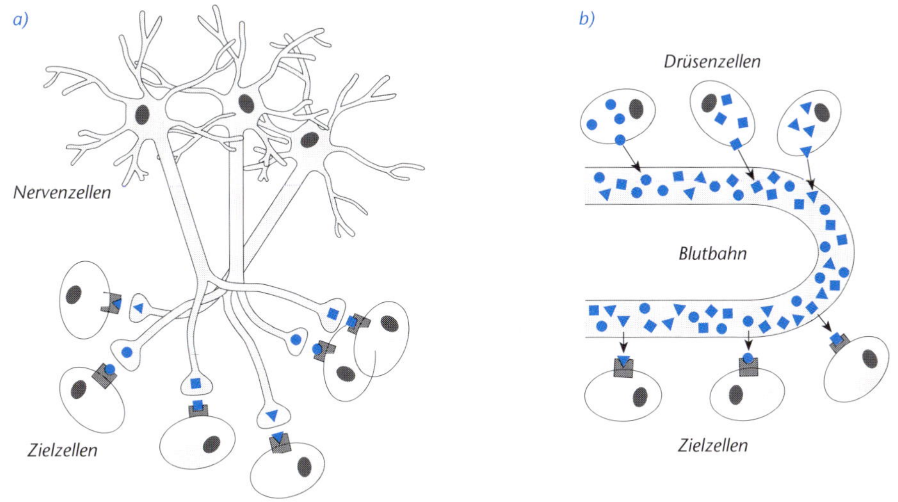

Abb. 87
Unterschied zwischen a) der synaptischen und b) der hormonellen Signalübertragung

Bei der **synaptischen** Signalübertragung werden Neurotransmitter in einen nur 50 nm schmalen Spalt freigesetzt, den sie in Sekundenbruchteilen überwinden, um **sofort** an der Membran der Empfängerzelle eine Wirkung zu entfalten (*vgl. Kap. A.5.1*). Die Empfängerzelle leitet die Meldung durch sich **rasch ausbreitende** Aktionspotenziale weiter (*vgl. Kap. A.3.2.2*). Dadurch kommt es zu einer **schnellen** und **gezielten** Nachrichtenübermittlung – vergleichbar mit unserem Telefonnetz, das einen Teilnehmer schnell und gezielt mit einem anderen Teilnehmer verbindet.

Bei der **hormonellen** Signalübertragung setzen spezialisierte Zellen Botenstoffe frei, die über den Blutstrom zu weit im Körper verstreuten Zielzellen gelangen. Das **dauert** gewöhnlich einige Minuten. Welche Zellen beeinflusst werden, hängt ausschließlich davon ab, ob sie die hormonelle Botschaft empfangen können – vergleichbar mit Radiosendungen, die nur hören kann, wer über ein geeignetes Empfangsgerät verfügt.

Es gibt zwischen diesen beiden Hauptwegen auch Überschneidungen, z. B. die Neurohormone des Hypothalamus (*vgl. Kap. C.3.3*). Außerdem stellte sich heraus, dass einige Botenstoffe in beiden Systemen verwendet werden, z. B. Noradrenalin.

Trotz dieser fließenden Übergänge gibt es bemerkenswerte Besonderheiten der hormonellen Kommunikation, die wir in diesem Kapitel herausarbeiten.

2. Hormone als Botenstoffe

2.1 Funktion der Hormone

Hormone sind chemische Botenstoffe, die in **endokrinen*** Zellen produziert und unter bestimmten Voraussetzungen in die Blutbahn freigesetzt (sezerniert) werden. Mit dem Blutstrom gelangen die Hormone zu den Zielzellen, an denen sie ganz bestimmte Wirkungen entfalten.

Die spezifische Wirkung kommt zustande, weil nur diese Zielzellen über besondere Proteine verfügen, an die sich die Hormone nach dem **Schlüssel-Schloss-Prinzip** anlagern: die **Hormonrezeptoren**. Sie sind sozusagen in der Lage, die chemisch kodierte Hormonnachricht zu „lesen".

Durch Anlagerung eines Hormons an „seinen" Rezeptor werden in den Zielzellen die unterschiedlichsten Stoffwechselvorgänge beeinflusst.

Da Hormone nur sehr langsam aus dem Blut entfernt werden – durch fortlaufenden Abbau in der Leber, durch Ausscheidung über die Nieren oder durch Endocytose (*vgl. Kap. C.2.6*) –, kann ihre Wirkung mehrere Minuten bis Stunden anhalten.

2.2 Herkunft und Leistungen der Hormone

Die wichtigsten hormonproduzierenden Drüsen im menschlichen Organismus zeigt Abbildung 88. Es ist jeweils angegeben, welche Hormone eine Drüse produziert und freisetzt, zu welcher Stoffgruppe die Hormone gehören und welche Hauptwirkungen sie im Körper entfalten.

Der Hypothalamus nimmt – wie noch erläutert wird – in der Hierarchie der Hormondrüsen die oberste Position ein. Als Teil des Gehirns fungiert er als eine Art **Schaltzentrale**, die Informationen von Nervenzellen anderer Gehirnzentren und Informationen aus dem inneren Milieu des Körpers quasi verrechnet und über die Freisetzung von Releasinghormonen* die direkt unter ihm liegende Hypophyse steuert (*vgl. Kap. C.3.3*). Man kennt heute 7 verschiedene Hypothalamushormone, die die Freisetzung von 6 verschiedenen Hypophysenhormonen kontrollieren. Ein Teil der Hypophysenhormone wiederum kontrolliert die Freisetzung weiterer Hormone aus peripheren Drüsen im Körper. Einige entfalten jedoch unmittelbare Wirkungen.

Zu den von der Hypophyse kontrollierten Hormondrüsen im Körper gehören die Schilddrüse, die Nebennierenrinde und die Keimdrüsen (Eierstöcke und Hoden). Die Bauchspeicheldrüse und das Verdauungssystem arbeiten ohne hierarchische Kontrolle. Sie können allerdings durch das **vegetative Nervensystem** beeinflusst werden. Das Nebennierenmark wird sogar ausschließlich durch den Sympathicus stimuliert (*vgl. Kap. A.8*).

2.3 Einteilung der Hormone

Da Hormone ihre Wirkung nach dem Schlüssel-Schloss-Prinzip entfalten, ist die Botschaft, die sie übermitteln, in ihrer **molekularen Struktur** enthalten (**kodiert**).
Nach ihrem molekularen Aufbau unterscheiden wir:

- **Peptid-** und **Protein**hormone; sie bilden die größte Gruppe und bestehen aus kurzen oder längeren Ketten von Aminosäuren, die zu einer jeweils charakteristischen Raumstruktur gefaltet sind (*vgl. die mentor Abiturhilfe Zellbiologie*). Zu ihnen gehören die den Blutzucker regulierenden Hormone Insulin und Glucagon, alle Verdauungshormone und die Hormone, die von Hypothalamus und Hypophyse gebildet werden.
- **Steroid**hormone; z. B. die Sexualhormone Testosteron und Östradiol sowie das allgemein bekannte Cortisol.
- aus **Aminosäuren** gebildete Hormone; z. B. werden die Schilddrüsenhormone und das Stresshormon Adrenalin aus der Aminosäure Tyrosin gebildet.
- aus **Fettsäuren** gebildete Hormone; hierzu gehören vor allem die Prostaglandine, die am Schmerzgeschehen beteiligt sind.

Die meisten Hormone werden von Zellen produziert, die in einem speziellen Organ zusammengefasst sind. Solche Organe werden als **endokrine Drüsen** bezeichnet. Eine Übersicht der wichtigsten Hormondrüsen in unserem Organismus zeigt die Abbildung 88.

Einige Hormone werden jedoch von Zellen gebildet, die verstreut in Organen liegen, die in der Hauptsache eine ganz andere Aufgabe erfüllen. Wir finden solche **Gewebshormone** vor allem im Verdauungssystem, wo sie lokal begrenzt Verdauungsvorgänge beeinflussen, z. B. die Salzsäureproduktion des Magens. Auch im Gehirn werden hormonartige Substanzen freigesetzt, die die Tätigkeit der Nervenzellen beeinflussen.
Einige Gewebshormone gelangen gar nicht in die Blutbahn, sondern werden von den Zellen, die sie herstellen, in die unmittelbare Umgebung freigesetzt. Solche Hormone beeinflussen dann nur ihre Nachbarzellen, wie z. B. die Prostaglandine.

2.4 Herstellung von Hormonen

2.4.1 Die Synthese von Peptid- und Proteinhormonen

Peptid- und Proteinhormone werden genauso hergestellt wie andere Eiweißmoleküle in unserem Organismus: durch die Proteinbiosynthese (*vgl. die mentor Abiturhilfe Genetik*).
Die Zellen, die solche Hormone synthetisieren, rufen die Informationen, in denen die Reihenfolge der Aminosäuren in diesen Hormonen festgelegt ist, auf der DNA ab.

Eine solche DNA-Sequenz wird zuerst in eine Boten-RNA umgeschrieben (Transkription) und dann von Ribosomen, die am endoplasmatischen Retikulum (ER) sitzen, in die Aminosäurensequenz des Hormons übersetzt (Translation). Das Molekül passiert dabei die Membran des ER und wird schließlich in kleinen Vesikeln abgeschnürt. Zu diesem Zeitpunkt existiert das Hormon erst als **Vorläufermolekül**, das eine zusätzliche Aminosäurenkette enthält.

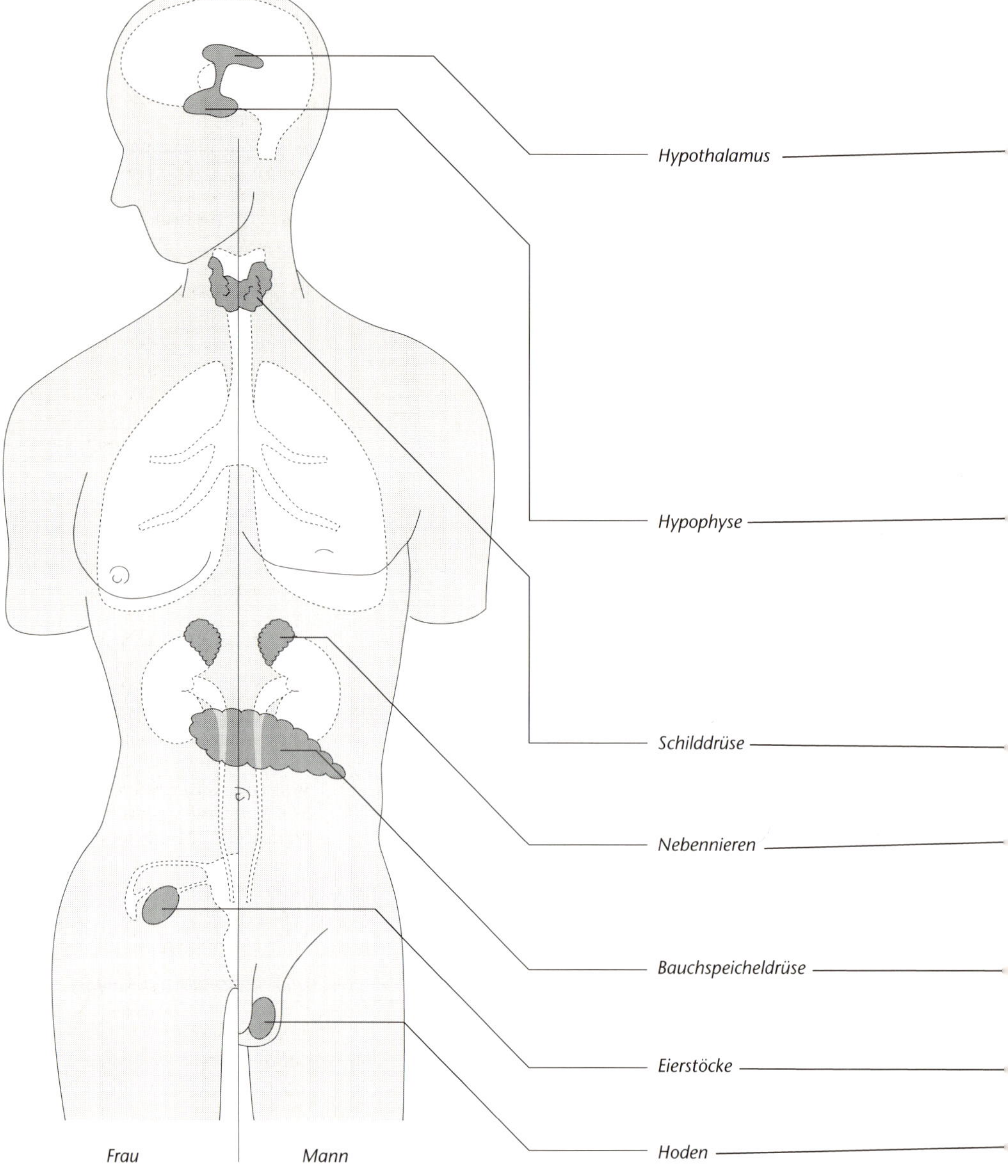

Abb. 88
Übersicht über die wichtigsten hormonproduzierenden Drüsen und ihre Funktion beim Menschen

Thyreotropin-Releasinghormon, TRH (Peptid)	*Stimulation der Freisetzung von TSH*
Corticotropin-Releasinghormon, CRH (Peptid)	*Stimulation der Freisetzung von ACTH*
Gonadotropin-Releasinghormon, LHRH (Peptid)	*Stimulation der Freisetzung von FSH und LH*
Wachstumshormon-Releasinghormon (Peptid)	*Stimulation der Freisetzung von Wachstumshormonen*
Wachstumshormon-Inhibitinghormon (Peptid)	*Hemmung der Freisetzung von Wachstumshormonen*
Prolactin-Releasinghormon (Peptid)	*Stimulation der Prolactinfreisetzung*
Prolactin-Inhibitinghormon (Peptid)	*Hemmung der Prolactinfreisetzung*
schilddrüsenstimulierendes Hormon (Protein)	*Kontrolle der Freisetzung von Schilddrüsenhormonen*
adrenocorticotropes Hormon, ACTH (Peptid)	*Kontrolle der Freisetzung von Cortisol*
follikelstimulierendes Hormon, FSH (Protein)	*Stimulation der Follikelreifung*
luteinisierendes Hormon, LH (Protein)	*Auslösen des Eisprungs, Gelbkörperbildung*
Wachstumshormon (Protein)	*Stimulation des Wachstums*
Prolactin (Protein)	*Anregung der Milchproduktion*
Vasopressin (Peptid)	*Kontrolle des Wasserhaushaltes*
Oxytocin (Peptid)	*Uteruskontraktion und Milchfluss*
Thyroxin, Trijodthyroxin, (Aminosäureabkömmling)	*Kontrolle des Grundumsatzes*
Cortisol (Steroid)	*Sicherung der Energieversorgung, Hemmung des Immunsystems*
Aldosteron (Steroid)	*Regulation des Mineralhaushaltes*
Adrenalin, Noradrenalin (Aminosäureabkömmlinge)	*körperliche Belastungen, Stressreaktion*
Insulin (Peptid)	*Senkung des Blutzuckerspiegels*
Glucagon (Peptid)	*Erhöhung des Blutzuckerspiegels*
Östradiol (Steroid)	*Ausbildung weiblicher Geschlechtsmerkmale*
Progesteron (Steroid)	*Regulation des Menstruationszyklus*
Testosteron (Steroid)	*Ausbildung männlicher Geschlechtsmerkmale*

Abbildung 89 zeigt als Beispiel das Vorläufermolekül von **Insulin**:

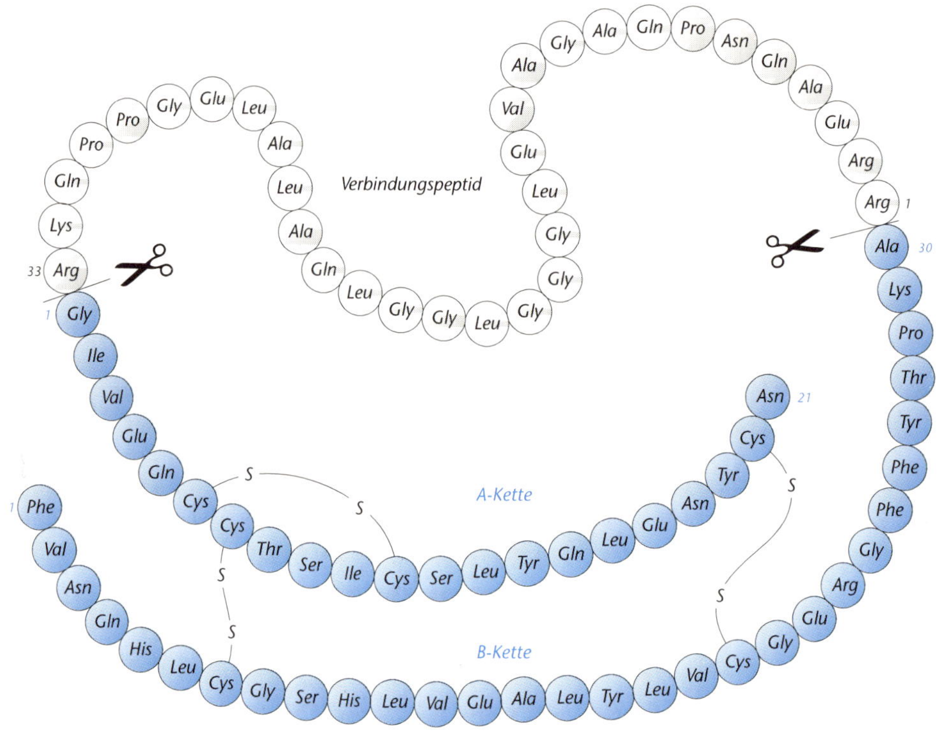

Abb. 89
Die Raumstruktur von Proinsulin und des daraus hervorgehenden Insulins

Dieses so genannte Proinsulin besteht aus einer Kette von 84 Aminosäuren. Davon bilden 21 Aminosäuren die A-Kette und 30 Aminosäuren die B-Kette des endgültigen Hormons (*rot unterlegt*). Das 33 Aminosäuren lange Verbindungspeptid sorgt für die richtige räumliche Orientierung bei der Ausbildung der drei Schwefelbrücken (-S-S-).

In dieser Form als Prohormon ist das Molekül biologisch noch nicht wirksam. Das aktive Molekül wird enzymatisch aus der Proform „herausgeschnitten" und im GOLGI-Apparat in Vesikel verpackt. Auf ein entsprechendes Signal verschmelzen einige dieser Vesikel mit der Zellmembran und entleeren per Exocytose ihren Inhalt ins Blut oder in die Gewebsflüssigkeit (*vgl. die mentor Abiturhilfe Zellbiologie*).

2.4.2 Die Synthese von Steroidhormonen

Alle Steroidhormone werden aus einer Substanz hergestellt, die in unserem Organismus normalerweise in ausreichender Menge vorhanden ist: aus **Cholesterin**.

Cholesterin ist ein normaler Bestandteil aller Membranen unserer Zellen (*vgl. die mentor Abiturhilfe Zellbiologie*). Es kann im Cytoplasma in Fetttröpfchen gespeichert werden. Durch **geringfügige chemische Veränderungen**, die von spezifischen Enzymen katalysiert werden, entstehen aus Cholesterin schrittweise die verschiedenen Steroidhormone.

Wie die Abbildung 90 zeigt, kommt in dieser Reaktionsfolge dem Zwischenprodukt **Progesteron** eine Schlüsselstellung zu, da von ihm mehrere Synthesewege abzweigen.

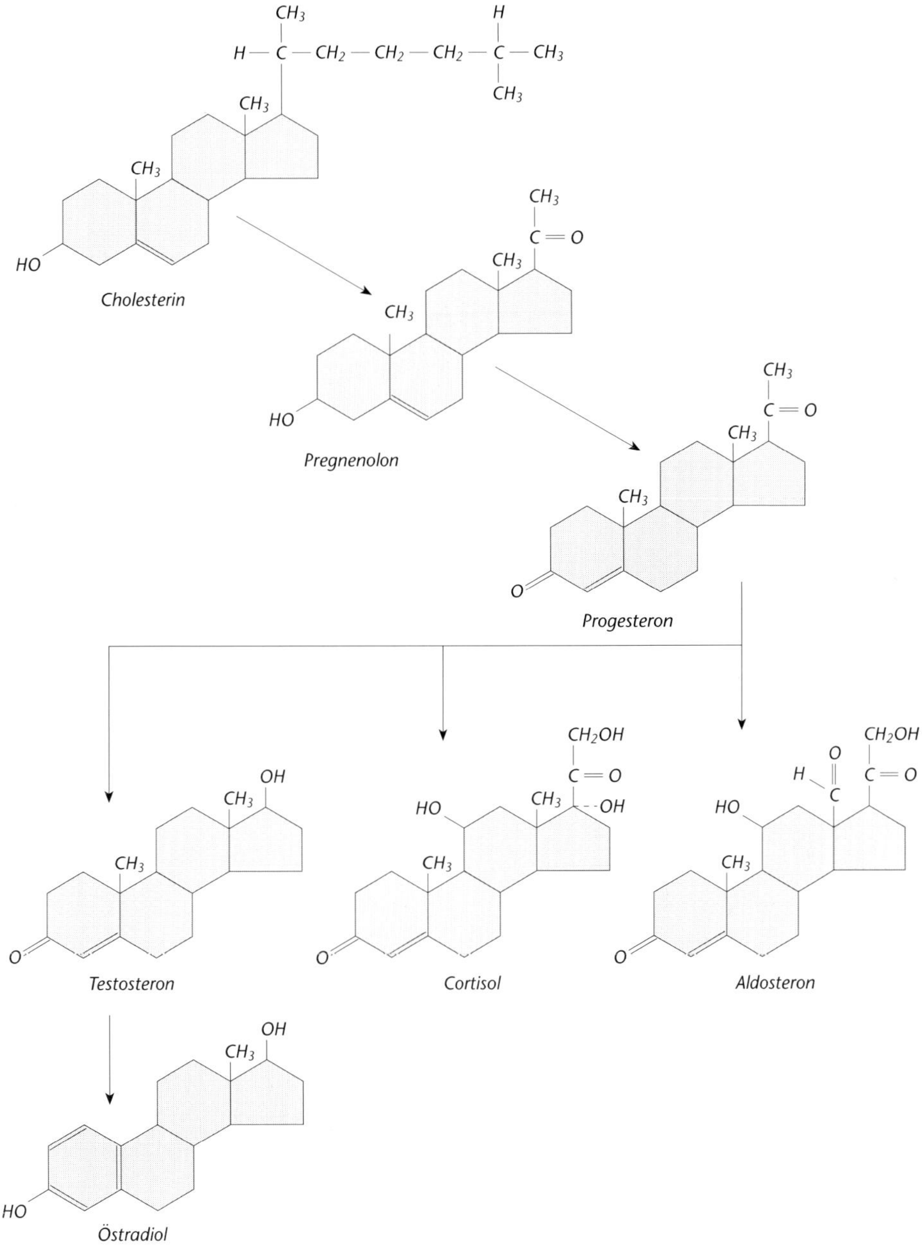

Abb. 90
Synthesewege der Steroidhormone aus Cholesterin, stark vereinfacht

Welches Steroidhormon in einer bestimmten Drüse aus Progesteron hergestellt wird, hängt dann ausschließlich davon ab, mit welchen **Enzymen** diese Drüse ausgestattet ist. So verfügen die Zellen der Nebennierenrinde über Enzyme zur Umwandlung von Progesteron in Cortisol, während die Zellen der Hoden und der Eierstöcke Progesteron in Testosteron umwandeln können. Ein einziges weiteres Enzym der Eierstockzellen verwandelt schließlich das männliche Sexualhormon Testosteron in das weibliche Sexualhormon Östradiol. So klein ist der Unterschied!

Aufgabe C/1

C/1 Zeichne aus Abbildung 90 die Grundstruktur heraus, die alle Steroidhormone gemeinsam haben.

2.4.3 Die Synthese von Adrenalin und Thyroxin

Adrenalin wird von Zellen des Nebennierenmarks aus der Aminosäure Tyrosin hergestellt. Die Syntheseschritte sind die gleichen wie bei der Herstellung des Neurotransmitters **Noradrenalin** in den synaptischen Endknöpfchen des zentralen und vegetativen Nervensystems. Durch spezielle Enzyme katalysiert, wird Tyrosin zuerst in Dopa, dann in Dopamin und zuletzt in Noradrenalin umgewandelt (*vgl. Abb. 91*). In einem letzten zusätzlichen Syntheseschritt wird Noradrenalin zum allergrößten Teil in Adrenalin verwandelt.

Die Freisetzung der beiden Botenstoffe ins Blut erfolgt unter dem Einfluss des Sympathicus in Stress- und Belastungssituationen (*vgl. Kap. D.5.3*).

Auch die **Schilddrüsenhormone** werden aus der Aminosäure Tyrosin gebildet, allerdings in völlig anderer Art und Weise.

In den Schilddrüsenzellen wird ein hochmolekulares Protein, das **Thyreoglobulin**, hergestellt, das zahlreiche Tyrosinmoleküle enthält. An die Benzolringe der Tyrosinmoleküle (*vgl. Abb. 92*) werden nun enzymatisch 1 oder 2 Jodatome angelagert.

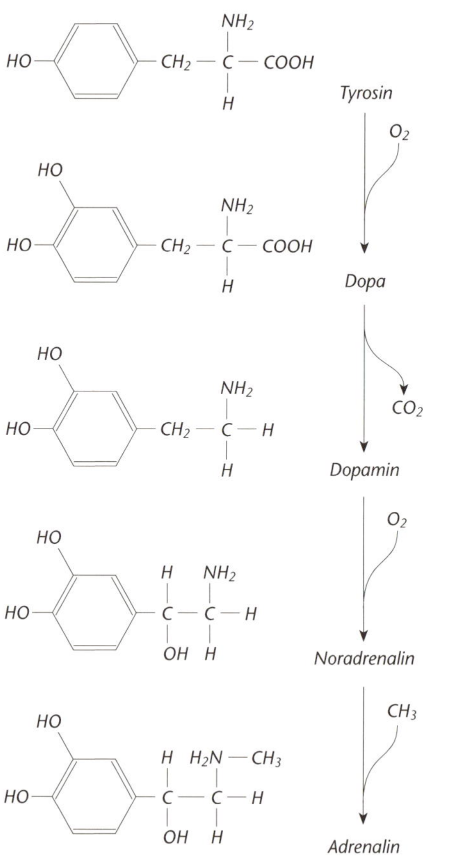

Abb. 91
Die Synthese von Noradrenalin und Adrenalin aus Tyrosin

Dieses Jod muss mit der Nahrung aufgenommen werden. Bei Jodmangel kommt es zu einer Unterfunktion der Schilddrüse. Sie führt beim Jugendlichen zu Wachstumsstörungen (Zwergwuchs), verzögerter geistiger Entwicklung (Schwachsinn) und zur Schilddrüsenvergrößerung (Kropfbildung).
Aus dem jodierten Thyreoglobulin werden wiederum enzymatisch die beiden Schilddrüsenhormone **Thyroxin** (mit 4 Jodatomen, kurz **T_4** genannt) und **Trijodthyroxin** (mit 3 Jodatomen, kurz **T_3**) im Verhältnis 10 : 1 abgespalten. Der größte Teil des Thyroxins wird nach der Freisetzung aus der Schilddrüse in Trijodthyroxin umgewandelt. Das biologisch aktive Molekül ist also das T_3.

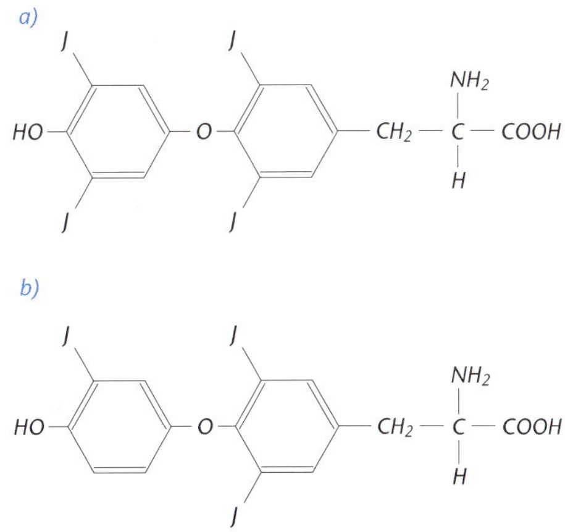

Abb. 92
Die Struktur von a) Thyroxin und b) Trijodthyroxin

Aufgabe C/2

C/2 Weshalb ist es notwendig, für eine ausreichende Jodaufnahme mit der Nahrung zu sorgen?

2.4.4 Die Synthese der Prostaglandine

Die Prostaglandine wurden zwar zuerst im Sperma entdeckt, aber sie werden nicht nur – wie der Name andeutet – in der Prostata, sondern von praktisch allen Zellen des menschlichen Organismus gebildet.

Prostaglandine werden aus langkettigen, ungesättigten Fettsäuren hergestellt. Die wichtigste ist die Arachidonsäure. Sie kommt als **Bestandteil von Phospholipiden** in allen Zellmembranen vor (*vgl. die mentor Abiturhilfe Zellbiologie*).
Wie Abbildung 93 zeigt, wird Arachidonsäure enzymatisch unter Einwirkung einer Phospholipase aus einem Phospholipid der Membran freigesetzt. Wenn das Molekül aus der gestreckten in die gefaltete Konformation übergeht, kann die Arachidonsäure durch enzymatisch katalysierte Oxidationsschritte in verschiedene Prostaglandine umgewandelt werden.
Prostaglandine können nicht wie andere Botenstoffe gespeichert werden. Ihre Freisetzung erfolgt **kontinuierlich** durch die Aktivität der Phospholipase. Diese **Aktivität wird gesteigert**, wenn die Zellmembran gereizt oder beschädigt wird.
Der erhöhte Prostaglandinspiegel sensibilisiert Schmerzrezeptoren, die daraufhin **empfindlicher** auf Veränderungen in ihrer Umgebung reagieren.
Außerdem stimuliert sich eine Zelle, die Prostaglandine freisetzt, selbst zu verstärkter Prostaglandinsynthese. Das könnte ein Mechanismus sein, durch den die Antwort auf ein ursprüngliches Signal **verstärkt** wird.

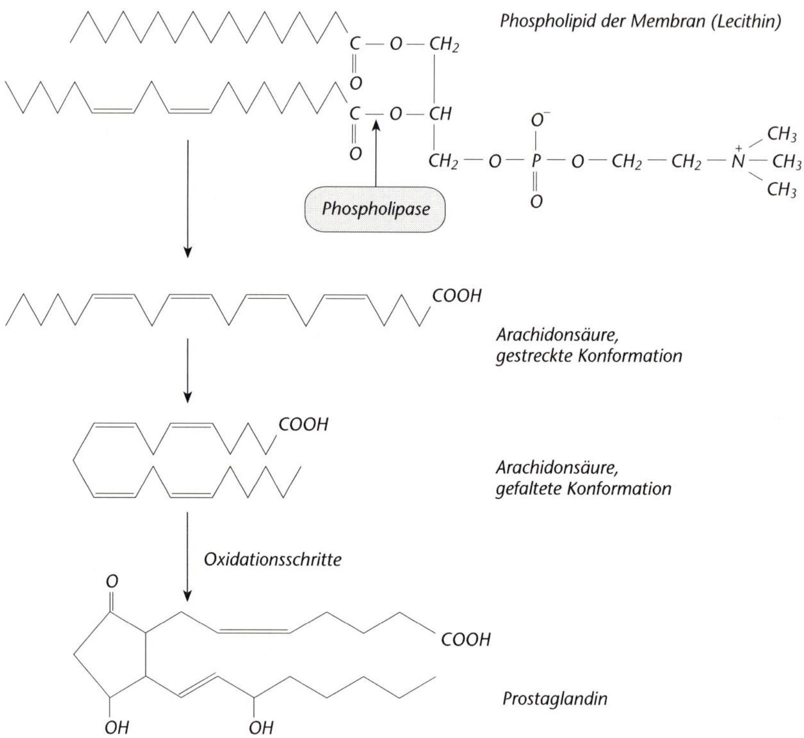

Abb. 93
Die Synthese von Prostaglandinen

Aufgabe C/3

C/3 Eines der bekanntesten Schmerzmittel greift in die Prostaglandinsynthese ein. **Aspirin®** (chemisch: Acetylsalicylsäure) **hemmt** die enzymatische Oxidation von Arachidonsäure. Worauf beruht die schmerzstillende Wirkung von Aspirin®?

2.5 Wirkungsmechanismen der Hormone

Die hormonelle Nachrichtenübertragung setzt voraus, dass die Hormone an ihren Zielzellen an spezifische **Rezeptoren** binden, die die Nachricht des Hormons „lesen“ können.

Solche Hormonrezeptoren sind in den Zielzellen **ganz unterschiedlich verteilt**: je nachdem, ob die Hormone aufgrund ihrer Fettlöslichkeit durch die Zellmembran diffundieren können oder nicht.

Für die **Steroidhormone**, die sich vom Cholesterin ableiten, stellen Zellmembranen keine Barriere dar. Sie sind wie das Cholesterin größtenteils **hydrophob** und können daher Zellmembranen leicht passieren.

Sie binden an Rezeptoren, die sich **im Cytoplasma** der Zielzellen befinden.
Die **Peptid- und Proteinhormone** dagegen sind in der Regel viel größer als die Steroidhormone und außerdem **hydrophil**. Für sie stellt die Lipiddoppelschicht aller Zellmembranen ein unüberwindbares Hindernis dar. Ihre Rezeptoren sitzen daher **an der Oberfläche der Zellmembran**.

In beiden Fällen lagern sich die Hormone nach dem Schlüssel-Schloss-Prinzip an ihre Rezeptoren an und bilden mit ihnen **Hormon-Rezeptor-Komplexe**, über die die Hormone ihre spezifischen Wirkungen entfalten. Weil diese Komplexe entweder **innerhalb** der Zelle oder **außerhalb** an der Zellmembran entstehen, gibt es zwei völlig unterschiedliche Wirkungsmechanismen.

2.5.1 Die Wirkungsweise der Steroidhormone

Wir erläutern den Wirkungsmechanismus der Steroidhormone schrittweise an einer schematischen Darstellung (*vgl. Abb. 94*).

① Zuerst muss das Hormon die Zellmembran passieren.
② Im Cytoplasma wird es von einem Rezeptor gebunden. Bei diesem Rezeptor handelt es sich um ein Protein aus etwa 800 Aminosäuren, das zu einer charakteristischen Raumstruktur gefaltet ist. In dieser Form besitzt das Molekül **zwei Bindungsstellen**:
③ eine Bindungsstelle für das Steroidhormon und
④ eine Bindungsstelle für einen bestimmten Abschnitt auf der DNA im Zellkern. Ohne angelagertes Hormon erfolgt die Bindung des Rezeptors an diesen DNA-Abschnitt sehr schlecht – die Chemiker sagen: mit geringer Affinität.

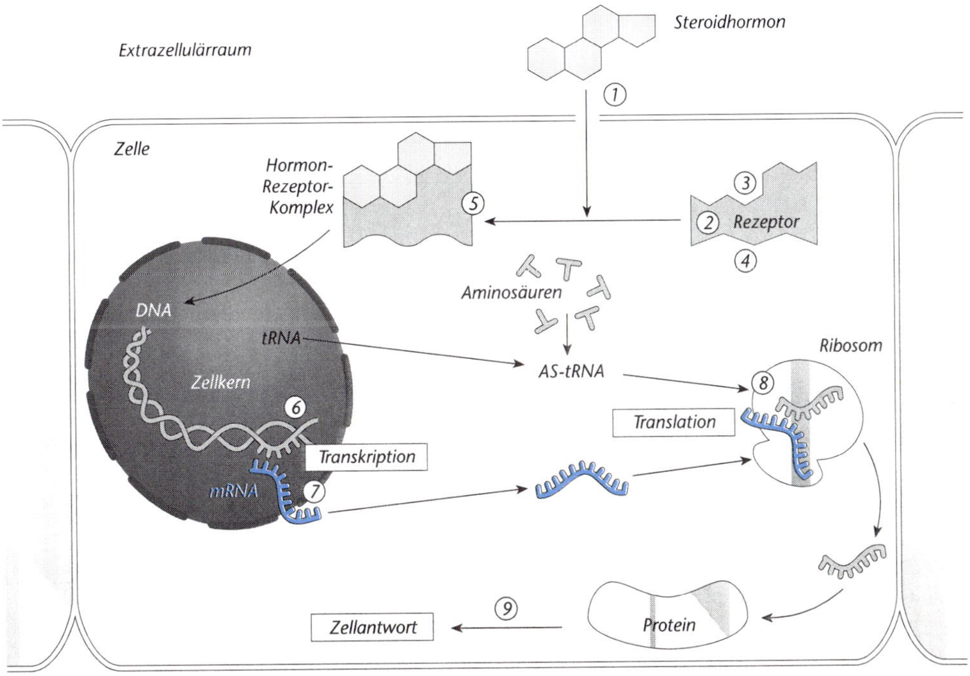

Abb. 94
Der Wirkungsmechanismus der Steroidhormone

⑤ Durch die Anlagerung des Hormons wird die Raumstruktur des Rezeptors nun so verändert, dass sich die **Affinität** zu diesem DNA-Abschnitt **erhöht**.

⑥ Als Folge bindet der Hormon-Rezeptor-Komplex an diesen spezifischen DNA-Abschnitt im Zellkern und **reguliert** dadurch dessen **Transkription**. Im einfachsten Fall wird dadurch ein **Gen**, das für ein bestimmtes Protein kodiert, **angeschaltet** (*vgl. die mentor Abiturhilfe Genetik*).

⑦ Daraufhin synthetisiert die RNA-Polymerase an diesem DNA-Abschnitt eine Boten-RNA (mRNA), die durch die Kernporen den Zellkern verlässt.

⑧ An den Ribosomen wird die Nukleotidsequenz der Boten-RNA in die Aminosäurensequenz des Proteins übersetzt (Translation).

⑨ Erst dieses **Protein** entfaltet die Stoffwechselwirkungen der hormonellen Botschaft – zum Beispiel als Enzym, das eine bestimmte Stoffwechselreaktion katalysiert.

Es ist ebenso gut vorstellbar, dass ein aktives Gen durch den Hormon-Rezeptor-Komplex **abgeschaltet** wird.

Außerdem legen Experimente mit Zellkulturen nahe, dass **mehrere Gene gleichzeitig** reguliert werden. Die Genprodukte (die Proteine) können dann ganz unterschiedliche Stoffwechselwirkungen entfalten. Dabei können sie sich auch gegenseitig beeinflussen.

2.5.2 Die Wirkungsweise der Schilddrüsenhormone

Die Schilddrüsenhormone Thyroxin und Trijodthyroxin (T_4 und T_3) verhalten sich ganz ähnlich wie die Steroidhormone.
T_4 und T_3 sind fettlöslich, sodass sie durch die Zellmembran direkt ins Cytoplasma diffundieren. Dort wird T_4 enzymatisch in T_3 umgewandelt.
T_3 wird nun nicht im Cytoplasma an einen Rezeptor gebunden, sondern wandert weiter in den Zellkern. Erst dort bindet das Hormon an einen Rezeptor, der bereits an die DNA angelagert ist.

Durch Bindung an diesen Rezeptor beeinflusst T_3 die **Transkription** bestimmter Gene. Die daraufhin hergestellten Proteine führen insgesamt zu einem **erhöhten Energieumsatz** in den Zielzellen.

2.5.3 Die Wirkungsweise der Peptid- und Proteinhormone sowie von Adrenalin

Da Peptid- und Proteinhormone niemals ins Innere einer Zelle gelangen können, sitzen ihre Hormonrezeptoren **in der Zellmembran**. Wie aber gelangt die hormonelle Botschaft von der Zellmembran ins Cytoplasma?
Wir haben bei den langsamen Synapsen bereits einen Weg beschrieben, wie durch einen Botenstoff (in diesem Fall durch einen Transmitter) eine Signalkette an der Zellmembran in Gang gesetzt wird (*vgl. Kap. A.5.4*).

Das Prinzip besteht darin, das **externe** Signal durch einen speziellen Mechanismus in ein **internes** Signal umzuwandeln.

Das interne Signal ist ein weiterer Botenstoff, der die Nachricht ins Zellinnere weiterleitet. In der Fachsprache wird dieser **zweite Botenstoff** (der erste ist das Hormon) mit dem englischen Originalbegriff als **second messenger** bezeichnet.

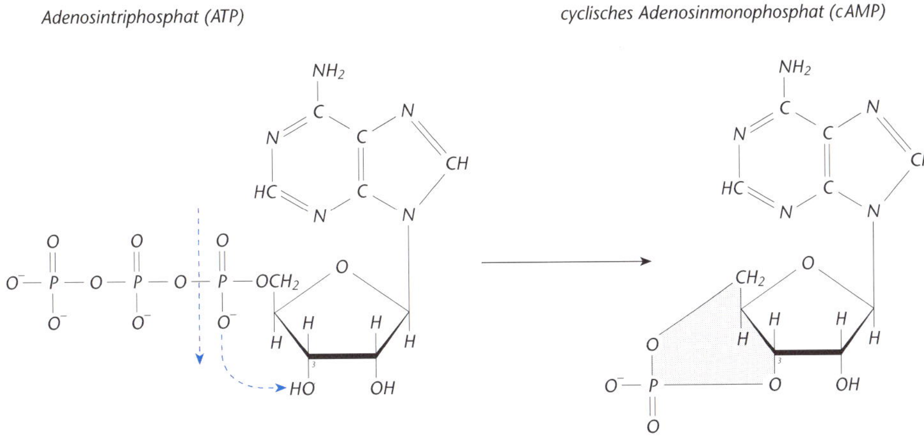

Abb. 95
Die Umwandlung von ATP in cAMP

Einen second messenger haben wir bereits vorgestellt: **cyclisches Adenosinmonophosphat**, kurz **cAMP** (*vgl. Kap. A.5.4*). Hergestellt wird cAMP aus dem universellen zellulären Energieträger ATP. Die Reaktion katalysiert ein spezielles Enzym: die **Adenylatcyclase**.

Wie Abbildung 95 zeigt, werden durch das Enzym 2 der 3 Phosphatgruppen von ATP abgetrennt, während die verbleibende Phosphatgruppe mit dem 3'-Kohlenstoffatom des Zuckers (Ribose) zu einem Ring verbunden wird. Diese Ringstruktur hat dem AMP seinen Beinamen „cyclisch" eingetragen.
Entscheidend ist nun, dass das Enzym nur dann aktiv wird und ATP in cAMP umwandelt,

1. wenn das Enzym an einen Hormonrezeptor gekoppelt ist und
2. wenn sich an den Hormonrezeptor ein Botenstoff angelagert hat.

Beide Proteine (das Enzym und der Hormonrezeptor) sind wie alle Membranproteine in die Lipiddoppelschicht der Zellmembran integriert und können sich in der Membranebene frei bewegen (*vgl. die mentor Abiturhilfe Zellbiologie*). Die Signalübertragung vom Hormonrezeptor zum Enzym erfordert also, dass beide miteinander verkoppelt werden.

Wir erläutern den etwas komplizierten Signalweg mithilfe von Abbildung 96 Schritt für Schritt.

① Bindet ein Peptid- oder Proteinhormon an seinen Rezeptor in der Zellmembran, verändert der Rezeptor seine Raumstruktur.
② In dieser veränderten Form koppelt der Rezeptor an das Enzym Adenylatcyclase.
③ Das Enzym wird dadurch **aktiviert**, ATP in cAMP umzuwandeln. Es kommt zu einem Anstieg der intrazellulären Konzentration an cAMP.
④ cAMP wirkt nun seinerseits als **allosterischer Aktivator** auf Proteine im **Cytoplasma**. Meist handelt es sich dabei um Enzyme vom Typ der **Proteinkinasen**.
⑤ Proteinkinasen sind spezielle Enzyme, die Phosphatgruppen von ATP auf weitere Proteine im Cytoplasma oder im Zellkern übertragen. Diese Proteine werden dadurch **phosphoryliert**. Die Phosphorylierung steigert oder hemmt die Aktivität dieser Proteine.

Beeinflusst werden

⑥ Enzyme, die bestimmte Stoffwechselreaktionen katalysieren, oder
⑦ Kernproteine, die an der Regulation der Proteinbiosynthese beteiligt sind.

⑧ Damit die aktivierten Proteine dieses Signalweges – einmal angeschaltet – nicht endlos weiterarbeiten, sondern wieder neue Signale von außen empfangen können, müssen die entsprechenden Reaktionen rückgängig gemacht werden. Auch dies erfolgt durch spezielle Enzyme, die cAMP in unwirksames AMP (ohne Ring) verwandeln und die übertragenen Phosphatgruppen entfernen.

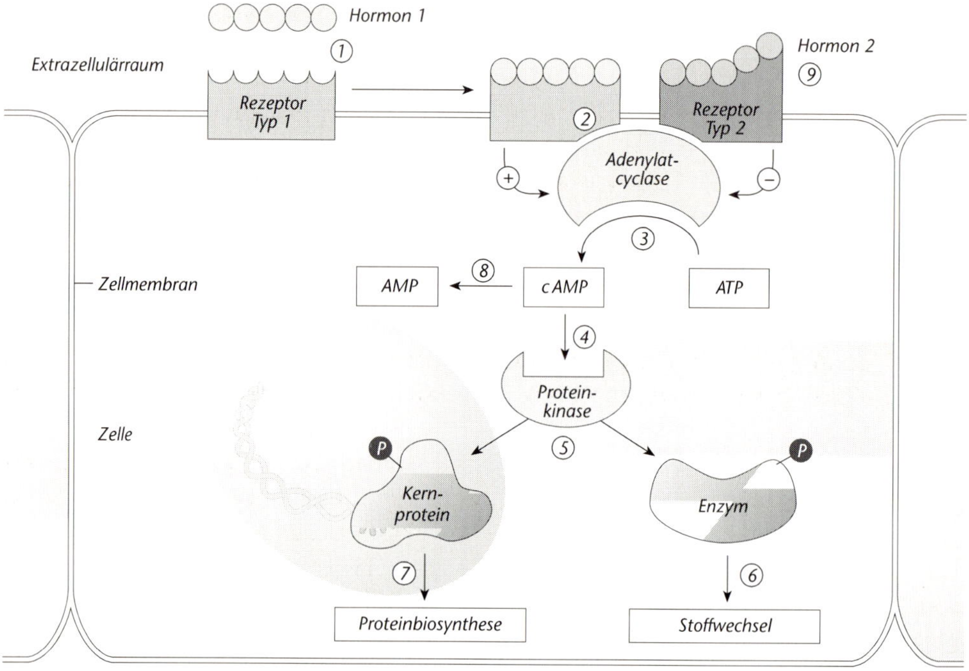

Abb. 96
Hormoneller Signalweg mit cAMP als second messenger, Erläuterungen im Text

Aufgabe C/4

C/4 Ergänze das folgende Pfeildiagramm zum hormonellen Signalweg mit cAMP als zweitem Boten.

Hormon bindet an Rezeptor in der Zellmembran → Rezeptor verändert seine Raumstruktur → …

Allerdings ist die Sache noch etwas komplizierter. Einige Hormone **senken** die Konzentration an intrazellulärem cAMP, statt sie zu steigern. Das bedeutet, dass in diesen Fällen die Adenylatcyclase nicht aktiviert, sondern **gehemmt** wird.

Es muss also neben dem zuerst beschriebenen Hormonrezeptor ① noch einen zweiten Rezeptortyp ⑨ geben, der nach Anlagerung eines Hormons die cAMP-Bildung hemmt.

Auf diese Weise können in einer Zelle Enzyme oder Regulatorproteine zwischen aktiver und inaktiver Form hin- und hergeschaltet werden – je nachdem welches Signal die Zelle von außen empfängt.
Es gibt eine ganze Reihe von Hormonen, die über diesen Signalweg mit cAMP ihre Wirkungen entfalten. Dazu gehören fast alle Hypophysenhormone sowie die beiden Insulingegenspieler Glucagon und Adrenalin (*vgl. dazu Kap. C.3.4*).

Adrenalin gehört zwar nicht zur Gruppe der Peptid- und Proteinhormone, wirkt aber ebenfalls über den hier beschriebenen Signalweg.

2.6 Die Inaktivierung der Hormone

Damit Hormone, nachdem sie einmal freigesetzt wurden, nicht endlos wirksam bleiben, müssen sie **inaktiviert** werden. Das erfolgt im Prinzip über drei verschiedene Mechanismen:

- Ein Teil der Hormonmoleküle im Blut bindet nie an einen Rezeptor. Diese freien Hormone werden durch abbauende Enzyme in verschiedenen Organen (Leber, Nieren, Gehirn) in **unwirksame Substanzen** verwandelt. Auch gebundene Hormone werden von den Rezeptoren wieder freigesetzt und dann enzymatisch abgebaut.
- Ein Teil der Hormone oder ihre Abbauprodukte werden kontinuierlich über die Nieren aus dem Körper **ausgeschieden**.
- Einige Hormone werden **intrazellulär abgebaut**. Das gilt vor allem für die Steroidhormone mit cytoplasmatischen Rezeptoren. Aber auch Peptid- und Proteinhormone, deren Rezeptoren in der Zellmembran sitzen, können auf diese Weise eliminiert werden. Vom Insulin ist beispielsweise bekannt, dass es nach Anlagerung an seinen Rezeptor durch **Endocytose** in die Zelle eingeschleust wird. Der intrazelluläre Abbau erfolgt durch Lysosomen (*vgl. die mentor Abiturhilfe Zellbiologie, Kap. E.5.4*).

2.7 Zusammenfassung

- **Hormone** sind chemische Botenstoffe, die von Drüsenzellen ins Blut oder ins umliegende Gewebe freigesetzt werden.

- An ihren Zielzellen binden Hormone hochspezifisch nach dem Schlüssel-Schloss-Prinzip an **Rezeptoren**, die die chemische verschlüsselte Botschaft sozusagen lesen.

- Hormone werden in Hormondrüsen produziert: Hypothalamus, Hypophyse, Schilddrüse, Nebennieren, Bauchspeicheldrüse, Eierstöcke und Hoden.

- Nach ihrer molekularen Struktur unterscheiden wir Peptid- und Proteinhormone, Steroidhormone, aus Aminosäuren gebildete Hormone und aus Fettsäuren gebildete Hormone:

- **Peptid- und Proteinhormone** bilden die größte Gruppe. Sie bestehen aus kurzen oder längeren Ketten von Aminosäuren, die zu einer jeweils charakteristischen Raumstruktur gefaltet sind. Sie werden per Proteinbiosynthese hergestellt.
  Peptid- und Proteinhormone binden an Rezeptoren **in der Zellmembran**. Dadurch wird intrazellulär die Bildung eines **zweiten Botenstoffs** (second messenger, meistens **cAMP**) gefördert oder blockiert. Der zweite Botenstoff aktiviert **Proteinkinasen**, die zelluläre Proteine **phosphorylieren**. Deren Aktivität wird dadurch beeinflusst.

- **Steroidhormone** sind kleine, hydrophobe Moleküle, die durch enzymatische Umwandlung aus Cholesterin hergestellt werden.
  Steroidhormone binden an Rezeptoren **im Cytoplasma**, die dadurch aktiviert werden, sich an bestimmte DNA-Abschnitte anzulagern, um die **Transkription von Genen** zu regulieren.

- Aus **Aminosäuren** werden die Schilddrüsenhormone und Adrenalin hergestellt.
  Die Schilddrüsenhormone wirken ähnlich wie die Steroidhormone über einen Rezeptor **im Zellkern**.
  Adrenalin wirkt dagegen wie ein Peptidhormon.

- Von langkettigen **Fettsäuren**, die enzymatisch aus Phospolipiden der Zellmembran freigesetzt werden, leiten sich die **Prostaglandine** ab, die am Schmerzgeschehen beteiligt sind.

• Hormone werden durch enzymatischen Abbau in speziellen Organen, durch intrazellulären Abbau in den Zielzellen oder durch Ausscheidung über die Nieren **inaktiviert**.

3. Hormonelle Regulationsmechanismen

Regulationsmechanismen, ob nun durch Hormone oder durch Nervensignale vermittelt, dienen vor allem der Aufrechterhaltung eines konstanten inneren Milieus im Organismus: der **Homöostase***.
Dieses **flüssige innere Milieu**, das die Verbindungen zwischen den verschiedenen Zellen herstellt, ist die Voraussetzung für das Funktionieren eines Organismus als Ganzem. Die Zellen, durch selektiv permeable Membranen voneinander isoliert, entnehmen aus diesem Milieu alle lebensnotwendigen Substanzen, und in dieses Milieu geben sie ihre Abfallstoffe und die Produkte ihrer Tätigkeit ab.
Durch die relative **Konstanz** dieses inneren Milieus werden die Körperfunktionen in einem Gleichgewichtszustand gehalten. Bekannte Beispiele dafür sind der Blutdruck, der Blutzuckerspiegel, die Körpertemperatur. Die Regulationsmechanismen greifen jedes Mal ein, wenn eine Eigenschaft des inneren Milieus durch Veränderungen der Umgebung (des äußeren Milieus) von ihrem Normalwert abweicht. So löst z. B. ein Ansteigen der Umgebungstemperatur im Organismus Kühlungsmechanismen aus, während Kälte eine Steigerung der Wärmeproduktion anregt. Jeder Organismus verfügt so über eine gewisse **Autonomie** gegenüber den unkontrollierbaren Veränderungen seiner Umgebung.

Analoge Beispiele kennen wir auch aus **technischen** Systemen. Die Regelung einer konstanten Raumtemperatur erfolgt **nach den gleichen Prinzipien** wie die Regulation einer konstanten Körpertemperatur. Es ist daher möglich, biologische Regulationsvorgänge in Begriffen der technischen Regelungslehre zu beschreiben.
Die Übertragung regeltechnischer Prinzipien auf lebende Systeme fördert zwar keine neuen Erkenntnisse zutage, führt jedoch zu einer sehr übersichtlichen **Darstellung** der komplexen biologischen Zusammenhänge. Wir wollen deshalb zunächst die Grundbegriffe der Regelungslehre einführen und sie anschließend auf einige physiologische Regulationsvorgänge beispielhaft anwenden.

3.1 Grundbegriffe der Regeltechnik

Die regeltechnischen Grundbegriffe lassen sich am leichtesten an einem konkreten Beispiel veranschaulichen, z. B. an der Regelung der Raumtemperatur.
Das wesentliche Merkmal der Regelung ist der geschlossene **Regelkreis**. Er ist so konstruiert, dass jede Störung automatisch korrigiert wird.

Ein solcher geschlossener Regelkreis ist in Abbildung 97 in zwei Varianten dargestellt. Abbildung 97a zeigt das allgemeine Schema eines Regelkreises mit den einzelnen Funktionselementen, die im Folgenden erläutert werden. In Abbildung 97b ist dieses Schema für die Regelung der Raumtemperatur konkretisiert.

Bei der Konstruktion eines Regelkreises muss zuerst entschieden werden, welcher **Zustand** des betrachteten Systems **konstant** gehalten werden soll. Das ist in unserem Beispiel die Raumtemperatur. Sie ist die **Regelgröße** ①.
Der abgegrenzte Raum, in dem dies geschieht, also das Zimmer, ist das **geregelte System** ②.
Um die Raumtemperatur konstant halten zu können, muss sie fortlaufend durch einen **Fühler** ③ gemessen werden. Das erfolgt in unserem Beispiel mit einem Thermometer.
Die jeweils momentane Raumtemperatur, der so genannte **Istwert** ④, wird dem Regler übermittelt.
Der **Regler** ⑤ ist das wichtigste Funktionselement in einem Regelkreis, weil hier der Istwert der Regelgröße (die momentane Raumtemperatur) mit dem **Sollwert** ⑥ der Regelgröße (die gewünschte Raumtemperatur) verglichen wird.
Bei einer Raumheizung erledigt diese Arbeit ein Thermostat. An einem solchen Gerät lässt sich die gewünschte Raumtemperatur vorwählen. Diese Temperaturvorgabe ist die **Führungsgröße** ⑦ für den Sollwert der Raumtemperatur.
Weicht der Istwert der Raumtemperatur von diesem Sollwert ab, berechnet der Regler einen entsprechenden Steuerbefehl an die Heizung. Dieser Steuerbefehl wird als **Stellgröße** ⑧ bezeichnet, weil er angibt, um wie viel die Brennstoffzufuhr zur Heizung verstellt werden muss, um die Abweichung möglichst vollständig zu korrigieren.
Der Steuerbefehl führt also zu einer veränderten Leistung der Heizung, dem **Stellglied** ⑨ in diesem Regelkreis. Die veränderte Leistung hält so lange an, bis sich die Raumtemperatur wieder dem Sollwert angeglichen hat.
Bei sehr niedrigen Außentemperaturen wird dieser Zustand, dass Ist- und Sollwert übereinstimmen, nicht allzu lange anhalten, da Wärmeverluste durch die Temperaturdifferenz nicht zu vermeiden sind. Ein derartiger Einfluss auf die Regelgröße, der eine Abweichung vom Sollwert verursacht, wird als **Störgröße** ⑩ bezeichnet.

Der Regelkreis sorgt durch eine der Störung **entgegenwirkende** Änderung des Stellgliedes für eine Korrektur des Istwertes. Der **Erfolg** dieser Korrekturmaßnahme wird dem Regler über den Fühler unmittelbar **zurückgemeldet**, sodass die Veränderung des Stellgliedes nur so lange anhält, bis Ist- und Sollwert wieder übereinstimmen. Eine solche Form der Rückwirkung wird als **negative Rückkoppelung** bezeichnet.

Der Begriff ist zugegebenermaßen etwas verwirrend. „Negativ" ist diese Rückkoppelung nur im Sinne von „mit umgekehrtem Vorzeichen".

Jeder Regelkreis ist so konstruiert, dass eine vom Fühler gemeldete Abweichung eine geeignete **Gegenaktion** gegen diese Abweichung auslöst. Ist die Raumtemperatur z. B. auf 18 °C abgefallen, soll aber 20 °C betragen, müssen Funktionen in Gang gesetzt werden, die der weiteren Abkühlung **entgegenwirken**.

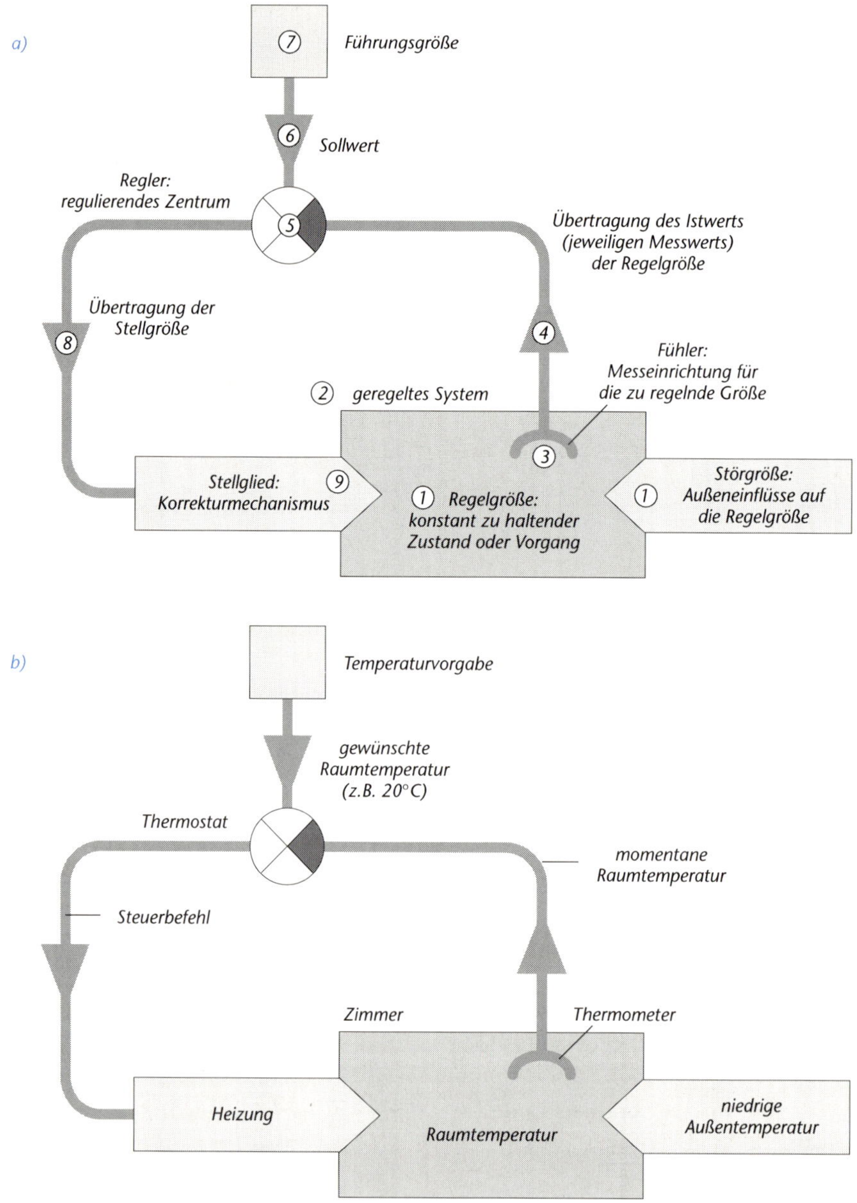

Abb. 97
Darstellung eines Regelkreises a) als allgemeines Schema und b) konkretisiert am Beispiel der Regelung der Raumtemperatur

Eine solche Rückkoppelung lässt sich sehr gut als Pfeildiagramm darstellen. Dabei bedeutet

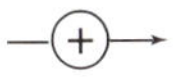

je mehr, umso mehr **oder**
je weniger, umso weniger;

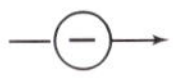

je mehr, umso weniger **oder**
je weniger, umso mehr.

Die Regelung der Raumtemperatur lässt sich damit so darstellen:

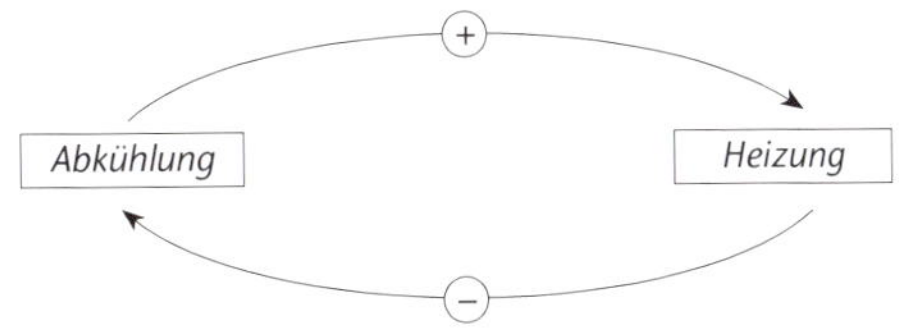

Abb. 98
Einfaches Pfeildiagramm zur Erläuterung der negativen Rückkoppelung

Negative Rückkoppelung bedeutet, dass jede Abweichung Vorgänge zur Folge hat, die in die Gegenrichtung wirken.

Eine positive Rückkoppelung würde die eingetretene Abweichung **verstärken**, was praktisch zur Folge hätte, dass die Heizung bei einem plötzlichen Kälteeinbruch völlig abgeschaltet wird.

Ein solch paradoxer Effekt erklärt, weshalb in biologischen wie in technischen Systemen die meisten Regelungsvorgänge nach dem Prinzip der negativen Rückkoppelung konstruiert sind.

Aufgabe C/5

C/5 In der folgenden Tabelle sind einige regeltechnische Grundbegriffe aufgelistet. Ergänze die Tabelle durch Einfügen der entsprechenden Funktionselemente für die Regelung einer konstanten Raumtemperatur.

Grundbegriff	Funktionselement
Regelgröße	
geregeltes System	
Fühler	
Regler	
Stellglied	
Störgröße	

Tabelle 4
Regeltechnische Grundbegriffe

3.2 Physiologische Regelkreise

Biologische Regulationsvorgänge lassen sich durch das gleiche Regelkreisschema beschreiben, das für technische Regelungsvorgänge benutzt wird.

Regelgrößen, die durch negative Rückkoppelung im Körper konstant gehalten werden, können sowohl physikalischer als auch chemischer Natur sein.

Beispiele für **physikalische** Regelgrößen sind:
- die Körpertemperatur,
- der Blutdruck,
- der Wassergehalt des Körpers.

Zu den **chemischen** Regelgrößen gehören:
- die Blutzuckerkonzentration,
- der pH-Wert des Blutes,
- der Sauerstoff- und CO_2-Gehalt des Blutes.

Jede dieser Regelgrößen wird von speziellen **Rezeptoren** überwacht. Dabei handelt es sich um Sinneszellen, die auf einen bestimmten Reiz spezialisiert sind (*vgl. Kap. B.1*). Der Rezeptorbegriff ist also leider nicht eindeutig. Während in der Hormonphysiologie damit ein Protein gemeint ist, das ein Hormon spezifisch bindet, werden damit in der Neurophysiologie die Sinneszellen bezeichnet.

Diese Sinneszellen sind im Körper jeweils an den Stellen lokalisiert, an denen sich die Veränderungen der betreffenden Regelgrößen besonders deutlich auswirken. So finden sich z. B. Thermorezeptoren sowohl in der Haut zur Messung von Veränderungen der Außentemperatur als auch im Körperinneren (im Gehirn), um Veränderungen durch die körpereigene Wärmeproduktion zu registrieren.

Für jede Regelgröße existiert ein eigenständiges **Regelzentrum**, das die einlaufenden Informationen auf Abweichungen überprüft und entsprechende Korrekturmaßnahmen in Gang setzt. Diese Regelzentren befinden sich hauptsächlich im **Hypothalamus** und im **Hirnstamm** (*vgl. Kap. A.6.2.1*). Es gibt aber auch Regler in anderen Organen.

Die **Steuerbefehle**, die die Korrekturmaßnahmen veranlassen, werden entweder über **Nervensignale** oder durch **Hormone** an die entsprechenden Stellglieder übermittelt.

Als **Stellglieder**, die aufgrund solcher neuronalen oder hormonellen Befehle ihre Aktivität verändern, kommen praktisch alle Körperfunktionen infrage, die dazu beitragen können, eine bestimmte Regelgröße wieder auf ihren Sollwert zurückzuführen. Die im Einzelnen sehr unterschiedlichen Vorgänge lassen sich aber in vier **Grundfunktionen** zusammenfassen:
- **Muskelaktivität** (z. B. Steigerung der Herztätigkeit bei Blutdruckabfall),
- **Stoffwechselaktivität** (z. B. Glykogenabbau bei Blutzuckermangel),
- **Sekretionsaktivität** (z. B. Schweißabgabe bei Anstieg der Körpertemperatur),
- **Membranpermeabilität** (z. B. Glukosetransport in die ruhende Muskulatur bei Blutzuckeranstieg).

In Abbildung 99 sind die Funktionselemente von physiologischen Regelkreisen in einem Schema zusammengefasst.
Zur Veranschaulichung dieses allgemeinen Schemas ziehen wir als Beispiel die Regulation der Körpertemperatur heran:

In unserem Körper wird normalerweise eine Temperatur von etwa 37 °C eingehalten. An der Aufrechterhaltung dieser Temperatur sind außer körperlichen Merkmalen (z. B. Fetteinlagerungen in der Haut) und einigen Verhaltensweisen (Bekleidungsauswahl, Bewegung) vor allem einzelne Organfunktionen beteiligt.

Eine **Abkühlung** unter 37 °C wird verhindert durch:

- Verengung der Blutgefäße in der Haut (es wird weniger Wärmeenergie an die Körperoberfläche transportiert),
- Muskelzittern (rhythmische Kontraktionen ohne Bewegung zur Wärmeerzeugung),
- Stoffwechselsteigerung, vor allem in der Leber.

Eine **Erwärmung** über 37°C wird verhindert durch:

- Erweiterung der Blutgefäße in der Haut (es wird mehr Wärmeenergie an die Körperoberfläche transportiert),
- Schweißabsonderung (durch die Verdunstung wird dem Körper Wärmeenergie entzogen und so die Haut abgekühlt),
- Verminderung der Stoffwechselintensität, vor allem der Leber.

Aufgabe C/6

C/6 Konstruiere ein Regelkreisschema für die Regulation der Körpertemperatur. Orientiere dich dazu an den Abbildungen 97a, 97b und 99.

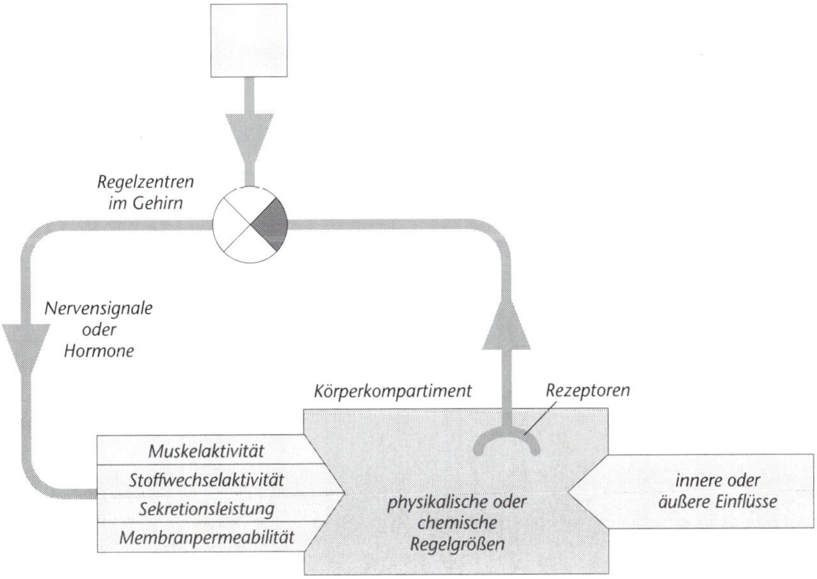

Abb. 99
Allgemeines Schema für physiologische Regelkreise, Erläuterungen im Text

3.3 Prinzipien der hormonellen Regulation

Wie Abbildung 99 deutlich macht, sind Hormone vor allem als **Stellgrößen** an physiologischen Regelkreisen beteiligt.

Im Prinzip führt die Veränderung eines konstant zu haltenden physiologischen Zustandes zur Freisetzung eines Hormons. Dessen Wirkung auf die Zellen der Zielorgane wird an die hormonproduzierenden Zellen zurückgemeldet und dadurch die Hormonfreisetzung gebremst.

Untersucht man die verschiedenen physiologischen Regelkreise des menschlichen Organismus, an denen Hormone beteiligt sind, so stellt sich allerdings heraus, dass die Abläufe weitaus komplexer sind.
Tatsächlich sind viele Regulationsvorgänge, an denen Hormone beteiligt sind, als **dreistufiger, hierarchischer Prozess** organisiert:

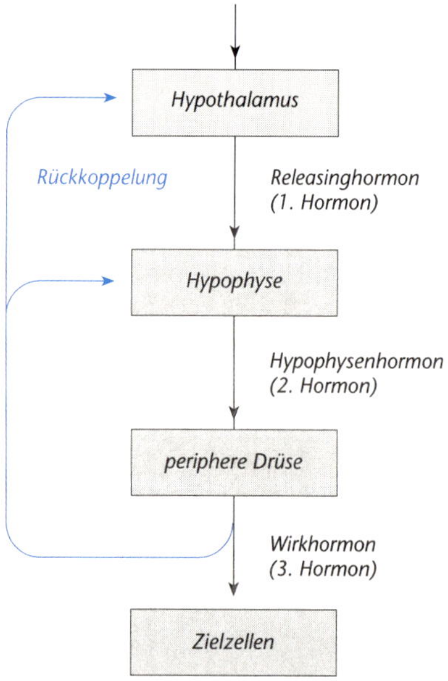

Abb. 100
Hormoneller Regelkreis mit dreistufigem, hierarchischem Aufbau, Erläuterungen im Text

An der Spitze der Hierarchie steht ein Regulationszentrum, das sich im **Hypothalamus** befindet. Es besteht aus Nervenzellen, die einerseits mit anderen Nervenzellen im Gehirn verschaltet sind und andererseits eine besondere Eigenschaft besitzen: Sie produzieren ein Hormon, das sie in kleine Blutgefäße freisetzen, die den Hypothalamus mit der **Hypophyse** (der Hirnanhangdrüse) verbinden.
Ein solches **Neurohormon** (es heißt so, weil es von Nervenzellen produziert wird) beeinflusst in der Hypophyse die Herstellung und Freisetzung eines zweiten Hormons. Deshalb wird das Neurohormon des Hypothalamus auch als **Releasinghormon*** bezeichnet.

Das von der Hypophyse in den großen Körperkreislauf freigesetzte Hormon beeinflusst die Herstellung und Freisetzung eines dritten Hormons aus einer Hormondrüse in der Körperperipherie, z. B. der Nebenniere.
Das aus der Hormondrüse der Körperperipherie freigesetzte dritte Hormon verteilt sich mit dem Blutstrom im gesamten Körper und löst schließlich an seinen Zielzellen spezifische Reaktionen aus.
Meist entfaltet erst dieses dritte Hormon eine physiologische Wirkung.

Wird ein physiologischer Zustand über eine solche dreistufige Befehlskette reguliert, erfolgt die negative Rückkoppelung in vielen Fällen nicht erst über den wieder hergestellten Sollzustand, sondern stattdessen über die Konzentrationsänderungen des physiologisch wirksamen dritten Hormons.

Ein Anstieg der Hormonkonzentration im Blut führt dann entweder im Regulationszentrum des Hypothalamus zu einer verminderten Abgabe des entsprechenden Releasinghormons oder die Abgabe des entsprechenden Hypophysenhormons wird direkt gehemmt. In beiden Fällen kommt es zu einem verminderten Einfluss auf die periphere Drüse, sodass der angestiegene Hormonspiegel wieder absinkt.

Unter diesen Voraussetzungen ist also die Konzentration des physiologisch wirksamen Hormons im Blut (und nicht der physiologische Zustand selbst) die **Regelgröße**.

Hormone können in physiologischen Regelkreisen entweder als Stellgrößen oder als Regelgrößen beteiligt sein.

Wir erläutern nun die **dreistufige hormonelle Befehlskette** an einem konkreten Beispiel: der Regulation der Cortisolfreisetzung (*vgl. Abb. 101*).

Cortisol hat ein ausgesprochen breites Wirkungsspektrum, das in Tabelle 5 zusammengestellt ist.

Die von Cortisol ausgelösten **Stoffwechselveränderungen** ermöglichen dem Organismus, selbst bei lange anhaltenden Belastungen, die Zellen mit Brennstoffen für die Energiegewinnung zu versorgen und dabei noch Glykogenvorräte in der Leber anzulegen.

Herz-Kreislauf-System
- unterstützende Wirkung auf die Steigerung der Herztätigkeit
- Verengung der Blutgefäße in der Haut und im Verdauungssystem

Stoffwechsel
- Hemmung der Glukoseaufnahme in die Zellen
- Hemmung des Glukoseabbaus in den Zellen
- Steigerung des Fettabbaus im Fettgewebe
- Steigerung des Eiweißabbaus in den Muskeln
- Hemmung der Eiweißherstellung in den Zellen
- Glukoseneubildung aus Aminosäuren in der Leber
- Steigerung der Glykogenbildung in der Leber

Immunsystem
- Hemmung der Abwehrreaktionen
- Hemmung der Antikörperproduktion (Eiweißherstellung)

Nieren
- Hemmung der Wasserausscheidung

Verdauungssystem
- Steigerung der Magensaftsekretion

Tabelle 5
Wirkungsprofil von Cortisol

Cortisol wird in der Nebennierenrinde aus Cholesterin hergestellt. Produktion und Freisetzung werden durch ein Hormon aus der Hypophyse gesteuert: durch ACTH.

ACTH ist die Abkürzung für **a**dreno**c**ortico**t**ropes **H**ormon*, vereinfachend auch als **Corti-**

cotropin bezeichnet. Seine Freisetzung aus der Hypophyse wird von einem Releasinghormon des Hypothalamus kontrolliert: dem Corticotropin-Releasinghormon (**CRH**).

Wir haben es hier also mit einem klassischen Beispiel einer dreistufigen Befehlskette zu tun:

CRH	→	**ACTH**	→	**Cortisol**
(1. Hormon)		(2. Hormon)		(3. Hormon)

Eine solche Hormonkette hat eine beachtliche **Verstärkerwirkung**: 0,1 µg des Releasinghormons setzen in der Hypophyse 1 µg ACTH frei; dieses 1 µg führt in der Nebennierenrinde zur Freisetzung von 40 µg Cortisol, das wiederum einen Umsatz von 5,6 mg (= 5600 µg) Glukose bewirkt!

Für das Verständnis der Cortisolwirkungen im Organismus ist bedeutsam, dass die CRH-Freisetzung aus dem Hypothalamus verschiedenen Einflüssen unterliegt:

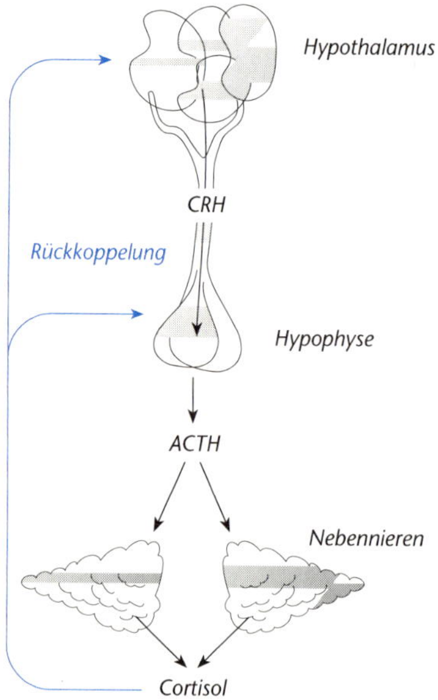

Abb. 101
Regulation der Cortisolfreisetzung, Erläuterungen im Text

- Erstens wirkt Cortisol selbst **hemmend** auf die Freisetzung von CRH (und vermutlich auch ACTH), sodass der hormonelle Regelkreis an diesen Stellen geschlossen ist.

- Zweitens unterliegt der Cortisolspiegel im Blut charakteristischen **tagesperiodischen Schwankungen**. Morgens ist die Konzentration am höchsten und um Mitternacht am niedrigsten. Als Erklärung wird angenommen, dass sich darin der unterschiedliche Einfluss von Gehirnzentren bemerkbar macht, die dem Hypothalamus übergeordnet sind und die je nach dem Aktivitätszustand des Organismus eher erregend oder eher hemmend auf die CRH-produzierenden Zellen einwirken.

- Drittens können **Belastungssituationen** aller Art den Regelkreis durch vermehrte Freisetzung von CRH deutlich verstellen. Bei lange andauernden **körperlichen** Belastungen sind die dadurch ausgelösten Stoffwechselveränderungen physiologisch sinnvoll, um die Energieversorgung sicherzustellen. Dass das gleiche Anpassungsprogramm auch durch chronischen **Stress** ausgelöst werden kann, hat für die Betroffenen eher unangenehme Folgen. Es konnte experimentell gezeigt werden, dass die CRH-Freisetzung umso heftiger ist, je uneindeutiger, unvorhersehbarer und unkontrollierbarer die belastenden Lebenssituationen sind. Von den vielfältigen Cortisolwirkungen zeigt sich dann am deutlichsten der hemmende Einfluss auf das Immunsystem: Die Betroffenen sind anfälliger für Infektionskrankheiten, und die Wahrscheinlichkeit, an Krebs zu erkranken, ist statistisch erhöht (*vgl. die mentor Abiturhilfe Humanbiologie: Blutkreislauf, Immunsystem, Sexualität, Fortpflanzung*). Das gilt allerdings auch für alle, die intensiv sportlich trainieren.

Abschließend sei darauf hingewiesen, dass die dreistufige Befehlskette nicht für alle hormonellen Regulationsvorgänge gilt (*vgl. Kap. C.3.4*). Außerdem ist das Hormonsystem eng mit dem vegetativen Nervensystem vermascht (*vgl. Kap. D.5.3*).

3.4 Die Regulation des Blutzuckerspiegels

Wir stellen nun an einem konkreten Beispiel die regulatorischen Leistungen von Hormonen etwas genauer dar.
Wir haben uns für die Regulation des Blutzuckerspiegels entschieden, weil wir daran sehr anschaulich die Folgen einer Fehlregulation erläutern können.

Der Blutzuckerspiegel (exakter: die Blutzuckerkonzentration) wird in unserem Organismus in einem Normbereich von 0,8 – 1,0 g/l **konstant gehalten**. Dadurch wird – ganz gleich, ob wir einen geruhsamen oder sportlich aktiven Tag hinter uns bringen – sichergestellt, dass **alle Zellen**, vor allem aber die empfindlichen Gehirnzellen, kontinuierlich mit ihrem wichtigsten Brennstoff **versorgt** werden: mit **Glukose**.
Durch die Glukoseaufnahme mit der Nahrung kann diese kontinuierliche Versorgung nicht gewährleistet werden; dafür essen wir zu selten (*zur Glukoseaufnahme an den Dünndarm-Epithelzellen vgl. die mentor Abiturhilfe Zellbiologie*).

Natürlich wäre vorstellbar, dass nach jeder Mahlzeit der Blutzuckerspiegel entsprechend der Kohlenhydratmenge ansteigt und dann mit dem Glukoseverbrauch der Zellen wieder abfällt bis zu einem kritischen Wert, der dann ein entsprechendes Hungergefühl erzeugt. So ähnlich funktioniert das auch (*vgl. Kap. D.5.2*).
Leider ist auch ein zu **hoher** Blutzuckerspiegel – wie wir noch erläutern – langfristig gesundheitsgefährdend. Die aufgenommene Glukose muss also möglichst schnell **gespeichert** werden.

Dafür gibt es 3 Möglichkeiten: in der Leber, in der Skelettmuskulatur und im Fettgewebe (*vgl. Abb. 102*).
In der Leber und in den Muskeln wird die Glukose in Form von **Glykogen** gespeichert. Die Speicherkapazität ist allerdings begrenzt. Sie beträgt in der Leber 50 – 100 g, in der Muskulatur 200 – 400 g. Nach Überschreiten der Speichergrenze verwandelt die Leber alle weiteren Glukosemoleküle in Fettsäuren, die dann über den Blutweg zu den Fettzellen transportiert und dort in Form von **Fett** (Triglyceride) deponiert werden.
Die Speicherung der Glukose in Form von Glykogen und der Fettsäuren in Form von Triglyceriden ist das Ergebnis enzymatisch katalysierter Reaktionen. Die jeweiligen **Enzyme** in den Leber-, Muskel- und Fettzellen müssen dazu **aktiviert** werden. Das einzige Hormon, das diese Aktivierung bewirkt, ist das schon angesprochene **Insulin**.

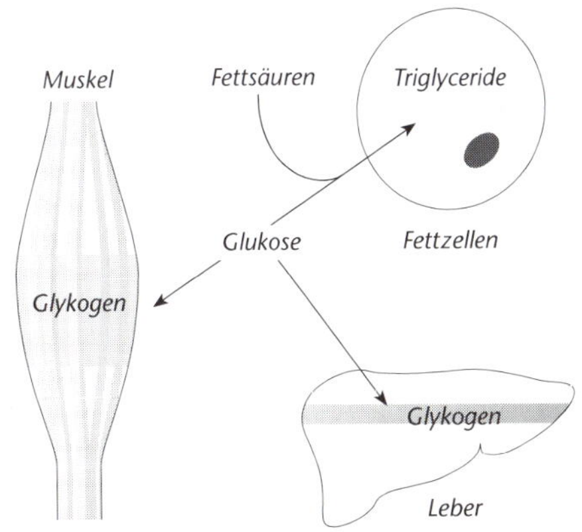

Abb. 102
Möglichkeiten der Glukosespeicherung, die durch Insulin aktiviert werden

Wie bewirkt Insulin die Senkung des Blutzuckerspiegels?

Wir erläutern die recht komplizierten Zusammenhänge wieder Schritt für Schritt anhand einer schematischen Darstellung (*vgl. Abb. 103*).

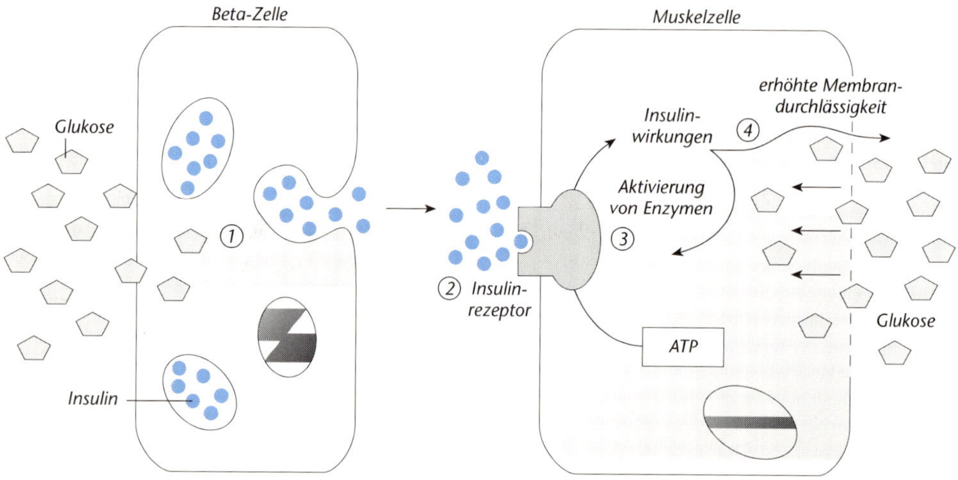

Abb. 103
Schema zur Insulinwirkung, Erläuterungen im Text

① Insulin wird von speziellen Zellen der Bauchspeicheldrüse (den so genannten β-Zellen) produziert und immer dann ins Blut **freigesetzt**, wenn der Blutzuckerspiegel den Normbereich von 1 g/l **übersteigt**. Die erhöhte Glukosekonzentration wird in den β-Zellen selbst gemessen und führt sehr rasch zur Freisetzung von Insulin (*vgl. Abb. 108a*).

② Da Insulin zu den Peptidhormonen gehört, entfaltet es seine Wirkung über die Bindung an einen **Rezeptor** in der Zellmembran. Abbildung 104 zeigt ein **Modell** dieses Rezeptors. Es handelt sich um ein typisches integrales Membranprotein, zusammengesetzt aus 4 Polypeptidketten (2 α- und 2 β-Ketten), die durch Schwefelbrücken miteinander verbunden sind. Der größte Teil des Moleküls ragt aus der Zellmembran heraus. In diesem extrazellulären Teil befindet sich auch die Bindungsstelle für Insulin.

③ Der intrazelluläre Teil des Rezeptors arbeitet als **Enzym**. Rezeptor und Enzym bilden hier also eine strukturelle und funktionelle Einheit; beide Funktionen sind Eigenschaften eines Proteins. Das Enzym arbeitet als **Proteinkinase**. Wenn sich Insulin außen an den Rezeptor anlagert, wird innen die Proteinkinase **aktiviert**.

④ Insulin hat ein recht **umfangreiches Wirkungsspektrum**, das in Tabelle 6 zusam-

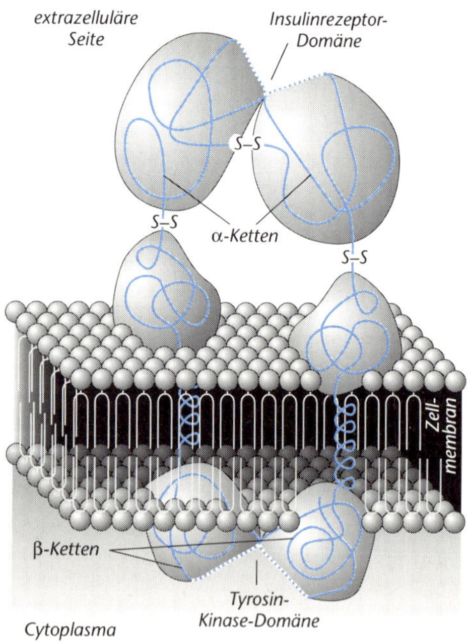

Abb. 104
Struktur des Insulinrezeptors

mengestellt ist. Alle Insulinwirkungen führen zu einem Absinken des Blutzuckerspiegels.

Auf welche Weise Insulin über die aktivierte Proteinkinase an der Zellmembran diese vielfältigen Stoffwechselveränderungen in Gang setzt, weiß zurzeit niemand. Die Lösung ist nobelpreisverdächtig.

Membranpermeabilität
- Steigerung der Glukoseaufnahme in Muskel- und Fettzellen

Kohlenhydratstoffwechsel
- Aktivierung der Glykogensynthese
- Aktivierung des Glukoseabbaus
- Hemmung des Glykogenabbaus

Fettstoffwechsel
- Aktivierung der Fettsäurensynthese
- Aktivierung der Fettbildung

Proteinstoffwechsel
- Aktivierung der Proteinbiosynthese

Tabelle 6
Wirkungsprofil von Insulin

Insulin ist ein **Speicherhormon**. Es sorgt dafür, dass der Körper energiereiche Brennstoffe für magere Zeiten ansammelt.

Damit verfügt der Körper also über Reserven. Diese werden wichtig, wenn wir für längere Zeit keine Nahrung zu uns nehmen (z. B. nachts) oder wenn wir sehr viel Energie verbrauchen (z. B. beim Sport). Dann wird die gespeicherte **Glukose** aus den Glykogenvorräten wieder **freigesetzt**.

Allerdings wird nur die Glukose aus Leberglykogen ins Blut abgegeben. Glukose aus Muskelglykogen kann die Muskelzellen nicht verlassen und steht nur für die Energieversorgung der Muskeln zur Verfügung. Vermutlich werden aus diesem Grund die beiden enzymatischen Reaktionen von 2 verschiedenen Hormonen kontrolliert:

- Der Glykogenabbau in der **Leber** wird vor allem durch das Hormon **Glukagon** stimuliert. Glukagon wird ebenfalls von speziellen Zellen der Bauchspeicheldrüse (den so genannten α-Zellen) produziert und dann freigesetzt, wenn der Blutzuckerspiegel den Normbereich **unterschreitet**.
  Bei chronischer Unterzuckerung können die Glykogenvorräte aufgrund der Glukagonwirkung völlig aufgebraucht sein. Dennoch wird von der Leber ins Blut Glukose abgegeben, die aus Aminosäuren gewonnen wurde. Diese **Glukoseneubildung** wird ebenfalls durch Glukagon gefördert.
  Die durch Glukagon ausgelösten Stoffwechselveränderungen sorgen für eine Normalisierung des Blutzuckerspiegels.
- Der Glykogenabbau in der Muskulatur erfolgt sowohl in Belastungssituationen mit rasch sinkendem Blutzuckerspiegel als auch in Stresssituationen. Dabei wird über eine Aktivierung des Sympathicus aus dem Nebennierenmark **Adrenalin** freigesetzt.
  Adrenalin fördert aber nicht nur den Glykogenabbau in der Muskulatur, sondern auch in der Leber. Außerdem wird der **Fettabbau** im Fettgewebe stimuliert. Das ist insofern sinnvoll, als die Muskelzellen nicht nur Glukose, sondern auch Fettsäuren als Brennstoffe verwerten können.

Das **vegetative Nervensystem** ist noch in anderer Weise an der Regulation des Blutzuckerspiegels beteiligt. Die Insulinfreisetzung wird durch den Sympathicus gehemmt und durch den Parasympathicus gefördert.

Wir wollen nun abschließend die komplizierten Abläufe bei der Regulation des Blutzuckerspiegels in 2 Regelkreis-Schemata zusammenfassen. Wir geben einen Regelkreis vor; der zweite soll als Aufgabe gelöst werden.

Wir orientieren uns wieder an dem allgemeinen Regelkreis-Schema von S. 106 (Abb. 97):

① Die Blutzuckerkonzentration ist die **Regelgröße**.
② Das **geregelte System** ist die Blutflüssigkeit.
③ Chemorezeptoren als **Fühler** zur Bestimmung der Glukosekonzentration befinden sich in den β-Zellen der Bauchspeicheldrüse und im Hypothalamus.
④ Die zu einem bestimmten Zeitpunkt gemessene Blutzuckerkonzentration stellt den **Istwert** dar.
⑤ Es gibt **2 Regler**; einen in den β-Zellen der Bauchspeicheldrüse und einen im Hypothalamus.
⑥ **Sollwert** ist eine Blutzuckerkonzentration von 0,8 – 1,0 g/l.
⑦ Eine verstellbare **Führungsgröße** gibt es bei diesem Regelkreis nicht.
⑧ Bei den **Stellgrößen** handelt es sich zum einen um die freigesetzten Insulinmoleküle, zum anderen um Nervensignale des Parasympathicus.
⑨ Als **Stellglieder** kommen alle Wirkungen infrage, die in Tabelle 6 aufgelistet sind.
⑩ Die **Störgröße** ist die Kohlenhydratzufuhr durch die Nahrungsaufnahme.

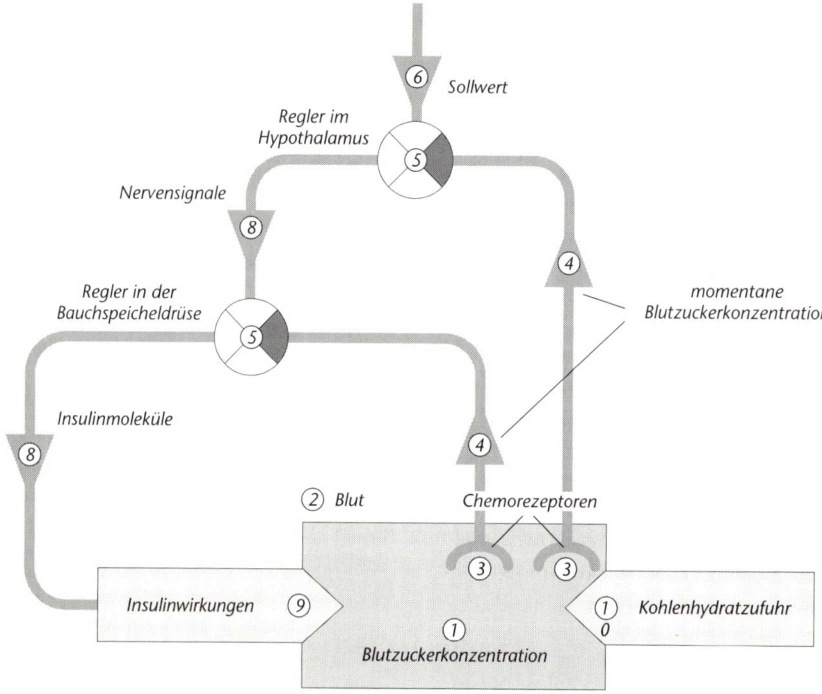

Abb. 105
Regelkreis zur Senkung des Blutzuckerspiegels nach Nahrungsaufnahme, Erläuterungen im Text

Aufgabe C/7

C/7 Konstruiere einen Regelkreis zur Regulation des Blutzuckerspiegels bei Unterzuckerung.

3.5 Fehlregulation am Beispiel der Zuckerkrankheit

Eigentlich ist die Bezeichnung „Zuckerkrankheit" irreführend, da sie nahe legt, den Zucker für die Ursache der Erkrankung zu halten.
Die Mediziner nennen die Krankheit präziser **Diabetes mellitus***, was so viel bedeutet wie „honigsüßes Hindurchfließen". Die Zuckerausscheidung im Urin ist aber nur das **Symptom** der Krankheit.
Ursache des Diabetes ist ein absoluter oder relativer **Insulinmangel**. Dementsprechend werden auch 2 Haupttypen der Krankheit unterschieden, die als Typ I und Typ II bezeichnet werden. Sie haben die alten Bezeichnungen „Jugenddiabetes" und „Altersdiabetes" abgelöst. Der **Typ I** ist durch den **absoluten**, der **Typ II** durch den **relativen Insulinmangel** charakterisiert.

3.5.1 Der Typ-I-Diabetes

Wichtigstes Kennzeichen des Typ-I-Diabetes ist die **vollständige Zerstörung der β-Zellen** in der Bauchspeicheldrüse durch einen entzündlichen Prozess. Dadurch kommt die körpereigene Insulinproduktion völlig zum Stillstand.
Der Typ-I-Diabetes tritt meist im Jugendalter auf (daher die alte Bezeichnung), kann aber auch bei älteren Menschen vorkommen. Die Beschwerden setzen **plötzlich** ein.

Durch den Ausfall der Insulinproduktion reichert sich Glukose im Blut an. Wird dabei eine Blutzuckerkonzentration von 1,6–1,8 g/l überschritten, scheiden die Nieren Glukose mit dem Urin aus; die „Nierenschwelle" wurde überschritten. Da die starke Zuckerlösung mit Wasser verdünnt wird, müssen Diabetiker häufiger zur Toilette. Der Wasserverlust erzeugt einen entsprechenden **Durst**.
Da die ausgeschiedene Glukose nicht mehr als Energielieferant zur Verfügung steht, werden die Fett- und Eiweißreserven des Organismus angegriffen. Typ-I-Diabetiker sind daher eher **untergewichtig** und **abgemagert**.
Die **Entzündung der β-Zellen** wird durch einen fehlgeleiteten Angriff des körpereigenen Immunsystems verursacht. Der Typ-I-Diabetes gehört also zu den **Autoimmunkrankheiten** *(vgl. die mentor Abiturhilfe Humanbiologie: Blutkreislauf, Immunsystem, Sexualität, Fortpflanzung).*

3.5.2 Der Typ-II-Diabetes

Die meisten Typ-II-Diabetiker sind **übergewichtig**. Abbildung 106 zeigt deutlich, wie sehr die Häufigkeit der Krankheit mit dem Körpergewicht zunimmt.

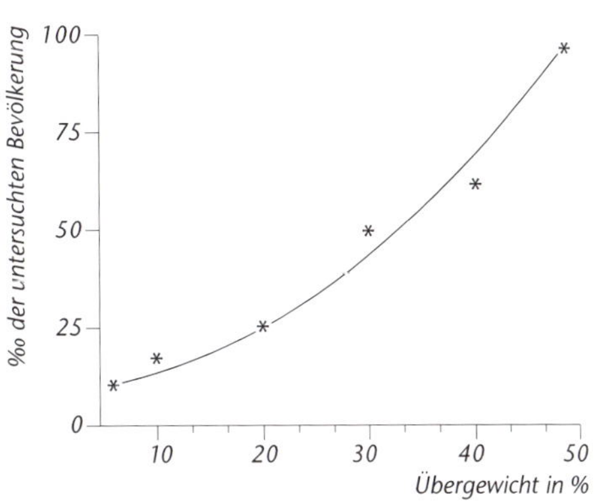

Abb. 106
Häufigkeit des Typ-II-Diabetes in Abhängigkeit vom Übergewicht (in %)

Auch mangelt es den Betroffenen, insbesondere im Vorstadium der Erkrankung, nicht an Insulin – im Gegenteil. Häufig ist sogar ein **erhöhter Insulinspiegel** im Blut zu beobachten (*vgl. Abb. 108b*).

Die **Insulinwirkung bleibt** aber **aus**. Die wohlgenährten Zellen, die zur Aufnahme und Speicherung von Zucker veranlasst werden sollen, reagieren nicht oder kaum auf das Insulin. Sie sind **insulinresistent**.

Ursachen der Insulinresistenz

Die **Anzahl der Insulinrezeptoren** auf den Zielzellen ist nicht konstant und unterliegt großen Schwankungen. Sie wird von verschiedenen **Faktoren** beeinflusst: vom Ausmaß körperlicher Aktivitäten, vom Ernährungszustand, von Stress und von verschiedenen hormonellen Einflüssen, unter anderem von der Insulinkonzentration selbst.

Ein hoher Insulinspiegel verringert die Zahl der Insulinrezeptoren. Dieses Phänomen, das als **down-Regulation** bezeichnet wird, resultiert aus der Art und Weise, wie Insulin inaktiviert wird: Der Komplex aus Insulin und Rezeptor wird durch Endocytose ins Zellinnere geschleust und dort unter der Einwirkung lysosomaler Enzyme abgebaut.

Von der Anzahl der Insulinrezeptoren hängt aber ab, wie viel Glukose eine Zelle aufnehmen kann. Eine einfache Logik: Weniger Insulinrezeptoren bedeuten weniger Glukoseaufnahme in die Zellen.

Die weitaus **häufigste Ursache** für die Verminderung der Insulinrezeptoren ist die **Überernährung**. Welcher Teufelskreis dadurch in Gang kommt, zeigt schematisch Abbildung 107.

Wir erläutern die Zusammenhänge wieder schrittweise:

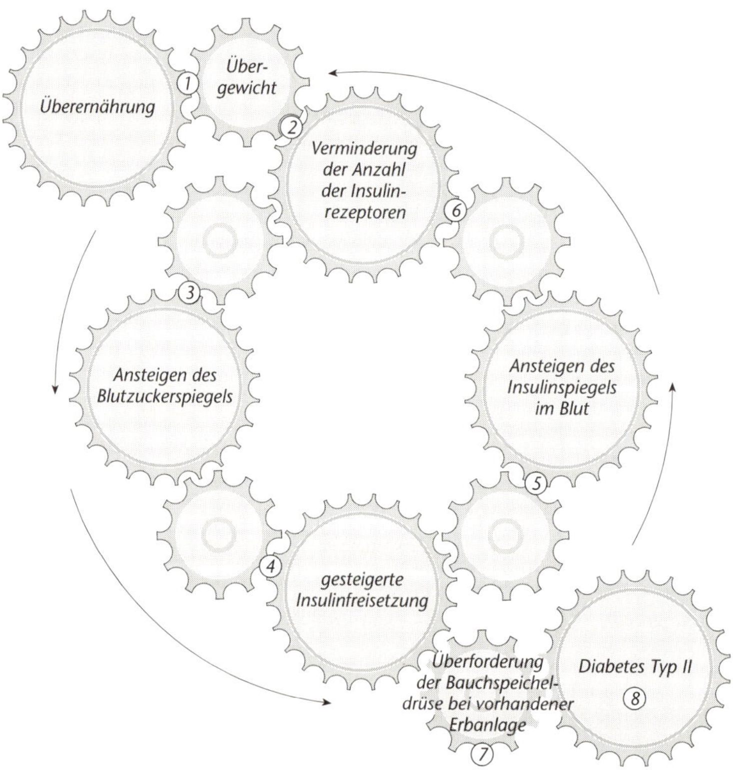

Abb. 107
Wirksame Faktoren bei der Entstehung des Typ-II-Diabetes

① Die Überernährung führt unweigerlich zum Übergewicht.

② Das Übergewicht verursacht eine Verminderung der Anzahl der Insulinrezeptoren auf den Zielzellen.

③ Da die Zellen nur noch wenig oder gar keine Glukose mehr aufnehmen, steigt notwendigerweise der Blutzuckerspiegel.

④ Die β-Zellen reagieren auf die erhöhte Blutzuckerkonzentration mit einer gesteigerten Insulinfreisetzung.

⑤ Der Insulinspiegel im Blut steigt deshalb an.

⑥ Dadurch verstärkt sich die Insulinresistenz der Zielzellen, weil durch die down-Regulation weitere Insulinrezeptoren aus der Zellmembran entfernt werden.

⑦ Die daraus resultierende **gesteigerte Insulinfreisetzung** bedeutet bei chronischem Übergewicht für die β-Zellen in der Bauchspeicheldrüse eine andauernde Überforderung.

⑧ Bei entsprechender **genetischer Disposition** (Erbanlage) – nicht alle Übergewichtigen werden Diabetiker – führt das langsam zu einer **zunehmenden Verschlechterung der Insulinproduktion**, die schließlich nicht mehr ausreicht, um die insulinresistenten Zielzellen zur Glukoseaufnahme und -speicherung zu veranlassen.

Die folgenden Kurven (*vgl. Abb. 108*) demonstrieren diese Zusammenhänge noch einmal sehr eindrucksvoll. Sie wurden durch einen **Belastungstest** ermittelt.

Die Versuchspersonen trinken in nüchternem Zustand eine Zuckerlösung mit 100 g Glukose. Danach wird im Abstand von einer halben Stunde Blut entnommen und sowohl die Glukose- wie auch die Insulinkonzentration bestimmt.

Getestet wurden ⓐ 10 gesunde, normalgewichtige Personen, ⓑ 9 Übergewichtige ohne manifesten Diabetes und ⓒ 9 Typ-II-Diabetiker.

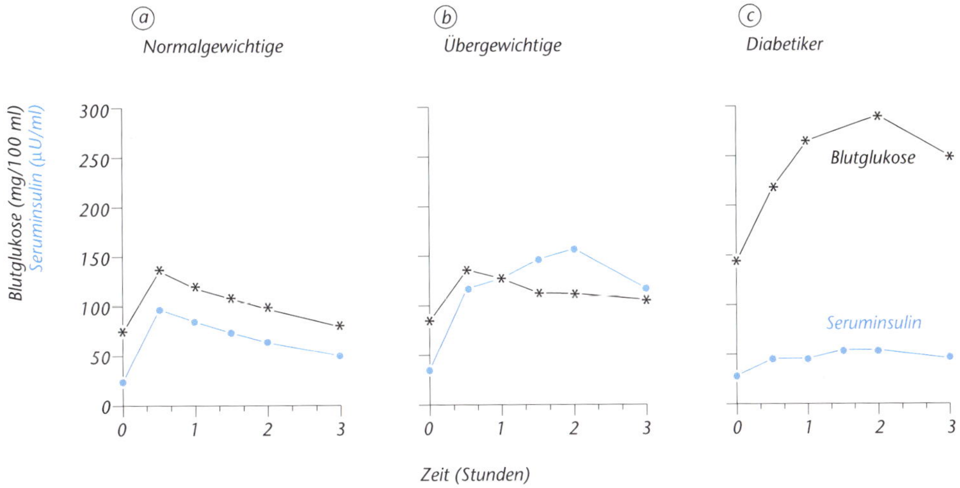

Abb. 108
Konzentrationsänderungen von Blutzucker und Insulin im Glukose-Belastungstest, Erläuterungen im Text

Aufgabe C/8

C/8 Vergleiche die Kurven der 3 Testgruppen und begründe, wie sie zustande kommen.

Nach allem bleibt zu klären, warum ein **hoher** Blutzuckerspiegel so **gefährlich** ist.
Ein Teil der Folgen wurde bereits geschildert: die Zuckerausscheidung mit dem Harn, wodurch dem Körper täglich mehrere hundert Gramm Glukose verloren gehen, verbunden mit der unfreiwilligen Entwässerung.
Da Glukose nicht gespeichert wird, müssen die Zellen auf einen anderen Brennstoff ausweichen: Die Fettdepots des Körpers werden mobilisiert. Durch den gesteigerten Fettsäurenabbau in den Zellen kommt es zu vermehrtem Auftreten von sauren Stoffwechselprodukten (z. B. Aceton), die ins Blut abgegeben werden. Das kann zu einer **Übersäuerung** des Blutes führen, die unbehandelt einen lebensbedrohlichen Schockzustand auslöst: das **diabetische Koma**.
Die erhöhten Blutzucker- und Blutfettspiegel verursachen langfristig **Gefäßverengungen** (Arteriosklerose), die zu Durchblutungsstörungen aller Art führen. Betroffen sind praktisch alle Abschnitte des arteriellen Gefäßsystems, besonders jedoch kleine Gefäße in der Netzhaut des Auges und in den Nieren sowie größere Gefäße im Gehirn, am Herz und in den Beinen.

Aufgabe C/9

C/9 Auf welche Weise sollte a) der Typ-I-Diabetes, b) der Typ-II-Diabetes behandelt werden?

3.6 Zusammenfassung

- **Regulationsmechanismen** dienen der Aufrechterhaltung eines konstanten inneren Milieus im Organismus (**Homöostase**). Sie greifen jedes Mal ein, wenn eine Eigenschaft des inneren Milieus (z. B. die Körpertemperatur) durch Veränderungen von ihrem Normalwert abweicht.

- Biologische Regulationsvorgänge lassen sich nach den Prinzipien technischer **Regelkreise** beschreiben.

- Durch einen geschlossenen Regelkreis wird ein bestimmter physiologischer Zustand (die **Regelgröße**) konstant gehalten. Über Rezeptoren (die **Fühler**) wird der momentane Zustandswert (der **Istwert**) an das Regulationszentrum im Hypothalamus (den **Regler**) übermittelt und mit dem gewünschten Zustandswert (dem **Sollwert**) verglichen. Bei Abweichungen werden durch Nervensignale oder Hormone (die **Stellgrößen**) physiologische Gegenmaßnahmen (die **Stellglieder**) aktiviert. Solche Abweichungen werden in der Regel durch Außeneinflüsse (die **Störgrößen**) verursacht.

- Der Erfolg der Korrekturmaßnahme wird dem Regler zurückgemeldet (**negative Rückkoppelung**).
  Physiologische Regelkreise, in denen Hormone als **Stellgrößen** wirken, sind **dreistufig** aufgebaut.

- Das Regulationszentrum, der **Hypothalamus**, setzt ein **Releasinghormon** frei, das in der Regel bewirkt, dass von der **Hypophyse** ein zweites Hormon in den Blutkreislauf gelangt. Dieses **Hypophysenhormon** beeinflusst die Freisetzung eines dritten Hormons aus einer Hormondrüse im Körper. Dieses **Wirkhormon** löst in seinen Zielzellen spezifische Reaktionen aus.

- Erfolgt die negative Rückkoppelung über die Konzentrationsänderungen des physiologisch wirksamen dritten Hormons, wird das Hormon zur **Regelgröße**.

- Der Blutzuckerspiegel wird in einem Normbereich von 0,8 – 1,0 g/l **konstant** gehalten. Dadurch wird sichergestellt, dass alle Zellen (vor allem im Gehirn) kontinuierlich mit **Glukose** versorgt werden.

- Glukose kann in der Leber und in der Skelettmuskulatur in Form von Glykogen und im Fettgewebe in Form von Fett **gespeichert** werden. Dazu müssen die entsprechenden **Enzyme durch Insulin aktiviert** werden.

- Insulin ist ein Peptidhormon, das seine Wirkung über die Bindung an einen Rezeptor in der Membran der Zielzellen entfaltet. Der **Insulinrezeptor** arbeitet intrazellulär als **Proteinkinase**. Dieses Enzym phosphoryliert andere Zellproteine, die dadurch in ihrer **Aktivität** beeinflusst werden. Sie sind für das umfangreiche Wirkungsspektrum von Insulin verantwortlich. Alle Insulinwirkungen führen zu einer **Senkung** des Blutzuckerspiegels.

- Bei Bedarf wird Glukose aus den Glykogenspeichern wieder freigesetzt. Der Glykogenabbau in der Leber wird durch **Glukagon** stimuliert.

- **Adrenalin** fördert den Glykogenabbau in der Muskulatur und den Fettabbau im Fettgewebe.

- Der Blutzuckerspiegel wird nicht nur hormonell, sondern auch durch das **vegetative Nervensystem** reguliert. Die Insulinfreisetzung wird durch den Sympathicus gehemmt und durch den Parasympathicus gefördert.

- Beim **Diabetes mellitus** (Zuckerkrankheit) kommt es zu einem unphysiologischen Anstieg des Blutzuckerspiegels, sodass schließlich Glukose mit dem Urin ausgeschieden wird. Ursache des Diabetes ist ein absoluter oder relativer **Insulinmangel**.

- Beim **Typ-I-Diabetes** kommt es zu einer vollständigen Zerstörung der ß-Zellen in der Bauchspeicheldrüse durch einen entzündlichen Prozess. Dadurch fällt die körpereigene Insulinherstellung **völlig aus**.

- Beim **Typ-II-Diabetes** führt vor allem Übergewicht zu einer **Verminderung der Anzahl der Insulinrezeptoren** auf den Zielzellen, die dadurch schlechter auf Insulin ansprechen (Insulinresistenz). Durch den **Rezeptormangel** wird der Blutzuckerspiegel nicht wirkungsvoll gesenkt, wodurch die Insulinfreisetzung gesteigert wird. Bei entsprechender genetischer Disposition führt das über Jahre zu einer Verschlechterung der Insulinproduktion.

D Gehirn und Verhalten

1. Einführung

Wir haben in den vorangehenden Kapiteln schon mehrfach verdeutlicht, dass das Gehirn die wichtigste Steuerzentrale unseres Körpers ist. Es kontrolliert die **vegetativen Funktionen**, wie Kreislauf, Atmung, Körpertemperatur, Schlaf- und Wachrhythmus, Hormonhaushalt und vieles andere mehr. Dadurch sorgt das Gehirn in Zusammenarbeit mit dem Nervensystem und dem Hormonsystem für relativ konstante Bedingungen im Inneren unseres Körpers. Und nur dadurch ist es möglich, uns sehr unterschiedlichen Lebenssituationen anzupassen: Wir ertragen sowohl große Hitze als auch klirrende Kälte; wir können körperlich sehr anstrengende Arbeiten verrichten und uns in Ruhe auf eine komplizierte Aufgabe konzentrieren.

Um zu überleben, reicht die Steuerung dieser vegetativen Funktionen allein nicht aus. Wenn wir z. B. längere Zeit nichts essen, kann der Nährstoffbedarf unserer Zellen zunächst durch körpereigene Reserven gedeckt werden. Aber auch diese Reserven wären irgendwann aufgebraucht und die Körpersubstanz würde angegriffen. Es ist für unsere Selbsterhaltung also absolut notwendig, dass wir Nahrung aufnehmen, um den Zellen Nährstoffe von außen zuzuführen.

Die Verhaltensweisen, die zur Nahrungsaufnahme führen, werden ebenfalls vom Gehirn gesteuert. Mehr noch: Sogar das Gefühl, das wir mit dem Bedürfnis nach etwas Essbarem verbinden, der Hunger, entsteht nicht, wie fälschlicherweise von vielen Menschen angenommen wird, im Magen, sondern im Gehirn.

Das Gehirn ist das entscheidende Organ, mittels dessen ein Organismus sein Verhalten steuert.

Verhaltensweisen, die der **Erhaltung der eigenen Existenz** dienen, sind am besten untersucht. Dazu gehören: die Nahrungsaufnahme und die Abwehr von Feinden.

In diesen Verhaltensbereichen laufen auch bei uns Menschen die gleichen physiologischen Programme ab wie bei anderen Säugetieren. Sie sind allerdings oft durch typisch menschliche Eigenschaften überlagert. Deshalb stammen die Kenntnisse über die biologischen Verhaltensanteile hauptsächlich aus Untersuchungen an Tieren. Sie lassen sich aber – mit einigen Einschränkungen – auf uns Menschen übertragen.

Eine gezielte Steuerung des Verhaltens setzt voraus, dass das Gehirn

1. **Reize** aus der Umwelt und aus dem Körperinneren über Sinnesorgane **registriert**,
2. diese **Sinnesdaten** auf der Grundlage angeborener oder erlernter Kriterien **interpretiert**,

3. daraus einen **Handlungsplan** entwirft,
4. diesen Handlungsplan in **koordinierte Bewegungen** umsetzt und
5. das **Ergebnis** des Verhaltens **bewertet**.

Bevor wir uns einzelnen Verhaltensbereichen zuwenden, erläutern wir die Prinzipien der Wahrnehmung, der Bewegungssteuerung und der Verhaltensbewertung durch das Gehirn.

2. Gehirn und Wahrnehmung

Wir „sehen" eine schöne Landschaft, wir „hören" eine traurige Melodie, wir „fühlen" die wärmende Kraft der Sonnenstrahlen, wir „riechen" einen betörenden Duft und wir „spüren" eine angenehme Berührung. Aber was macht unser Gehirn dabei?

Obwohl das Gehirn das entscheidende Organ für derartige Wahrnehmungen ist, hat es gar **keinen direkten Kontakt** zu diesen Umweltereignissen. Das Gehirn besteht aus Nervenzellen, die **für Umweltreize** wie Licht, Schall, Temperatur, Moleküle und mechanischen Druck **nicht empfindlich** sind.

Nervenzellen reagieren nur auf elektrische Signale oder entsprechende chemische Signalstoffe (Neurotransmitter und Neuropeptide), die außerhalb des Nervensystems nicht vorkommen.

Damit das Gehirn auf Umweltreize reagieren kann, müssen diese Reize in neuroelektrische und neurochemische Signale **umgewandelt** werden. Dies erfolgt in **Sinnesrezeptoren** (*vgl. Kap. B*). Von diesen müssen Nervensignale dem Gehirn erst einmal zugeleitet werden.

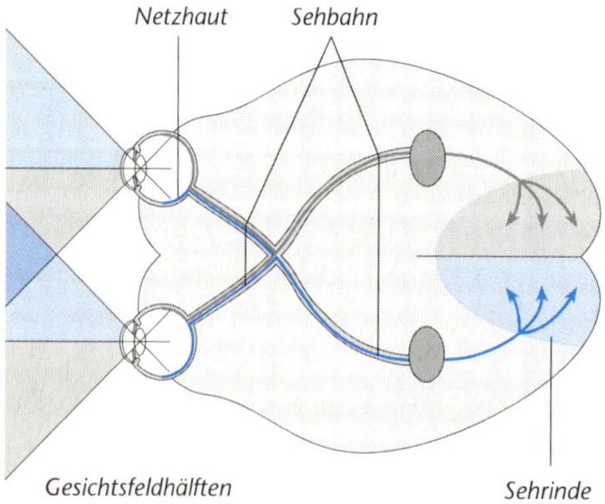

Abb. 109
Sehbahn und Sehrinde

Im Fall der Augen übernehmen diese Aufgabe die Sehnerven, deren Verlauf wir genauer betrachten (*vgl. Abb. 109*).

Die Sehnerven beider Augen überkreuzen sich an einer Stelle, die nahe der Schädelbasis liegt. Die Nervenfasern werden dabei neu geordnet. Die Fasern aus den linken Sehhälften beider Augen ziehen in die linke Gehirnhälfte, die Fasern aus den rechten Sehhälften in die rechte Gehirnhälfte. Die Nervenstränge führen zur Großhirnrinde am Hinterhaupt. Man bezeichnet diesen Bereich auch als **Sehrinde**. Dort werden die einlaufenden Nervensignale registriert und verarbeitet.

Alle Sinnesrezeptoren sind so konstruiert, dass sie durch entsprechende Umweltreize erregt werden können. Jeder Umweltreiz verändert in den Sinneszellen deren elektrische Eigenschaften, die zur Bildung eines Rezeptorpoten-

zials führen. Die **Stärke** dieses Rezeptorpotenzials wird schließlich in die „Sprache der Nervenzellen" übersetzt: in eine **Folge von Aktionspotenzialen**.
Wie Abbildung 110 deutlich macht, verschwinden alle besonderen Eigenschaften, die die Umweltreize hatten.

Man kann den Aktionspotenzialen nicht ansehen, ob sie von einem Lichtstrahl, einer Schalldruckwelle oder einem Duftstoff herrühren. Lediglich die **Intensität** ist in der Frequenz der Aktionspotenziale verschlüsselt, nicht aber die Natur des Umweltreizes.

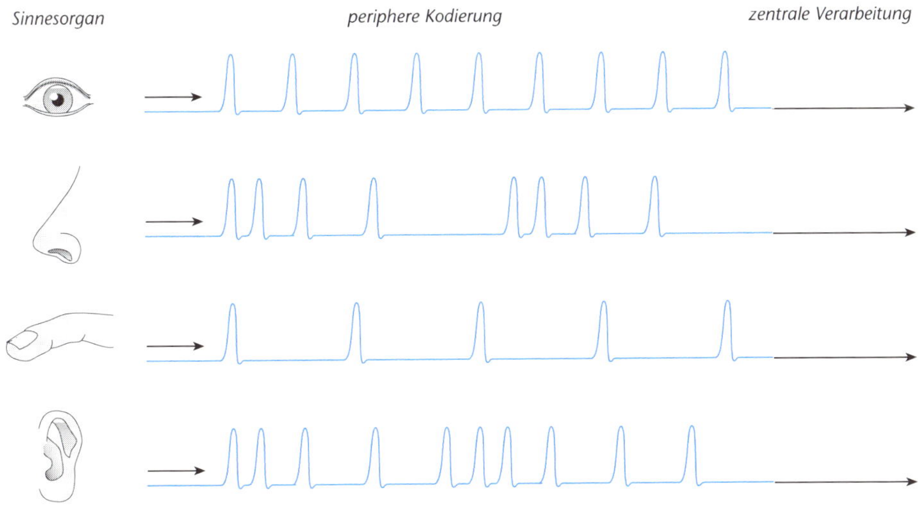

Abb. 110
Umwandlung physikalischer und chemischer Umweltreize in neuroelektrische Signale und deren Verarbeitung im Gehirn; Erläuterungen im Text

Die Gehirnforscher sprechen vom **Prinzip der undifferenzierten Kodierung**: Verschlüsselt wird nur, dass „soundso viel an dieser Stelle meines Körpers" passiert, aber nicht „was"!

Praktisch nachvollziehen lässt sich diese Einsicht, wenn man Aktionspotenziale mithilfe von Mikroelektroden von verschiedenen Nervenfasern ableitet und über einen Verstärker im Lautsprecher hörbar macht. Jedes Aktionspotenzial erzeugt dabei ein „Klick"-Geräusch. Was sich ändert, ist die **Frequenz**, mit der die Klicks ertönen; egal ist, von welcher Nervenfaser abgeleitet wurde. Die Signale, die dem Gehirn zugeleitet werden, sagen also nicht „blau", „heiß", „laut" usw., sondern nur „klick, klick, klick, ...klick, ...klick, klick" – mal mehr, mal weniger. Und nur weil die Nervensignale im Prinzip alle gleich sind, können sie im Gehirn miteinander verrechnet werden (*vgl. Kap. A.5.2.3*).

Herkunft und **Bedeutung** der eintreffenden Nervensignale erschließt das Gehirn aufgrund komplizierter angeborener oder erlernter Fähigkeiten, die jeweils noch nicht vollkommen verstanden werden.
Wir wissen allerdings, dass die Wahrnehmung der **Reizart** (die Modalität) durch den **Ort** festgelegt ist, an dem im Gehirn die durch den Reiz ausgelösten Nervensignale verarbeitet werden. Diese Verarbeitung erfolgt hauptsächlich in der Großhirnrinde. Durch Ableitungen mit Mikroelektroden konnte gezeigt werden, dass verschiedene **Areale** der Großhirnrinde für die Verarbeitung bestimmter Reizarten zu-

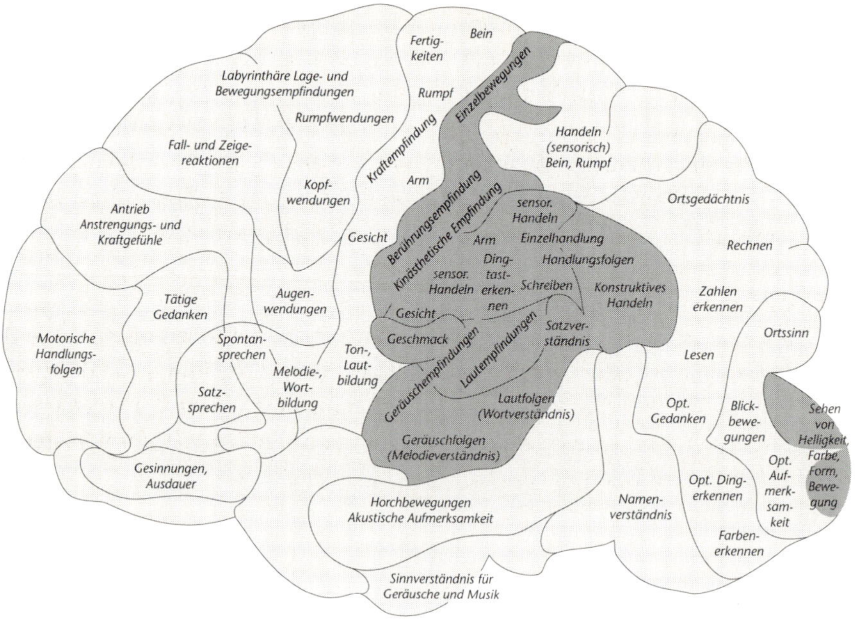

Abb. 111
Aufgliederung der seitlichen Großhirnrinde in Funktionsfelder (Areale)

ständig sind. Abbildung 111 zeigt eine solche Einteilung der Großhirnrinde.

In der Abbildung sind neben den **sensorischen** Arealen (*grau unterlegt*) auch **motorische** und **assoziative** Funktionsfelder gezeigt. Die motorischen Areale werden uns im nächsten Abschnitt beschäftigen. Als assoziativ werden Areale bezeichnet, denen keine eindeutigen sensorischen oder motorischen Funktionen zugeordnet werden können. Sie sind an komplexen Gehirnfunktionen wie Sprache, Gedächtnis und Emotionen beteiligt (*vgl. Kap. D.4*).

Die einzelnen sensorischen Areale sind ihrerseits funktionell noch weiter untergliedert.

Am Beispiel der Sehrinde konnte gezeigt werden, dass vier parallel arbeitende Systeme für die verschiedenen Eigenschaften eines visuellen Reizes zuständig sind: eines für die Bewegung, eines für die Farbe und zwei für die Formen des Objektes.

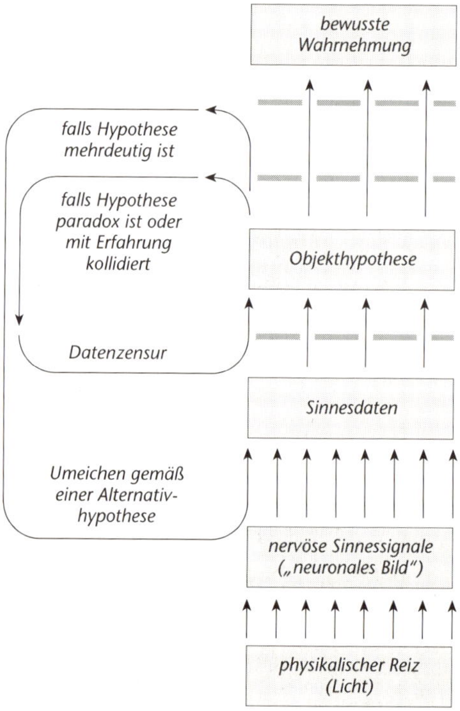

Abb. 112
Vereinfachtes Schema der Datenverarbeitung im Sehsystem unseres Gehirns, Erläuterungen im Text

Diese Sortierfächer der visuellen Wahrnehmung sind untereinander verschaltet, sodass ein intensiver Informationsaustausch möglich ist. Durch die Integration der verschiedenen Sinnesdaten entsteht ein vorläufiges **Konzept** des wahrgenommenen Objektes: die **Objekthypothese** (*vgl. Abb. 112*).

Die Objekthypothese wird mit gespeicherten Konzepten verglichen. Passt die Hypothese zu keiner Erfahrung, sucht das Gehirn nach einer neuen Objekthypothese. Ist die Hypothese mehrdeutig, so wechselt das Gehirn zwischen den möglichen Alternativen hin und her.

Ein bekanntes Beispiel für die Schwierigkeiten des Gehirns bei der Interpretation mehrdeutiger Objekte sind Vexierbilder (*vgl. Abb. 113a*): Einmal zeigt die Abbildung das Gesicht einer alten Frau, das andere Mal das Seitenprofil einer jungen Frau. Das Gehirn kann nur zwischen beiden Alternativen hin- und herspringen.

Wir können geradezu spüren, wie das Gehirn einen Sinn in die ihm gemeldeten Sinnesdaten zu bekommen versucht, wenn wir ein vollkommen einförmiges Punktraster betrachten (*vgl. Abb. 113b*).

Aufgabe des Gehirns ist es, aus dem sich fortlaufend ändernden Datenfluss von den Sinnesorganen die bestimmenden Merkmale des wahrgenommenen Objektes herauszufiltern.

Abb. 113a
Alte Frau oder junge Frau?

Abb. 113b

Wahrnehmung ist also untrennbar mit **Interpretation** verbunden. Um festzustellen, was es wahrnimmt, begnügt sich das Gehirn nicht damit, die Sinnesdaten zu analysieren, sondern

es **konstruiert** sich eine **Vorstellung** von der Außenwelt.
Dazu ein sehr „anschauliches“ Beispiel: Was steht hier?

Abb. 114
Täuschung oder Täuschung?

Menschen mit intaktem Sehsystem lesen das Wort TÄUSCHUNG, obwohl die Buchstaben nur teilweise durch Schatten angedeutet sind. Um die schwarzen Gebilde von Abbildung 114 zu einem plausiblen Muster zu ergänzen, erzeugt das Gehirn von sich aus Linien, wo gar keine sind. Alles klar?

3. Bewegungssteuerung durch das Gehirn

Verhaltensweisen bestehen im Grunde genommen **aus Bewegungen**, die auf der Aktivität von Skelettmuskeln beruhen. Dies gilt für ganz einfache Körperbewegungen, wie das Ergreifen eines Gegenstandes, für komplexere Bewegungsabläufe, wie etwa beim Tennisspielen, ja sogar für die subtile Vermittlung von Gedanken und Gefühlen durch Schreiben, Sprechen, Mimik und Gestik.

Alle Bewegungen können nur richtig ausgeführt werden, wenn Körperhaltung und Bewegung ständig genauestens kontrolliert und (falls nötig) korrigiert werden.

Wir haben am Beispiel des Reflexbogens bereits ein relativ einfaches Verschaltungsprinzip zur Bewegungskoordination erläutert *(vgl. Kap. A.7.1)*. Das Charakteristische an solchen Reflexen ist, dass durch die Reize aus der Umwelt oder aus dem Körperinneren **stereotype Reaktionen** ausgelöst werden, die sich im Laufe der stammesgeschichtlichen oder der individuellen Entwicklung als besonders **zweckmäßige Antworten** auf diese Reize herausgestellt haben. Solche angeborenen oder erlernten Reflexe bestimmen unser tägliches Verhalten, ohne dass wir uns dessen bewusst sind. Beispiele dafür sind der Schluckreflex, der Hustenreflex und der Schmerzreflex.
Es wäre allerdings zu einfach, Verhalten ausschließlich als das Zusammenspiel komplizierter Reflexe zu interpretieren. Für einfach konstruierte Organismen, z.B. einen Regenwurm, mag ein solches Modell zutreffen.

Bei Organismen mit einem Gehirn sind die meisten Bewegungen reizunabhängig, z. B. die rhythmischen Atembewegungen oder das Laufen. Da sie vom Gehirn gesteuert werden, vermuten die Forscher, dass es **Programme** für die jeweiligen Bewegungsabläufe geben muss, die die Muskelaktivitäten steuern.

In der Vergangenheit standen sich die Verfechter der Reflex-Theorie und der Programm-Theorie unversöhnlich gegenüber. Die heutige Sichtweise vereinigt beide Konzepte durch die Annahme zentraler Programme, die durch Reflexe beeinflusst werden können.

Abbildung 115 zeigt, wie Bewegungskoordination und -kontrolle durch das Gehirn funktionieren.

Wie die Abbildung deutlich macht, sind die Gehirnsysteme, die an der Bewegungssteuerung beteiligt sind, hierarchisch organisiert. Was passiert, wenn ein Handlungsantrieb in eine Bewegung umgesetzt wird?

① Aus so genannten Motivationsarealen der Großhirnrinde und des limbischen Systems kommt ein **Plan** der Bewegung: der Bewegungsentwurf.

② Ein **Bewegungsentwurf** ist nichts anderes als ein bestimmtes Muster von Aktionspotenzialen, das in den Motivationsarealen entsteht und das an die nächsten motorischen Zentren weitergeleitet wird. Wie solche Aktionspotenzial-Muster aus unseren Handlungsantrieben entstehen, ob sie angeborenen Auslösemechanismen entspringen oder unserem freien Willen, ist noch völlig unklar. Da aber der Gedanke bekanntlich zur Handlung drängt, liegt die plausible Annahme nahe, dass sich durch das Denken die neuronale Aktivität des Gehirns so ändert, dass schließlich die Impulse von der motorischen Rinde zur gewünschten Bewegung der Muskeln führen.

③ Der Bewegungsentwurf wird an die nachgeschalteten Zentren, das Kleinhirn und die Basalganglien, weitergeleitet, die den Entwurf in ein **Bewegungsprogramm** umsetzen. Hier wird also entschieden, welche Muskelgruppen in welcher Weise an der Bewegungsausführung beteiligt werden sollen.

④ Bevor das Bewegungsprogramm an die motorische Rinde weitergeleitet wird, passiert es den Thalamus. Dort laufen praktisch alle Sinnesdaten aus dem Körper zusammen – der ideale Ort, um das Bewegungsprogramm auf die jeweils gegebene Situation des Körpers **abzustimmen**. Es macht ja einen Unterschied, sich auf einen Stuhl zu setzen oder auf ein Fahrrad zu steigen. Wer es nicht glaubt, versuche es umgekehrt!

⑤ Nach dieser Feineinstellung wird das Bewegungsprogramm der motorischen Rinde zugeleitet.

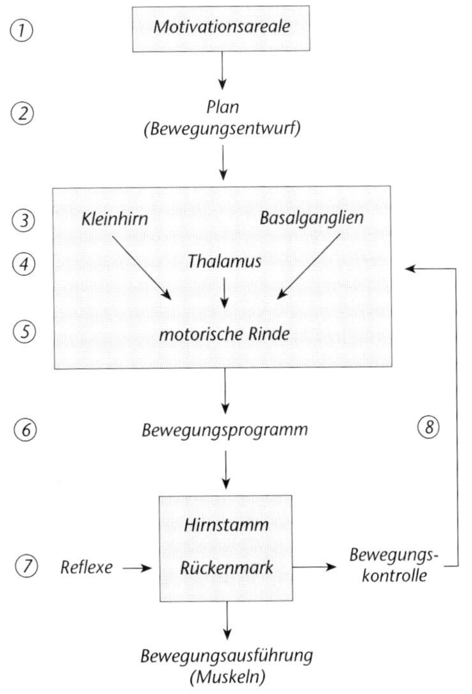

Abb. 115
Schema zur Bewegungssteuerung durch das Gehirn, Erläuterungen im Text

⑥ Die Aktionspotenziale aus der motorischen Rinde werden über dicke Faserbündel im Rückenmark abwärts zu den verschiedenen Muskelgruppen geleitet, die das Bewegungsprogramm letztendlich **ausführen**. Die Faserbündel aus der linken und der rechten Gehirnhälfte kreuzen im Hirnstamm zu mehr als 90% auf die jeweils andere Körperhälfte. Die linke Hirnrinde versorgt demnach die rechte Körperhälfte und umgekehrt.

⑦ Im Bereich des Rückenmarks können verschiedene **Reflexe** in den Ablauf des Bewegungsprogramms korrigierend eingreifen. Das passiert z. B., wenn wir beim Gehen ins Stolpern geraten.

⑧ Alle Bewegungen werden dem Gehirn zur **Kontrolle** und **Korrektur** zurückgemeldet, d. h., auch die Bewegungskoordination ist als geschlossener Regelkreis organisiert.

Entdeckt wurde **die motorische Rinde** schon vor mehr als 100 Jahren. Durch elektrische Reizung bestimmter Stellen der Großhirnrinde von Hunden konnten Muskelzuckungen und Bewegungen auf der entgegengesetzten Körperseite ausgelöst werden. Mittlerweile wurde mit dieser Technik, die völlig schmerzfrei ist, auch die Großhirnrinde von Menschen untersucht. Dabei stellte sich heraus, dass praktisch jedem Muskel in unserem Körper eine bestimmte Stelle (d. h. eine Gruppe von Nervenzellen) in der Großhirnrinde zugeordnet werden kann. Reizt man diesen Punkt elektrisch, so zuckt bei allen Menschen der gleiche Muskel – beim Kleinkind wie beim Erwachsenen. Die motorische Rinde ist also lediglich für die **richtige Ausführung** von Bewegungsprogrammen zuständig.

Die Experimente förderten noch eine weitere Einsicht zutage. Durch die eindeutige Zuordnung bestimmter Großhirnpunkte zu bestimmten Muskeln konnte der gesamte Körper sozusagen Punkt für Punkt auf der Großhirnrinde abgebildet werden. Was bei der zeichnerischen Darstellung dieser **arbeitsteiligen Repräsentation des Körpers** in der Großhirnrinde herauskam, zeigt Abbildung 116.

Abb. 116
Zeichnerische Darstellung der Repräsentation des Körpers in der Großhirnrinde; Erläuterungen im Text

Die bizarre Gestalt dieses „Rindenmenschleins" rührt daher, dass unser Körper in der Großhirnrinde nicht in 1 : 1 - Relation abgebildet wird, sondern nach den biologischen Erfordernissen – und das heißt: dem jeweiligen **Steuerungsaufwand**.

Da die Hände als Werkzeuge des Hantierens, Lippen und Zunge als Sprechapparate und die Füße für den aufrechten Gang einer sehr viel differenzierteren Steuerung unterliegen als der Rumpf, sind an der Steuerung dieser Körperteile überdurchschnittlich viele Nervenzellen beteiligt. Dies geschieht gewissermaßen auf Kosten anderer Körperregionen, die mit einem geringeren Steuerungsaufwand kontrolliert werden können. Entsprechend groß oder klein sind die dafür zuständigen Areale der Großhirnrinde.

4. Verhaltensbewertung durch das Gehirn

Bei allem, was wir tun, **bewertet** unser Gehirn, ob es für uns gut oder schlecht war, ob es uns Lust bereitete oder nicht und ob es unseren Erwartungen entsprach. Das Ergebnis dieser Bewertung wird in unserem **Gedächtnis** gespeichert. Es drückt sich allerdings meist nicht in logischen Schlussfolgerungen, sondern in **Gefühlen** aus: Wir tun etwas „gern", weil es uns „Spaß macht", oder vermeiden etwas, weil wir dagegen eine Abneigung empfinden.
Erinnerungen und Gefühle sind an all unseren Verhaltensentscheidungen beteiligt. Wir wollen deshalb auch diese beiden Gehirnleistungen kurz behandeln.

4.1 Gehirn und Gedächtnis

Gedächtnis ist die Fähigkeit des Gehirns, Erfahrungen zu **speichern** und sich daran zu **erinnern**, d. h., Gespeichertes wieder abrufen zu können.

Unter dem Gesichtspunkt der **Informationsverarbeitung** funktioniert das Gehirn ähnlich wie ein Computer. Es muss drei wesentliche Operationen durchführen:

1. Die eintreffenden sensorischen Reize müssen in neuronale Signale übersetzt werden, die das Gehirn verarbeiten kann (**Kodierung**, *vgl. Kap. D.2*).
2. Ein Teil des kodierten Materials wird über die Zeit aufbewahrt (**Speicherung**).
3. Die gespeicherten Informationen werden zu einem späteren Zeitpunkt wieder aufgefunden (**Abruf**).

Was das Gehirn vom Computer wesentlich unterscheidet, ist die **Stabilität** von Erinnerungen. Die Billionen von Synapsen in unserem Gehirn erlauben zwar eine sehr viel **komplexere** Informationsverarbeitung, aber es kommt dadurch zu **spontanen Veränderungen** der Gedächtnisinhalte. Unser Gedächtnis arbeitet nicht wie ein Fotoalbum oder ein Film, in dem die Ereignisse in exakten Kopien festgehalten sind. Woran wir uns erinnern, wird durch viele Faktoren beeinflusst und modifiziert:

- Wir speichern nur einen **geringen Teil** der von uns aufgenommenen Informationen (nach Schätzungen nur etwa 1 Prozent!).
- Einen Großteil der einmal gespeicherten Information **vergessen** wir wieder. Das ist zwar einerseits lästig (besonders für Lernende), andererseits schützt es uns vor einer Überflutung mit Daten.
- Wir speichern meistens keine Einzelheiten, sondern **Konzepte**. Beim Lesen dieses Buches werden nicht die wörtlichen Formulierungen der einzelnen Sätze behalten (bis auf die Merksätze natürlich), sondern die faktischen Zusammenhänge. Bei einer Überprüfung unseres Wissens erinnern wir uns an das Konzept und die Sprachmechanismen liefern uns die notwendigen verbalen Begriffe dazu.
- Wir können neue Daten leichter behalten, wenn sie unter Nutzung bereits gespeicherter Informationen aufbewahrt werden. Eine neue Information über die synaptische Sig-

nalübertragung wird viel leichter behalten, wenn ich schon etwas über Synapsen weiß, als wenn ich zum ersten Mal etwas davon lese oder höre.
- Eine Information wird umso wahrscheinlicher behalten, je öfter sie wiederholt oder „geübt" wird.

Diese und andere Befunde legen nahe, dass es in unserem Gehirn mindestens **drei Gedächtnissysteme** gibt (*vgl. Abb. 117*): ein Ultrakurzzeitgedächtnis (auch sensorisches Gedächtnis genannt), ein Kurzzeitgedächtnis und ein Langzeitgedächtnis.

① Durch das **sensorische Gedächtnis** werden Sinneseindrücke für 1 bis 2 Sekunden sehr **exakt** festgehalten (daher auch die Bezeichnung Ultrakurzzeitgedächtnis). Ohne diesen Speicher würden wir Reize nur so lange „sehen" oder „hören", wie sie physikalisch vorhanden wären – nicht lange genug, um sie zu erkennen und zur weiteren Verarbeitung leiten zu können.

② Ins **Kurzzeitgedächtnis** gelangen nur solche Sinneseindrücke aus dem sensorischen Gedächtnis, denen wir genügend **Aufmerksamkeit** schenken. Durch diesen Selektionsvorgang werden diejenigen Reize herausgefiltert, auf die wir uns konzentrieren wollen (z. B. auf einer lauten Party einem Gesprächspartner zuhören) oder sollen (z. B. in einer Gefahrensituation). Allerdings ist auch hier die Speicher**dauer** sehr kurz: Sie beträgt für eine Informationseinheit nur 20 Sekunden. Auch die Speicher**kapazität** ist sehr begrenzt: Wir können nicht mehr als ungefähr 7 Einzelelemente festhalten.
Das Kurzzeitgedächtnis ist das **einzige** Gedächtnissystem, in dem Material **bewusst verarbeitet** wird. In diesem Fall hält sich das Material weitaus länger als 20 Sekunden – eben so lange, wie es mit bewusster Aufmerksamkeit bedacht wird. Auch Material aus dem Langzeitgedächtnis kann nur im Kurzzeitgedächtnis neu bearbeitet werden. Deshalb wird es auch als **Arbeitsgedächtnis** bezeichnet.

③ Das **Langzeitgedächtnis** ist der Großspeicher für alle Erfahrungen, Informationen, Fertigkeiten, Regeln, Urteile, Wörter, Kategorien – kurz für das, was wir über uns und die Welt wissen.

Während im Kurzzeitgedächtnis Informationen **sequenziell**, d. h. in der zeitlichen Abfolge ihres Eintreffens, gespeichert werden, organisiert das Langzeitgedächtnis Erinnerungen nach ihrer **Bedeutung**. Neue Informationen können so in einen **Kontext*** eingeordnet werden.

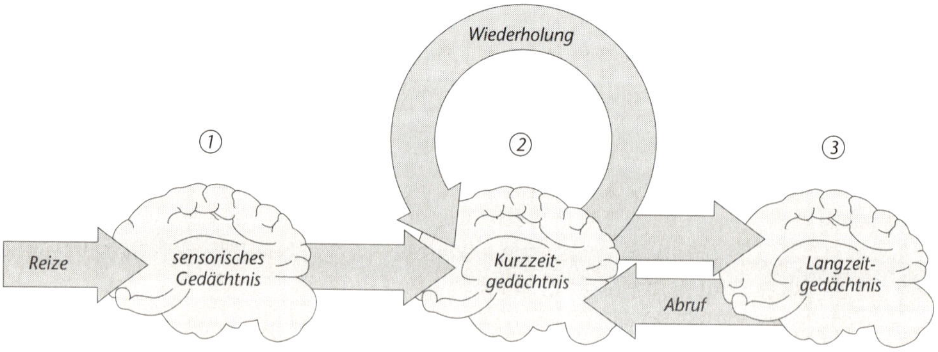

Abb. 117
Schematische Darstellung der Organisation des Gedächtnisses beim Menschen

Aufgabe D/1

D/1 Lies die folgende Liste von Zufallszahlen **einmal** durch, decke sie dann zu und schreibe davon so viele wie möglich in der Reihenfolge auf, in der sie hier erscheinen.

8 1 7 3 6 4 9 4 2 8 5 Lösung: ______________________________

Lies die Liste zufällig ausgewählter Buchstaben **einmal** durch und wiederhole den Gedächtnistest.

J M R S O F L P T Z B Lösung: ______________________________

Im Langzeitgedächtnis werden nicht nur sensorische Informationen von außen gespeichert, sondern auch intern im Gehirn entstehendes Material, wie kreative Gedanken, Meinungen, Wünsche. Je nach Informationstyp unterscheidet man verschiedene **Arten** von Gedächtnis:

Im **prozeduralen*** Gedächtnis sind **Fertigkeiten** gespeichert, wie Fahrrad fahren oder mit Messer und Gabel essen. Wir erinnern uns ihrer meist unbewusst.

Im **deklarativen** Gedächtnis sind **Fakten** über alles Mögliche gespeichert, z. B. wie man eine echte „Sauce hollandaise" zubereitet. Zum deklarativen Gedächtnis gehören vor allem:

- das **semantische*** Gedächtnis; hier sind die **Bedeutungen** von Wörtern und Begriffen gespeichert – eine Art Wörterbuch im Kopf,
- das **episodische** Gedächtnis; hier sind Erinnerungen an **persönliche Ereignisse** gespeichert – sozusagen eine Autobiographie.

Aufgabe D/2

D/2 Ein vierundvierzigjähriger ehemaliger Industriemanager hatte bei einem Reitunfall Verletzungen im Bereich beider Schläfenlappen erlitten. In der Folge konnte er weder Verwandte wieder erkennen noch erinnerte er sich an seine frühere berufliche Tätigkeit. Sein Schulwissen war ihm allerdings erhalten geblieben und er beherrschte auch noch viele Fertigkeiten und Bewegungsabläufe (z. B. konnte er Auto fahren). Er erinnerte sich, dass der Kilimandscharo in Tansania liegt, aber nicht daran, dass er ihn bestiegen hatte. Er wusste nicht mehr, dass er sehr gut Italienisch sprach, befolgte aber zu seiner eigenen Überraschung italienische Anweisungen.

a) Erläutere, welche Gedächtnisarten es gibt.

b) Erörtere, welche Art von Gedächtnisverlust der Patient erlitten hat.

Wie ist das Gedächtnis konstruiert?

Diese Frage beschäftigt die Forschung schon lange und sie ist noch immer nicht befriedigend geklärt. Einige Tatsachen sind jedoch bekannt.

Unser Kurzzeitgedächtnis funktioniert auf der Basis **neuronaler Schaltkreise** mit **positiver Rückkoppelung**:

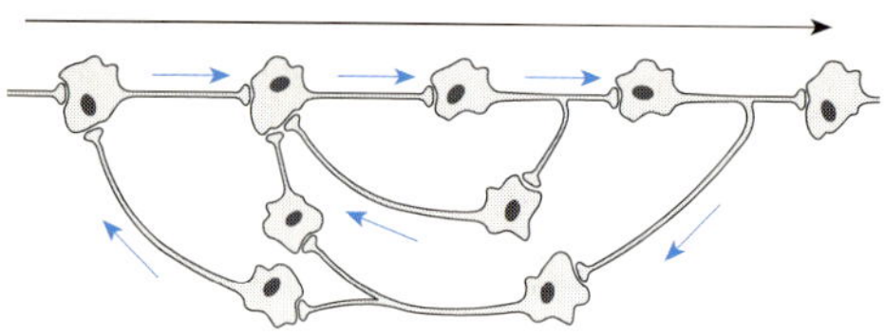

Abb. 118
Schematische Darstellung eines neuronalen Schaltkreises mit positiver Rückkoppelung

In einer solchen Schaltung wird eine einmal ausgelöste, im Beispiel von links kommende Erregung für längere Zeit kreisen, da es durch die erregenden, rückläufigen Axonverzweigungen immer wieder zu einer erneuten Aktivierung der Nervenzellen kommt. An seinem rechten Ausgang gibt der Schaltkreis das kreisende Erregungsmuster ab (ggf. zur Speicherung im Langzeitgedächtnis). Erfolgt die Rückkoppelung nicht hundertprozentig, wird das Kreisen der Erregung langsam schwächer und klingt schließlich völlig ab.

Für das Langzeitgedächtnis reichen solche Schaltkreise allein nicht aus. Die dauerhafte Speicherung wird durch Veränderungen an den beteiligten **Synapsen** bewirkt. An Synapsen im **Hippocampus** – einer Gehirnregion, die für die Übertragung von Informationen ins Langzeitgedächtnis zuständig ist – wurde ein Mechanismus entdeckt, der als **Langzeitpotenzierung** bezeichnet wird (*vgl. Abb. 119*).

Eine solche Synapse arbeitet mit Glutaminsäure als Transmitter. Im Unterschied zu „normalen" Synapsen sitzen in der postsynaptischen Membran **zwei verschiedene Rezeptoren** für Glutaminsäure. Wie arbeitet diese Synapse?

① Ankommende Aktionspotenziale öffnen Calciumkanäle, durch die Calcium in die präsynaptische Endigung einströmt. Das hat die Freisetzung von Glutaminsäure aus synaptischen Vesikeln zur Folge.

② Glutaminsäure bindet an beide Rezeptortypen. Zuerst reagiert aber nur der eine Rezeptortyp, der Natriumkanäle öffnet. Dadurch kommt es zu einer Depolarisierung der postsynaptischen Membran.

③ Durch diese Depolarisierung wird auch der zweite Rezeptortyp aktiviert, indem er Magnesiumionen, die die Blockierung bewirkt hatten, aus den Ionenkanälen freisetzt. Jetzt können Calciumionen in die Zelle einströmen.

④ Diese Calciumionen aktivieren verschiedene **Proteinkinasen**, die die Langzeitpotenzierung einleiten.

⑤ Die postsynaptische Zelle setzt daraufhin einen Botenstoff (Stickstoffmonoxid) frei, der durch die Zellmembran zur präsynaptischen Endigung diffundiert.

⑥ In der präsynaptischen Endigung bewirkt der Botenstoff, dass die Freisetzung von Glutaminsäure **gesteigert** wird. Dadurch bleibt die Langzeitpotenzierung erhalten.

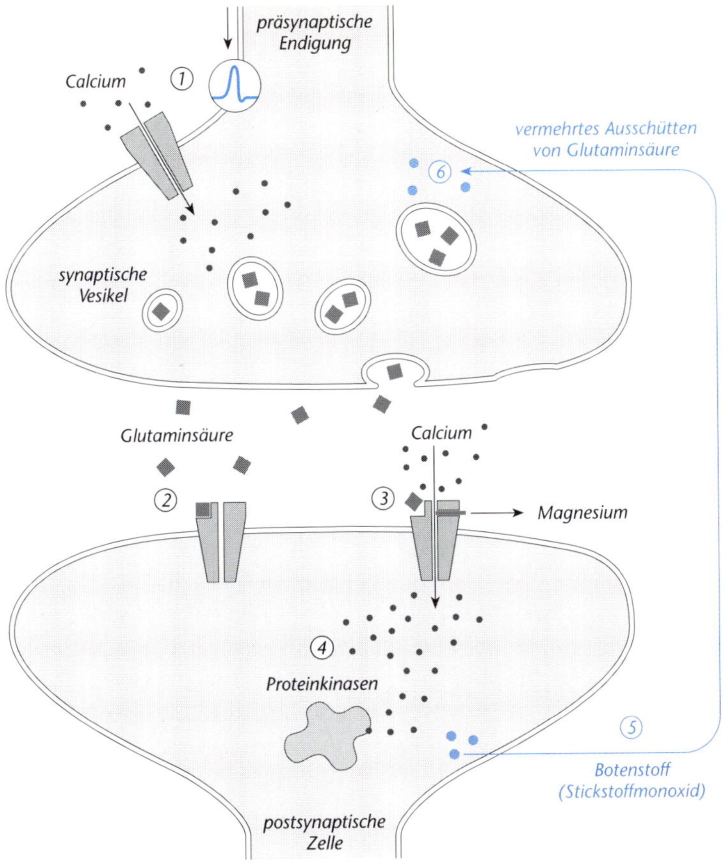

Abb. 119
Schematische Darstellung einer Synapse mit Langzeitpotenzierung, Erläuterungen im Text

4.2 Gehirn und Gefühle

Gefühle oder **Emotionen*** stellen einen wichtigen – und oft auch dramatischen – Aspekt tierischen und menschlichen Verhaltens dar. Wir wissen alle aus eigener Erfahrung, wie stark Emotionen unser Erleben bestimmen können, von riesiger Freude über lähmende Furcht bis zu schäumender Wut.

In Emotionen drückt sich eine angeborene oder erworbene **Bewertung** von Verhaltenssituationen aus. Es handelt sich demnach um einen Vermittlungsmechanismus, der eine **optimale Verhaltensreaktion** des Organismus auf ein für seine Bedürfnisse und Zielsetzungen bedeutsames Ereignis gewährleistet.

Emotionen sind komplexe Muster von Veränderungen in einem Organismus, die als Reaktion auf Situationen auftreten, welche für ein Individuum bedeutsam sind, und die Gefühle (z. B. Angst), physiologische Erregung (z. B. Herzklopfen), Denkprozesse (z. B. Situationsbewertung) und Ausdruck (z. B. Weinen) einschließen.

Emotionen **steigern** – so paradox es auch scheinen mag – die **Flexibilität** des Verhaltens: Wir sind nicht gezwungen, auf einen äußeren Reiz instinktiv zu reagieren, sondern haben die Möglichkeit, ihn im Hinblick auf unsere Bedürfnisse, Wünsche und Erwartungen zu **bewerten** und unsere Reaktion darauf abzustimmen.

Die **Bewertung** erfolgt nach der Theorie von LAZARUS in einem zweistufigen Prozess:

- Bei der **ersten Einschätzung** wird geprüft, ob ein Ereignis für den Organismus angenehm, unangenehm oder unwichtig ist: Finde ich es nett, dass der Nachbar seine Musik so laut hört, stört es mich oder ist es mir egal?
- Bei der **zweiten Einschätzung** wird geprüft, welche Ressourcen dem Organismus zur Bewältigung des Ereignisses zur Verfügung stehen: Wenn es mich stört, was kann ich dagegen tun? Soll ich hingehen und mich beschweren? Was ist, wenn er nicht aufmacht? Soll ich den Hausmeister einschalten? Vielleicht merkt er ja gar nicht, wie laut es ist? Na ja, so laut ist es nun auch wieder nicht! Aber unverschämt ist es schon …

Die Bewertung führt zur Aktivierung einer entsprechenden **Handlungsbereitschaft**, z. B. zum Nachbarn zu gehen und ihm „die Meinung zu sagen". Die aktivierte Handlungsbereitschaft ist eine wesentliche Voraussetzung für die Durchführung des entsprechenden Bewegungsprogramms (*vgl. Kap. D.3, zu den Einflüssen auf die Handlungsbereitschaft vgl. die mentor Abiturhilfe Verhalten*).

Emotionen bereiten den Organismus auf die anstehende Verhaltensreaktion auch **physiologisch** vor. Es kommt darauf an, die Energien für die mit der Verhaltensreaktion verbundenen Belastungen bereitzustellen. (*Wie das genau funktioniert, erläutern wir in Abschnitt D.5.3.*)

Insbesondere bei uns Menschen führen solche Zustände zu **Gefühlen** – innerlich erlebten Eindrücken, die wir mit Worten wie „ärgerlich", „traurig" oder „wütend" umschreiben. Es scheint sich um **angeborene** Erlebniskategorien zu handeln, denn Menschen aus den unterschiedlichsten Kulturen zeigen die gleichen emotionalen Gesichtsausdrücke (*vgl. dazu die mentor Abiturhilfe Verhalten*).

Obwohl wir den Eindruck haben, dass Gefühle „aus dem Bauch" oder „von Herzen" kommen, versetzt uns das **Gehirn** in die Lage,

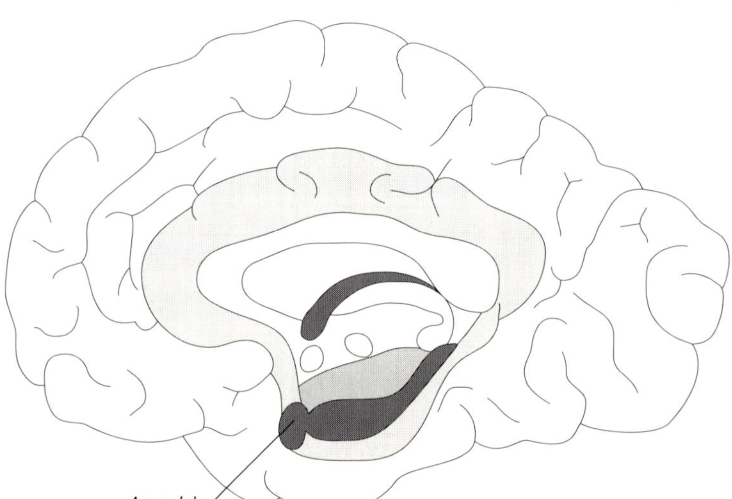

Abb. 120
Lage der Gehirnbereiche des limbischen Systems

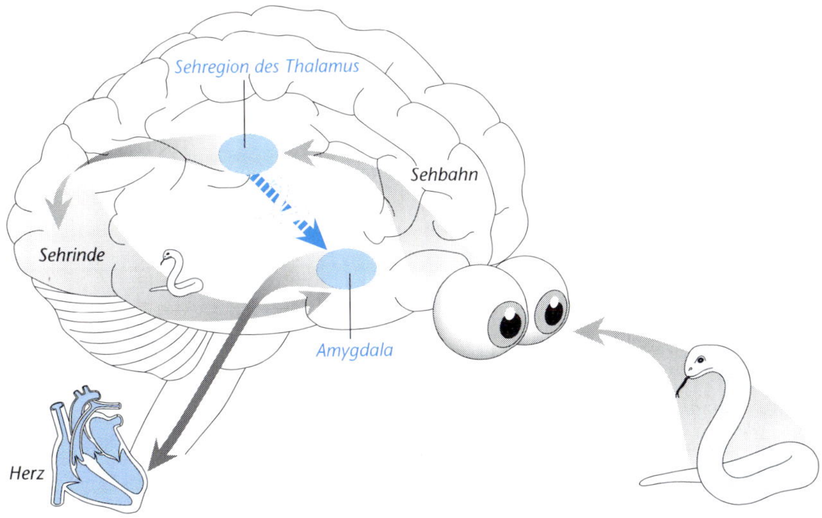

Abb. 121
Schema der Reizverarbeitung beim Erschrecken vor einer Schlange

emotional zu reagieren: Mit der Entwicklung der Säugetiere entstanden aus dem „Riechhirn" die Bereiche, die für die Regulierung der Emotionen zuständig sind. Diesen Teil des Gehirns nennt man das **limbische System**; es umgibt den oberen Teil des Gehirns wie ein Ring (*vgl. Abb. 120*). Von hier aus nehmen die Gefühle Einfluss sowohl auf unser Verhalten als auch auf die körperlichen Begleiterscheinungen. So kann Ärger auf den Magen schlagen, Zorn die Röte ins Gesicht treiben, Angst uns lähmen.

Unser emotionales Gedächtnis befindet sich im **Mandelkern** (Amygdala), der – paarig angelegt – in der unteren Gehirnhälfte sitzt und über Nervenbahnen direkt mit der Sinneswahrnehmung verbunden ist. Der Mandelkern versetzt uns in die Lage, in Gefahrensituationen ohne nachzudenken zu reagieren, weil die emotionale Information sehr viel schneller verarbeitet und in Reaktionen umgesetzt wird (*vgl. Abb. 121*):

Ein Mensch tritt bei einem Waldspaziergang auf einen Holzscheit, unter dem sich eine Schlange versteckt hatte. Die visuelle Information (Schlange) gelangt zunächst zur Sehregion des Thalamus und wird von dort an die Sehrinde weitergeleitet, wo sie analysiert wird. Gleichzeitig wird ein Teil der visuellen Information über eine kurze und schnelle Verbindung zum Mandelkern geleitet, der sofort eine reflexhafte Schutzreaktion (Zurückspringen) und über den Hypothalamus die dazu notwendigen körperlichen Anpassungsreaktionen auslöst (Herzschlag, Blutdruck usw., *vgl. dazu Kap. D.5.3*). Diese Information ist sehr ungenau und schemenhaft. In der Zwischenzeit verarbeitet die Sehrinde die visuelle Information sehr viel genauer und analysiert auch die Angemessenheit der ausgelösten Alarmreaktion. Das „Verrechnungsergebnis" wird wiederum zum Mandelkern geleitet, sodass Verhalten und körperliche Reaktionen neu abgestimmt werden können. Der Mandelkern setzt also nicht nur Reaktionen in Gang, die unbewusst gesteuert werden, sondern verfügt auch über die Fähigkeit, einfache emotionale Erinnerungen zu speichern und entsprechende Reaktionen auszulösen. So gibt es viele Kindheitserfahrungen, die im späteren Leben Gefühle und Handlungen auslösen können, deren Ursachen uns nicht bewusst sind, weil der jeweilige emotionale Gehalt im Mandelkern gespeichert wurde (z. B. Angst vor Dunkelheit).

5. Steuerung und Regelung der Verhaltensmotivation

5.1 Das biologische Motivationsmodell

Wir wollen uns nun den beiden folgenden Fragen zuwenden: Was setzt Verhalten in Gang und wodurch wird es aufrechterhalten oder beendet?

Es handelt sich hier um Fragen, die nicht nur von der Biologie, sondern – wenn es sich um **menschliches Verhalten** handelt – auch von der Psychologie bearbeitet werden. Beide Wissenschaften verwenden ein **Konzept**, das geeignet ist, Antworten auf die gestellten Fragen zu liefern: das Konzept der **Motivation**.

Unter Motivation werden die **aktivierenden** und **richtunggebenden** Faktoren des Verhaltens verstanden. Verwandte Begriffe aus der Alltagssprache sind: Bedürfnis, Wunsch, Intention, Motiv, Trieb.

Verhaltensursachen, deren **biologische Voraussetzungen** im Vordergrund stehen (im Gegensatz zu den sozialen), werden auch als **Instinkte** bezeichnet. Nach der Instinktlehre der tierischen Verhaltensforschung handelt es sich um im Wesentlichen **angeborene** Verhaltenstendenzen, die für das Überleben der Art notwendig sind (*vgl. die mentor Abiturhilfe Verhaltensbiologie*).

Im Folgenden erläutern wir die biologischen Anteile an der Steuerung und Regelung der Verhaltensmotivation bei der Nahrungsaufnahme und bei Stress. Am Beispiel des Suchtverhaltens zeigen wir, wie sich die regulatorischen Leistungen unseres Gehirns auch zu unserem Nachteil auswirken können.

5.2. Die Regulation der Nahrungsaufnahme

Die Nahrungsaufnahme gehört zu den Verhaltensbereichen, die sich regeltechnisch gut darstellen lassen, weil das Verhalten dazu dient, eine interne Größe (hier: den **Versorgungszustand** des Organismus mit Nährstoffen) **konstant** zu halten, obwohl die Zufuhr sehr unregelmäßig erfolgt und der Verbrauch großen Schwankungen unterliegt.

Damit ein Organismus seine Nahrungsaufnahme bedarfsgerecht regulieren kann, muss er

1. sein **Versorgungsdefizit fühlen** (Hunger),
2. Essverhalten in Gang bringen, um **Nährstoffe aufzunehmen**,
3. Menge und Qualität des Gegessenen **überwachen** und
4. fühlen, wann es genug ist, um das Essen zu **beenden** (Sättigung).

Einen einfachen **Regelkreis** zur Veranschaulichung der Regulation der Nahrungsaufnahme zeigt die Abbildung 122 (*vgl. auch Kap. C.3.1*).

5.2.1 Wie entsteht Hunger?

Wenn wir Hunger verspüren, „knurrt" normalerweise der Magen. Es handelt sich um Kontraktionen des Magens **im leeren Zustand**. Deshalb wurde lange Zeit angenommen, dass Hungergefühle durch diese unangenehmen Krämpfe entstehen.
Inzwischen ist bewiesen, dass diese „Leerkontraktionen" für die Wahrnehmung des Nährstoffdefizits völlig überflüssig sind. Ein Mensch, dessen Magen aus medizinischen Gründen entfernt wurde, verspürt trotzdem Hungergefühle.
Wie entdeckt der Körper seinen Mangel an Nährstoffen?

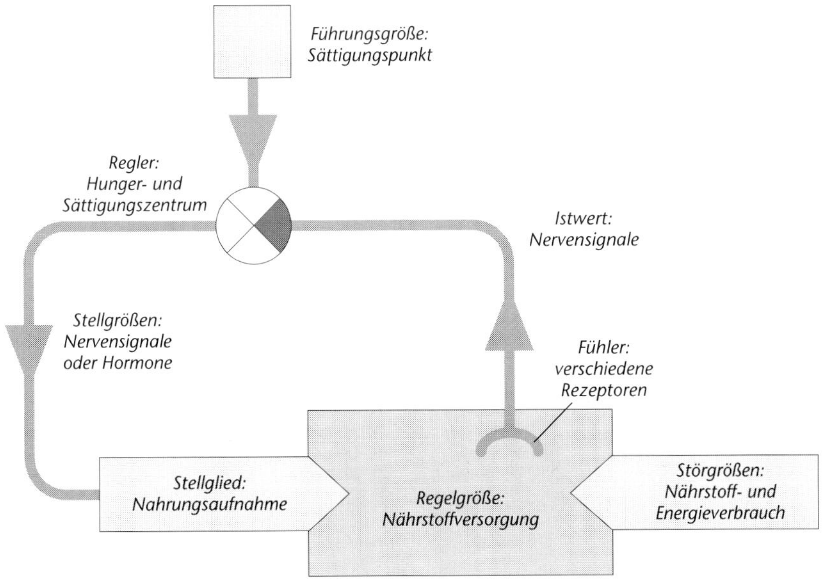

Abb. 122
Einfacher Regelkreis für die Regulation der Nahrungsaufnahme, Erläuterungen im Text

Durch Experimente mit Ratten konnte der **Hypothalamus** als entscheidendes Kontrollzentrum identifiziert werden. Durch elektrische Reizung eines bestimmten Areals wurden die Tiere zur Nahrungsaufnahme veranlasst; die Reizung eines anderen Areals führte dazu, dass die Tiere aufhörten zu fressen, obwohl sie unter normalen Umständen weitergefressen hätten.
Daraus leiteten die Forscher ab, dass es im Hypothalamus ein **Hungerzentrum** und ein **Sättigungszentrum** geben muss, deren Zusammenspiel die Nahrungsaufnahme reguliert.
Wird das Hungerzentrum auf normale Weise (d. h. nicht im Experiment) durch innere Signale stimuliert, kommt es zur Nahrungsaufnahme. Wird dagegen dem Sättigungszentrum eine ausreichende Nährstoffversorgung gemeldet, wird die Nahrungsaufnahme beendet oder sie unterbleibt ganz. Beide Zentren hemmen sich gegenseitig, sodass bei Stimulation des einen das jeweils andere nicht aktiviert werden kann.

Welche **inneren Signale** stimulieren das Hungerzentrum? Die Leerkontraktionen des Magens konnten wir bereits ausschließen.
Einen entscheidenden Einfluss hat dagegen die abnehmende **Verfügbarkeit von Glukose**. Weil die Zellen ständig Glukose zur Energiegewinnung verbrauchen, sinkt der Blutzuckerspiegel. Wie wir bereits erläutert haben, führt das normalerweise zu hormonell gesteuerten Gegenmaßnahmen, die dazu führen, dass Glukose aus Depots freigesetzt wird *(vgl. Kap. C.3.4)*.

Da auch im Hypothalamus der Glukosemangel durch entsprechende Rezeptoren registriert wird, werden wir hungrig.
Dieses Signal ist allerdings nicht so intensiv, dass wir es nicht ignorieren könnten. Das Hungergefühl verschwindet dann erst einmal wieder. Nach einiger Zeit machen sich allerdings die **Symptome des Glukosemangels** bemerkbar:
- Konzentrationsstörungen und Müdigkeit, weil das Gehirn am empfindlichsten auf den Glukosemangel reagiert,
- Zittrigkeit und unterschwellige Aggressi-

vität, weil der weiterhin sinkende Blutzuckerspiegel die Adrenalinfreisetzung stimuliert,
- Frösteln, weil der Organismus sozusagen auf Sparflamme schaltet und bei Glukosemangel die körpereigene Wärmeproduktion drosselt.

Da es Thermorezeptoren nicht nur in der Haut, sondern auch im Hypothalamus gibt, wird angenommen, dass dieser **Rückgang der Wärmeproduktion** auch dort registriert wird und zum Hungergefühl beiträgt.
Wird zu diesem Zeitpunkt noch immer keine Nahrung aufgenommen, kann der Organismus auf die Fettreserven zurückgreifen (sofern vorhanden). Dabei werden Fettsäuren durch enzymatischen Abbau aus den Fettzellen ins Blut freigesetzt. Im Blut werden die Fettsäuren (wegen ihrer hydrophoben Eigenschaften) in kleinen kugeligen Partikeln transportiert. Deren Konzentration wird ebenfalls im Hypothalamus von entsprechenden Rezeptoren gemessen. Eine **erhöhte Konzentration an Fettsäuren** im Blut verstärkt das Hungergefühl, weil dadurch der Abbau von Fettdepots signalisiert wird.

Mit diesem Mechanismus kann ein Organismus auch **langfristig** seine Nahrungsaufnahme und damit sein **Körpergewicht** regulieren.
Zum Beispiel fressen zwangsgemästete Tiere so lange weniger, bis die zusätzlich angelegten Fettdepots wieder abgebaut sind. Umgekehrt fressen ausgehungerte Tiere so lange, bis die Fettdepots wieder aufgefüllt sind.

Offensichtlich benötigt jeder Organismus eine bestimmte Masse an Fett, die in seinen Fettzellen gespeichert sein muss (der Vorrat für Notzeiten). Bei Überschreitung dieser Masse wird die Nahrungsaufnahme gedrosselt, bei Unterschreitung wird sie gesteigert. Stimmt die Masse, hat der Organismus seinen **Sättigungspunkt** erreicht, den Sollwert in unserem Regelkreis. Dieser Sättigungspunkt hat einen beträchtlichen Einfluss darauf, wie viel wir essen und vor allem, wie viel wir wiegen.

Übergewichtige Menschen, die es nach dieser Vorstellung eigentlich nicht geben dürfte, besitzen **mehr Fettzellen** als normalgewichtige Personen. Meist werden diese Zellen durch Überfütterung in der Kindheit angelegt, wobei eine erbliche Veranlagung nicht ausgeschlossen werden kann. Danach verändert übermäßiges Essen oder eine Diät nur noch das **Volumen** der Fettzellen, nicht jedoch ihre **Anzahl**. Die bleibt für den Rest des Lebens ziemlich konstant. Das bedeutet, dass ein Mensch mit vielen Fettzellen durch eine Diät zwar Gewicht verlieren und abmagern kann; er wird aber oft hungrig sein, also ein **latent Übergewichtiger** bleiben, weil der Sättigungspunkt unterschritten ist.

Hinzu kommt, dass wir nicht nur essen, wenn wir uns hungrig fühlen, sondern auch, um Hunger zu vermeiden. Unsere Gewohnheit, zu bestimmten Uhrzeiten zu essen, spiegelt diese **vorausplanende** Nahrungsaufnahme sehr gut wider. Sie dient nicht dem akuten Ausgleich eines bereits vorhandenen Defizits, sondern der **erwartete Energiebedarf** wird vorwegnehmend abgedeckt.
Das kann allerdings schnell zu Gewichtsproblemen führen, wenn die Rückmeldungen aus dem Körper nicht beachtet werden, sondern zu sehr nach starken Regeln gegessen wird (z. B. immer zu denselben Zeiten, immer den Teller leer essen).

Wir können nun unser Regelkreis-Modell aus Abbildung 122 entsprechend erweitern.
Die internen Faktoren (Verfügbarkeit an Glukose, Wärmeproduktion, Blutfettspiegel) werden im Hypothalamus durch Glukose-, Thermo- und Liporezeptoren gemessen und die so gewonnenen Istwerte mit den Sollwerten verglichen. Abweichungen lösen Hungergefühle aus.

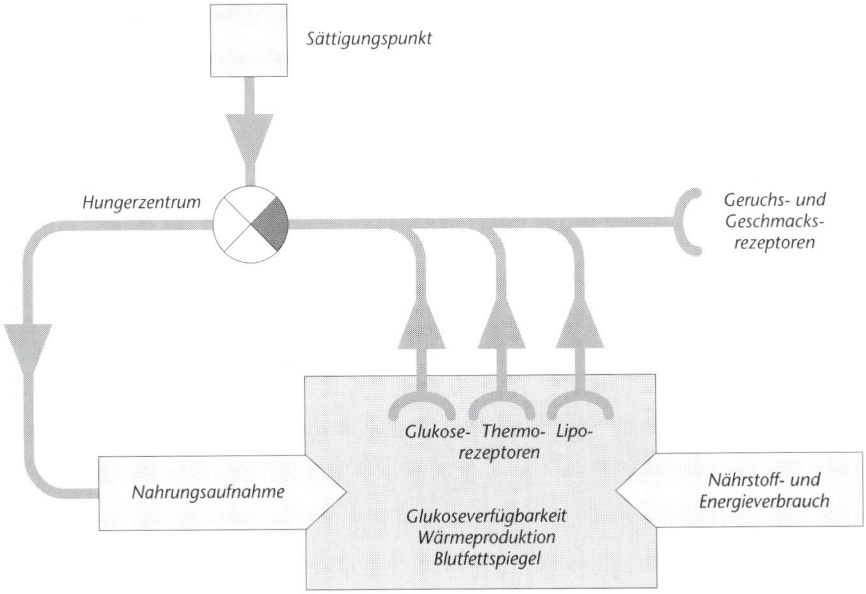

Abb. 123
Erweiterter Regelkreis zur Regulation der Nahrungsaufnahme, Erläuterungen im Text

Eine letzte Erweiterung unseres Modells macht vor allem für uns Menschen die Nahrungsaufnahme nicht nur zu einer biologischen Notwendigkeit, sondern auch zu einer lustvollen Angelegenheit: Wir haben nicht immer Hunger, sondern sehr oft **Appetit**.

Dass uns schon beim Anblick oder beim Riechen geliebter Speisen das Wasser im Munde zusammenläuft, verweist auf den bedeutenden Einfluss, den **sensorische Faktoren** wie Geruch, Geschmack und Farbe auf die Nahrungsaufnahme beim Menschen haben können. Selbst die Vorstellung (z. B. durch das Lesen dieses Textes) kann dazu beitragen.

Das erweiterte Modell (*vgl. Abb. 123*) berücksichtigt diesen Einfluss sensorischer Faktoren.

5.2.2 Wie entsteht Sättigung?

Wird durch Nahrungsaufnahme der Nährstoffmangel aufgehoben, signalisieren dieselben Rezeptoren die Angleichung der Istwerte. Durch diese negative Rückkoppelung verschwindet das Hungergefühl. Statt dessen stellt sich ein Gefühl der **Sättigung** ein.
Voraussetzung für die negative Rückkoppelung ist, dass die Nährstoffe verdaut und resorbiert wurden. Erst dann können die Glukose-, Thermo- und Liporezeptoren im Hypothalamus auf die Stoffwechselveränderungen reagieren.

Verdauung und Resorption sind Vorgänge, die einige Stunden dauern können. Satt werden wir aber sehr viel **schneller**!

Hunger ist ein eher unspezifisches, meist unbehagliches Verlangen nach Nahrung, das im Wesentlichen von **inneren Signalen** gesteuert wird.
Appetit ist ein eher lustvolles Bedürfnis nach bestimmten Speisen, das hauptsächlich durch **äußere Signale** gesteuert wird.

Es muss demnach außer der Sättigung durch die vermehrte Verfügbarkeit von Glukose, die gesteigerte Wärmeproduktion und die aufgefüllten Fettspeicher weitere Sättigungssignale geben, die **vor der Resorption** der Nährstoffe wirksam werden.

Zu diesen **präresorptiven** Faktoren gehören:

- die Reizung von **Geruchs-** und **Geschmacksrezeptoren** im Mund-Nasen-Rachen-Raum,
- die **Kaubewegungen**, die vom Gehirn registriert werden,
- die **Füllung des Magens**, die von **Mechanorezeptoren** in der Magenwand ans Gehirn gemeldet wird,
- die Reizung von **Chemorezeptoren** im Magen und im Dünndarm durch Verdauungsprodukte.

Aufgaben D/3-D/4

D/3 Bei seinen Untersuchungen über die Verdauungsvorgänge bei Hunden führte PAWLOW um 1900 folgendes Experiment durch: Durch einen chirurgischen Eingriff wurde die Speiseröhre am Hals mit einer Öffnung nach außen versehen, sodass das verzehrte Futter dort wieder herauskam und nicht in den Magen gelangte. Trotzdem fraßen die so operierten Hunde nicht unaufhörlich, sondern beendeten jeweils ihre Mahlzeiten nach den Mengen, die sie aufgenommen hatten, bevor sie operiert worden waren. Allerdings wurden sie nach dieser Scheinmahlzeit sehr viel schneller wieder hungrig als nach einer normalen Fütterung.
Begründe das Verhalten von PAWLOWS Hunden.

D/4 Freiwillige Versuchspersonen erhielten eine Suppenmahlzeit in einem fest installierten Teller. Sie wurden aufgefordert, so lange zu essen, bis sie ausreichend gesättigt waren. Aus einem Suppentopf konnten sie sich zusätzlich bedienen.
Nach drei Tagen wurde ohne Wissen der Versuchspersonen ein gleich aussehender „Trick-Teller" installiert, der durch ein Loch im Tellerboden auf gleichem Füllungsstand gehalten wurde (*vgl. Abb. 124*). In dieser Situation essen Normalgewichtige etwa die gleichen Mengen wie zuvor, während Übergewichtige sich um bis zu 90% überessen.
Erörtere das Ergebnis dieses Experiments.

Abb. 124

Durch diese Faktoren wird ein Sättigungsgefühl ausgelöst, lange bevor die **postresorptiven** Sättigungssignale wirksam werden.
Regeltechnisch bedeutet diese Unterscheidung von präresorptiven und postresorptiven Sättigungssignalen, dass nicht erst die körperlichen Konsequenzen der Nahrungsaufnahme zurückgemeldet werden, sondern schon das **Essverhalten** selbst. Da zu diesem Zeitpunkt die Nährstoffe noch nicht resorbiert sind, entspricht das einer **Vorwegmeldung**, die die Nahrungsaufnahme rechtzeitig beendet.
Wären nur die postresorptiven Sättigungssignale wirksam, würden wir uns regelmäßig „überfressen". Sie sind allerdings notwendig, damit das Sättigungsgefühl **langfristig aufrechterhalten** wird – bis zum nächsten Hunger.

5.3 Die Steuerung des Kampf- und Fluchtverhaltens

Die Entdeckung des **Hypothalamus** als der entscheidenden Steuerzentrale für die Nahrungsaufnahme erfolgte durch elektrische Reizung kleiner Areale mit Mikroelektroden. Mit dieser Technik konnte nachgewiesen werden, dass auch andere Verhaltensweisen vom Hypothalamus gesteuert werden.

Reizt man z. B. bei einer Katze ein Areal des Hypothalamus direkt neben dem Sättigungszentrum, kann man ein typisches **Abwehrverhalten** beobachten: Die Katze faucht, spreizt die Zehen, fährt ihre Krallen aus, macht einen Katzenbuckel und stellt ihr Fell auf. Gleichzeitig werden ihre Pupillen stark erweitert, die Atmung wird heftiger, das Herz schlägt schneller und der Blutdruck steigt an. (*Wer Kapitel A.8 aufmerksam gelesen hat, ahnt sofort, dass hier der* ***Sympathicus*** *im Spiel ist!*)
Die gleichen Reaktionen, die in diesem Experiment durch Reizung einiger Nervenzellen des Hypothalamus ausgelöst werden, zeigt eine Katze normalerweise, wenn sie in eine **Gefahrensituation** gerät, z. B. durch einen Hund. In diesem Fall sind es bestimmte **äußere Signale**, die das Verhalten der Katze auslösen.
In beiden Fällen zeigt die Katze ein **stereotypes, artspezifisches Reaktionsmuster**.

Ähnliche Reaktionsmuster kann man bei allen Säugetieren beobachten, auch bei uns Menschen. Es gibt für dieses Abwehrverhalten einen Begriff, der auch umgangssprachlich verwendet wird. Wir sprechen von **Stress** und meinen damit in der Regel die vielfältigen **Belastungen**, denen wir uns ausgesetzt fühlen.
In der Fachliteratur wird jedoch unter Stress etwas anderes verstanden:

Stress ist die **unspezifische Reaktion eines Organismus auf Anforderungen jeglicher Art.**

Die komplizierten Abläufe, die zu dem Gefühl führen, gestresst zu sein, werden wir auf den folgenden Seiten erläutern. Zunächst kann jedoch jeder für sich prüfen, ob und wie sehr er unter Stress steht!

WOCHEN-STRESS-TEST							
Kreuze die entsprechenden Felder abends an!							
Hast du	**Mo**	**Di**	**Mi**	**Do**	**Fr**	**Sa**	**So**
1. schlecht oder wenig geschlafen?							
2. dich auf dem Weg zur Schule geärgert?							
3. dich in der Schule geärgert?							
4. unter Druck arbeiten müssen?							
5. unter Lärm gelitten?							
6. mehr als 3 Gläser Cola getrunken?							
7. Zeitmangel bei den Hausaufgaben, beim Spielen, bei Hobbys gehabt?							
8. mehr als 60 Minuten ferngesehen?							
9. dich wenig bewegt?							
10. zu fett oder zu viel gegessen?							
11. viele Süßigkeiten gegessen?							
12. Probleme mit Mitschülern/Freunden gehabt?							
13. lange gearbeitet?							
14. mit Eltern, Großeltern, Geschwistern Ärger gehabt?							
15. an dir und deinen Fähigkeiten gezweifelt?							
16. Kopf-, Herz- oder Magenschmerzen gehabt?							
17. eine Arbeit geschrieben oder mündliche Prüfung gehabt?							
Jedes Kreuz, das du eingetragen hast, zählt einen Punkt!							

Auswertung: Wochen-Stress-Test

1–21 Punkte:	Gratulation! Aber wo und wie lebst du eigentlich, dass du so selten unter Stress stehst? Oder gehörst du zu denen, die es nicht merken, wenn sie unter Stress stehen? Oder brauchst du sogar mehr Stress, um deine Leistung zu steigern?
22–43 Punkte:	Im Vergleich zu anderen musst du relativ wenig Stress hinnehmen. Vorsicht, damit es nicht mehr wird!
44–65 Punkte:	Aufpassen! Du solltest gezielt Stress abbauen, sonst stellen sich unweigerlich Krankheiten ein!
65 und mehr:	Achtung! – Besonders stressgefährdet! Lebensweise sofort ändern, unbedingt ärztlichen Rat einholen!

Häufig kann man Stress allein schon dadurch reduzieren, dass man stressbedachter und bewusster lebt. Es gibt sicher Faktoren in der Testtabelle, die bei dir zum Stress beitragen und die du leicht verändern oder sogar ausschalten kannst. Probier's mal! Selbst kleine Veränderungen können dein Wohlbefinden schon deutlich verbessern.

Die **Reize**, die eine unspezifische Stressreaktion auslösen, werden als **Stressoren** bezeichnet. Als Stressor kommt alles Mögliche infrage: unerträgliche Hitze oder Kälte, Sauerstoffmangel, Lärm, giftige Chemikalien, schwere körperliche Anstrengungen, Infektionen, Aufregung, Angst, Wut, sogar große Freude.

Natürlich antwortet jeder Organismus auf diese verschiedenen Belastungen stets auch

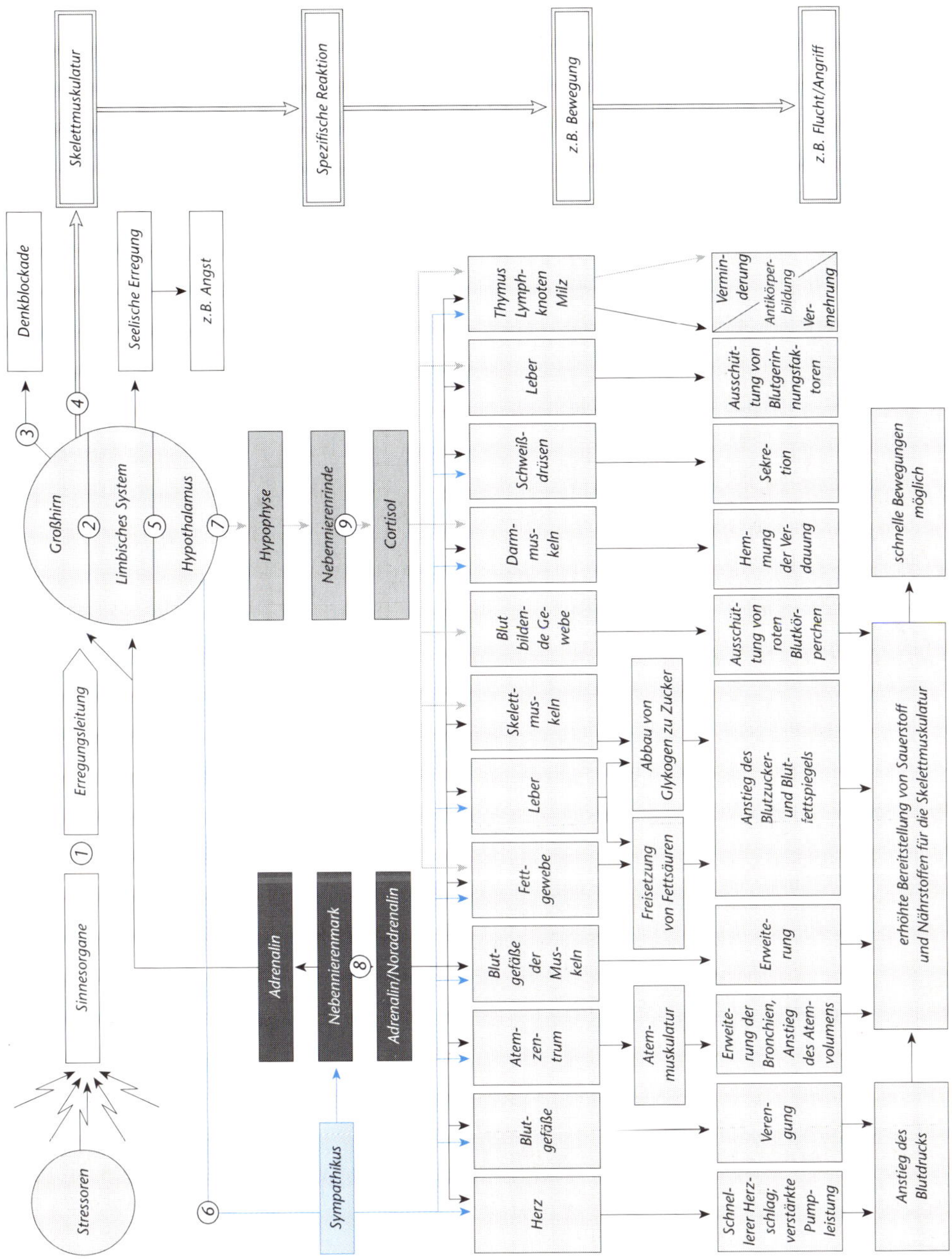

Abb. 125
Ablauf einer Stressreaktion

mit **spezifischen Reaktionen**: auf schwere körperliche Anstrengungen langfristig mit Muskelzuwachs oder auf einen eingedrungenen Krankheitserreger mit einer gezielten Aktivierung des Immunsystems (*vgl. die mentor Abiturhilfe Immunbiologie*).
Unmittelbar antwortet jedoch jeder Organismus auf einen Stressor mit einigen **reizungsspezifischen Reaktionen**, die zusammen die Stressreaktion ausmachen.

Was passiert bei einer Stressreaktion?

Der Ablauf der normalen Stressreaktion kann an folgendem Beispiel sehr anschaulich und einprägsam verdeutlicht werden: Ein Steinzeitmensch liegt in der Savanne an einem Lagerfeuer, plötzlich hört er ein knackendes Geräusch und nimmt einen Schatten wahr. Beide Wahrnehmungen wirken als Stressoren und lassen etwa folgende Reaktionen ablaufen:

Blitzschnell steigert er seine Aufmerksamkeit, die mögliche Gefahr wird lokalisiert, er springt auf, ergreift seinen Speer, stürmt davon und sucht einen Ort auf, an dem er sich sicher fühlt. Er hat ein Gefühl der Angst, sein Herzschlag ist beschleunigt („er hat Herzklopfen"), sein Puls steigt stark an und Schweiß bricht aus. All dies sind Reaktionen, die wir im Prinzip auch heute noch in Schrecksituationen erfahren und durchleben.

Die beschriebenen Veränderungen beruhen alle auf einer raschen **Abfolge nervöser und hormoneller Impulse** im Organismus, die darauf abzielen, Kreislauf und Stoffwechsel „anzuheizen", um ihn für Reaktionen vorzubereiten, die es dem Menschen ermöglichen, mit ungeahnter Kraft und Schnelligkeit Gefahrensituationen zu meistern.

5.3.1 Vorgänge im zentralen Nervensystem

Wir erläutern die Abläufe bei einer Stressreaktion anhand eines Schemas (*vgl. Abb. 125*):
Die von **Stressoren** ausgehenden **Reize** lösen in den entsprechenden **Sinnesorganen** Erregungen aus ①, die als elektrische Impulsfolgen über **Nervenbahnen** zum **Großhirn** geleitet, dort ausgewertet und als Stressoren erkannt werden. Der Stressor wird „bewusst", d. h.,

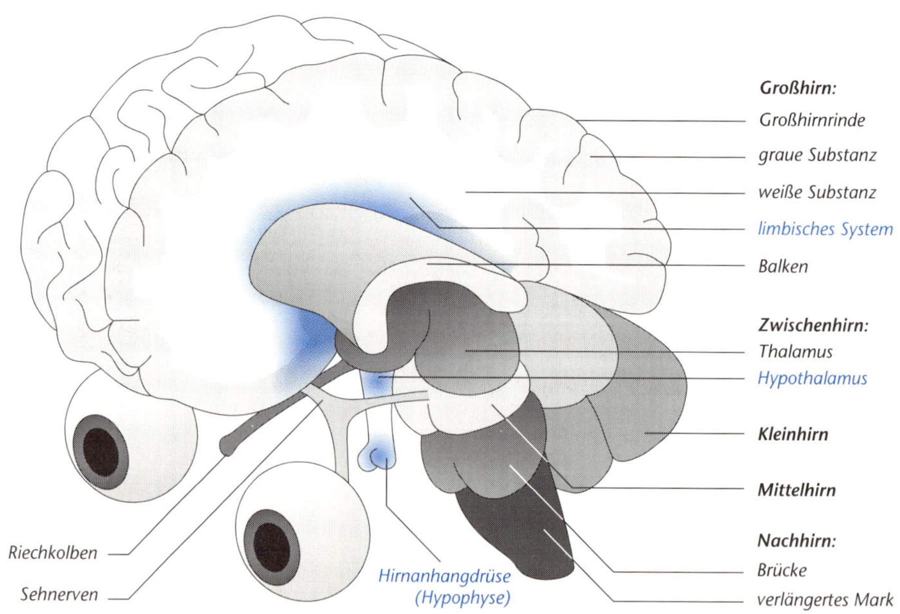

Abb. 126
Gehirnaufbau schematisch (die bei der Stressreaktion wichtigen Teile sind hervorgehoben)

der Mensch wird aufmerksam. Im Gehirn selbst laufen nun mehrere Reaktionen ab: Die Erregung erreicht relativ schnell das **limbische System** ②, denjenigen Großhirnteil, der für seelische Empfindungen zuständig ist, und ruft dort z. B. Angstgefühle hervor.

Die starke Erregung des Gehirns erzeugt eine **Denkblockade** ③. Die Denkblockade verhindert jedes Nachdenken, denn das wäre bei unmittelbarer Gefahr eine Zeitvergeudung. Der Mensch kann schnell und quasi automatisch reagieren.

Nun laufen zwei getrennte Reaktionen ab: die **spezifische** und die **unspezifische Reaktion** auf den Stressor.

④ Bei der **spezifischen Reaktion** werden vom Großhirn über Nervenbahnen diejenigen **Muskeln** aktiviert, die für eine spezifische Reaktion auf den konkreten Stressor hin sinnvoll sind. Die nachfolgende Reaktion ist von den bisherigen Erfahrungen abhängig und fällt deshalb auch sehr unterschiedlich aus: als Flucht oder als Angriff.

Ganz anders und immer in gleicher Weise läuft die **unspezifische Reaktion** ab. Über das **Zwischenhirn** wird der **Hypothalamus**, das übergeordnete Steuerzentrum, gereizt ⑤. Der Hypothalamus aktiviert einerseits den **sympathischen Teil** des **vegetativen Nervensystems** ⑥, andererseits über chemische Informationsüberträger die **Hypophyse** ⑦.

Was nun bei dieser unspezifischen Reaktion, der Stressreaktion im eigentlichen Sinne, gesteuert durch das vegetative Nervensystem und das Hormonsystem im Organismus genauer passiert, wird in den folgenden Abschnitten beschrieben.
Tabelle 7 auf S. 148 hilft dabei, den Überblick über die Wirkungsweise der einzelnen Hormone zu behalten.

5.3.2 Vorgänge im vegetativen Nervensystem

An den Enden der sympathischen Nerven wird als Überträgersubstanz **Noradrenalin** frei; dieses bewirkt bei den verschiedenen Organen unterschiedliche Reaktionen – entsprechend der Wirkungsweise des Sympathicus als Leistungsnerv (*im Gegensatz zum Parasympathicus als Erholungsnerv; vgl. Kap. A8*): Das Herz wird zu einer Steigerung der Schlagfrequenz angeregt; im Gefäßsystem wird mehr Blut für die arbeitende Muskulatur und weniger für die Verdauungsorgane, die Haut und die Schleimhäute bereitgestellt; die Bronchien werden erweitert und das Atemvolumen wird erhöht; der Stoffwechsel wird auf erhöhte Leistung umgestellt, Körperwärme und Blutzuckerwerte steigen an; bei den Verdauungsorganen werden die Drüsensekretion und die Muskelbewegungen der Magen-Darm-Wände gehemmt; die Bauchspeicheldrüse wird auf geringere Insulinproduktion eingestellt; die Schilddrüse wird angeregt; die Speicheldrüsen produzieren weniger Speichel; die Pupillen er-

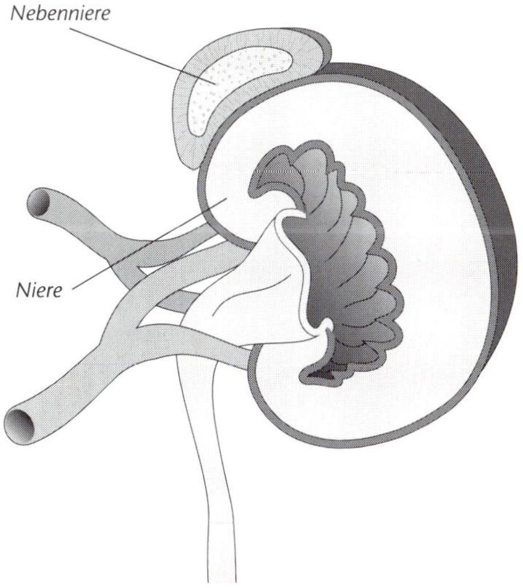

Abb. 127
Niere und Nebenniere (bestehend aus Nebennierenrinde und Nebennierenmark; zusammen ca. 10 g schwer, in Form und Größe einem gebogenen kleinen Finger entsprechend)

weitern sich und die **Nebennieren** werden veranlasst, verstärkt das Hormon **Adrenalin** ins Blut freizusetzen (*vgl. Abb. 55, 125 und 127*).

5.3.3 Vorgänge im Hormonsystem

Adrenalin wird durch das Blut im gesamten Körper verteilt und unterstützt im Wesentlichen die Wirkungen des Sympathicus (*vgl. Abb. 125,* ⑥ *und* ⑧): Die Blutgefäße, mit Ausnahme der Blutgefäße der Muskeln, werden verengt; das Herz wird weiter angeregt, Schlagvolumen und Frequenz zu steigern. Beides führt zu einem erhöhten Blutdruck und einer vergrößerten Umlaufgeschwindigkeit des Blutes (*vgl. Kap. B*). Hormone, Sauerstoff und Nährstoffe werden also schneller transportiert. Die Atmung wird über das Atemzentrum (*vgl. Kap. C*) gesteigert. Die Haarbalgmuskeln kontrahieren, was zum Aufrichten der Haare führt (Vergrößerung des Körperumrisses).
Die Schweißdrüsen werden zur erhöhten Schweißsekretion veranlasst. Dadurch wird einerseits dem Blut vermehrt die bei der Muskelarbeit anfallende Milchsäure entzogen, andererseits wird durch die Verdunstung eine Überhitzung des Körpers verhindert. Die Darmmuskulatur wird entspannt und damit die Verdauung gehemmt.
Außerdem bewirkt Adrenalin im Fettgewebe und der Leber die Freisetzung von Fettsäuren und in der Skelettmuskulatur und in der Leber den Abbau von Glykogen zu Zucker. Dadurch steigen die Blutzucker- und Blutfettwerte an; der Muskulatur stehen genügend Stoffe zur Energiegewinnung zur Verfügung.
Im Gehirn bewirkt Adrenalin eine gesteigerte Aufmerksamkeit und starke Erregungen, die häufig mit Angstgefühlen gekoppelt sind.

Der Hypothalamus aktiviert nicht nur das vegetative Nervensystem und damit über den Sympathicusnerv das Nebennierenmark. Er aktiviert auch gleichzeitig über die **Hypophyse** (*vgl. Abb. 125,* ⑦) die **Nebennierenrinde**, die nun ihrerseits verstärkt **Cortisol** ausschüttet ⑨.
Cortisol schaltet sich in den Stoffwechsel ein. Es wirkt im Fettgewebe, in der Leber und in den Skelettmuskeln ähnlich wie Adrenalin: Die Blut bildenden Organe werden veranlasst, vermehrt rote Blutkörperchen auszuschütten (besserer Sauerstoff- und Kohlenstoffdioxid-

Entstehungsort	Hormone	Wirkungen
Hirnanhangsdrüse (Hypophyse)	verschiedene Hormone	steuert sämtliche Hormondrüsen, aktiviert u. a. die Nebennierenrinde
Schilddrüse	Thyroxin	kontrolliert den Grundumsatz
Bauchspeicheldrüse	Insulin und Glukagon	regulieren den Blutzuckerspiegel
Nebennierenmark	Adrenalin	verstärkt die Herztätigkeit; vermindert die Magen-/Darmtätigkeit; erhöht die Zuckerausscheidung ins Blut (*vgl. Abb. 125*)
Nebennierenrinde	Cortisol	sichert die Energieversorgung; hemmt das Abwehrsystem (*vgl. Abb. 125*)

Tabelle 7
Wirkungsweisen von Hormonen, die an der Stressreaktion beteiligt sind

transport). In der Leber werden vermehrt Blutgerinnungsfaktoren gebildet. In den Geweben wirkt Cortisol entzündungshemmend – durch diese Maßnahmen werden bei eventuellen Verletzungen Wunden schnell verschlossen und Entzündungen blockiert. Die Antikörperbildung in Thymusdrüse, Lymphknoten und Milz wird hingegen gehemmt. Verdauungsprozesse und Sexualfunktionen werden weitgehend ausgeschaltet, sodass in Stresssituationen möglichst die gesamte Energie für Bewegung bereitsteht.
Cortisol führt im Körper zu **Anpassungsreaktionen** an den Einfluss von Stressoren und bewirkt so eine Erhöhung der Widerstandskraft.

5.4 Biologische Steuerung des Suchtverhaltens

Wir wollen uns zum Abschluss einem Verhaltensbereich zuwenden, der in den letzten Jahren zu einem schwerwiegenden gesellschaftlichen Problem geworden ist: dem Suchtverhalten.

Suchtverhalten hat sehr viel mit Drogenmissbrauch zu tun, greift aber weit darüber hinaus. Der Missbrauch von psychotropen* Medikamenten und Genussmitteln gehört ebenso zu dieser Thematik wie die stoffunabhängige Sucht (z. B. des „workaholic" – des Arbeitssüchtigen).

Im Prinzip kann **jede Aktivität, die im Übermaß ausgeübt wird**, süchtig entgleisen. Dabei gibt es natürlich graduelle Unterschiede in der Intensität des Erlebens und vor allem im Ausmaß der seelischen und körperlichen Schädigung. Der dem Verhalten zugrunde liegende Mechanismus scheint aber bei allen Suchtformen weitgehend identisch zu sein.

Man unterscheidet vor allem **drei Faktoren**, die zur Suchtentstehung beitragen, und zwar unabhängig davon, ob es sich um stoffgebundene oder stoffungebundene Suchtformen handelt:

1. der **Mensch** mit seiner persönlichen Geschichte, seinen Problemen und Schwierigkeiten,
2. das **Suchtmittel** mit seinen Eigenschaften und Gefahren,
3. die **Gesellschaft** mit ihren strukturellen Bedingungen und Möglichkeiten.

Die Bedeutung der einzelnen Faktoren ist von Person zu Person verschieden. Sicher ist, dass bei der **Entstehung** süchtigen Verhaltens seelische und soziale Faktoren überwiegen.

Die **Aufrechterhaltung** der meisten Süchte wird vor allem von zentralnervösen Prozessen im Gehirn gesteuert.

Sucht bedeutet ein geradezu **zwanghaftes** Angewiesensein auf die Erfüllung eines Bedürfnisses. Diese Zwanghaftigkeit äußert sich in sowohl psychischer als auch körperlicher **Abhängigkeit** von einer Droge, einem Medikament, einem Genussmittel oder einer Verhaltensweise.

Psychische Abhängigkeit entsteht durch **Gewöhnung** an den in der Regel angenehmen, emotional positiven Zustand, der durch den Konsum einer psychotropen Substanz oder durch ein bestimmtes Verhalten hervorgerufen wird. Die Motivation wird regelrecht **gelernt** und die Wirkung **verstärkt** das Suchtverhalten.

Körperliche Abhängigkeit zeigt sich vor allem in der zunehmenden **Toleranz***, d. h., dass bei gleich bleibender Dosierung die Wirkung abnimmt und deshalb die **Dosis gesteigert** werden muss, und in den **Entzugserscheinungen** nach Absetzen der Substanz oder Unterlassen des entsprechenden Verhaltens. Beide Phänomene entstehen als **Folge physiologischer Anpassungsprozesse** im Körper. Dabei kann zwischen metabolischer* und zellulärer Anpassung unterschieden werden:

- Die **metabolische Anpassung** entsteht durch die Induktion Substanz abbauender Enzyme in der Leber. Dadurch kommt es zu einer Abnahme der Konzentration der Substanz am Rezeptor. Um eine gleich bleibende Wirkung zu erzielen, muss die Dosis erhöht werden.
  Ein typisches Beispiel für diesen Effekt ist die Toleranzentwicklung bei regelmäßigem Konsum von Alkohol. „Gewohnheitstrinker" benötigen deutlich größere Mengen, um sich zu berauschen, und sie „vertragen" auch mehr.

- Die **zelluläre Anpassung** basiert auf Veränderungen am Rezeptor in der Zellmembran. Diese Veränderungen können die **Anzahl** und/oder die **Empfindlichkeit** der Rezeptoren betreffen. Durch Verminderung beider Faktoren wird eine Zelle unempfindlicher gegenüber der konsumierten Substanz. Um eine gleich bleibende Wirkung zu erzielen, muss die Dosis erhöht werden.
  Ein typisches Beispiel für diesen Effekt ist die sehr ausgeprägte Toleranzentwicklung bei den Opiaten. Sie ist am gründlichsten untersucht.

Im Folgenden erläutern wir, wie Opiate körperliche Abhängigkeit erzeugen.

Opiate sind pflanzlicher Herkunft. Sie werden aus einer milchigen Flüssigkeit in der Samenkapsel des Schlafmohns gewonnen. Zu den Opiaten gehören die am stärksten wirkenden Schmerzmittel (z. B. das Morphin, *vgl. Abb. 128a*), aber auch eine der härtesten und gefährlichsten Drogen: das Heroin (*vgl. Abb. 128b*).

a)

b)

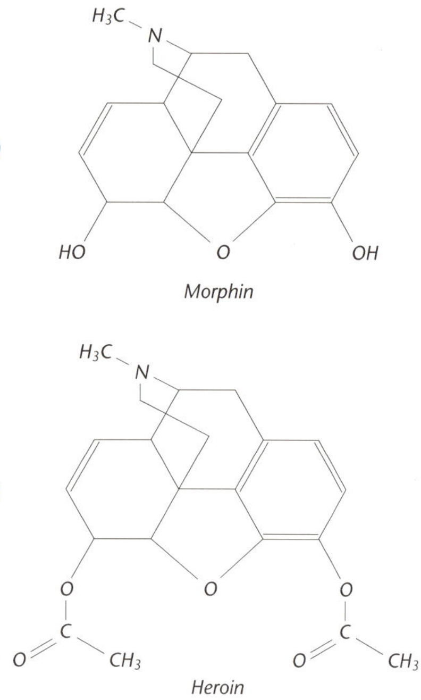

Abb. 128
Die Strukturformeln von a) Morphin und b) Heroin

Opiate entfalten ihre schmerzstillende und euphorisierende* Wirkung durch Bindung an spezifische **Opiatrezeptoren**, die sich in der Membran von bestimmten Nervenzellen im Gehirn, insbesondere im Hirnstamm und im limbischen System, befinden. Da Opiate natürlicherweise im Körper nicht vorkommen, war es zunächst verwunderlich, dass solche Rezeptoren überhaupt existieren. Der menschliche Körper produziert aber Substanzen, die mit den Opiaten zwar chemisch nicht verwandt sind, aufgrund ihrer ähnlichen **Struktur** jedoch an die gleichen Rezeptoren binden. Sie wurden **Endorphine** getauft – eine Kurzform für „endogene Morphine".
Endorphine sind Peptide, also unterschiedlich lange Ketten aus Aminosäuren mit einer charakteristischen Aminosäuresequenz (*vgl. Abb. 129*).

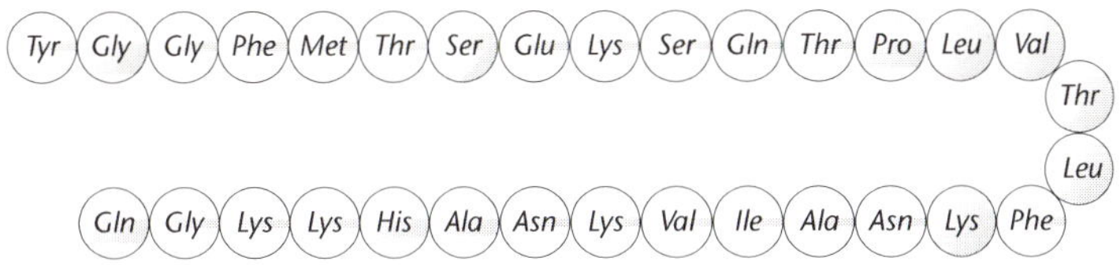

Abb. 129
Die Aminosäuresequenz von β-Endorphin

Weshalb chemisch so unterschiedliche Substanzen wie die pflanzlichen Opiate und die körpereigenen Endorphine an den gleichen Rezeptor binden können, zeigt sehr eindrucksvoll Abbildung 130.

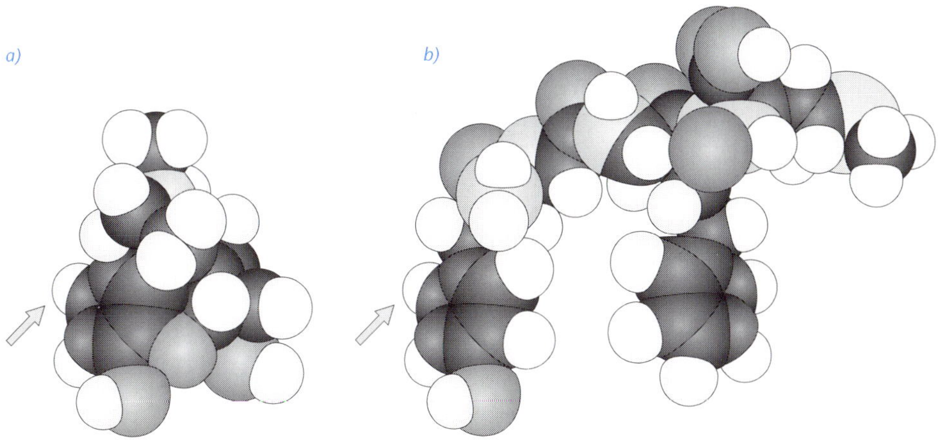

Abb. 130
Vergleich der dreidimensionalen Raumstruktur a) von Morphin und b) einem Teil von β-Endorphin

Endorphine sind wahrscheinlich an der Steuerung der Schmerzempfindung und an der Entstehung von Stimmungen (Wohlbehagen, Beseitigung von Unlust, Glücksempfinden) beteiligt.

Für die **schmerzstillende** Wirkung der Endorphine (und natürlich der Opiate) gibt es ein einfaches Modell (*vgl. Abb. 131*).

Schmerzsignale werden im Körper genauso weitergeleitet wie andere Nervensignale auch: An den Synapsen der Schmerzbahnen werden Transmitter freigesetzt, die den synaptischen Spalt durchqueren und an der postsynaptischen Membran an Rezeptoren binden. Dadurch wird das Schmerzsignal übertragen.

In der Membran der schmerzleitenden Nervenzellen befinden sich aber außer den Rezeptoren für die Transmittermoleküle auch noch Opiatrezeptoren. Beide Rezeptortypen reagieren nach Bindung „ihres" Botenstoffs mit Molekülen des Enzyms **Adenylatcyclase**, allerdings in gegensätzlicher Weise. Der Transmitterrezeptor **aktiviert** das Enzym, ATP in cAMP umzuwandeln (*vgl. Kap. A.5.4 und C.2.5.3*).

Durch Bindung an den Opiatrezeptor wird das Enzym **gehemmt**, sodass kein cAMP entsteht.

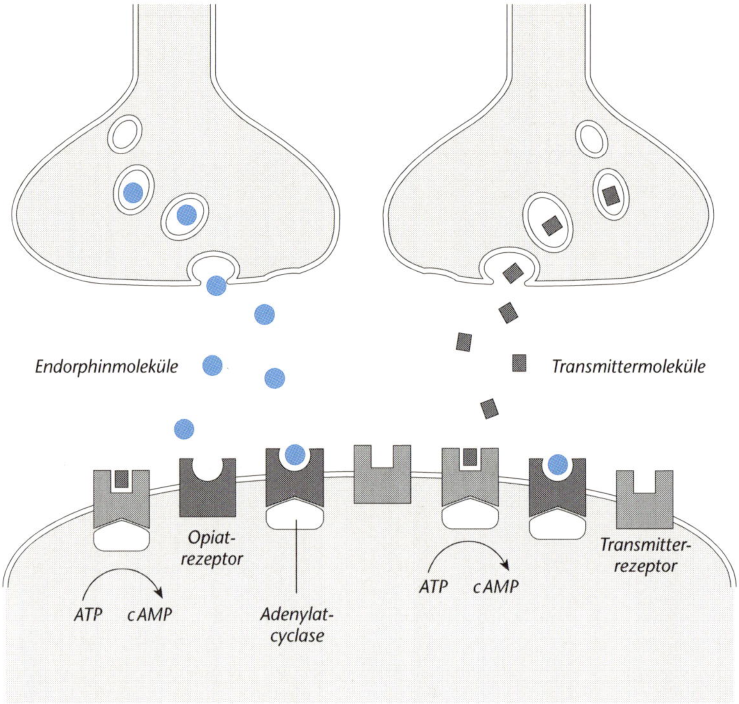

Abb. 131
Modell der Wirkung von Endorphinen und Opiaten, Erläuterungen im Text

Die Enzymmenge ist begrenzt, sodass beide Rezeptoren um die vorhandenen Enzyme konkurrieren. Je mehr Enzymmoleküle durch Opiatrezeptoren blockiert werden, desto stärker wird die Weiterleitung der Schmerzsignale unterdrückt.
Mithilfe dieses einfachen Modells kann die Toleranzentwicklung (Zwang zur Steigerung der Dosis), die Entwicklung einer körperlichen Abhängigkeit und das Auftreten von Entzugserscheinungen nach Absetzen des Suchtstoffs erklärt werden (*vgl. Abb. 132*):

ⓐ Ohne Opiate funktioniert die Schmerzleitung normal. Die vorhandenen Moleküle des Enzyms Adenylatcyclase binden an die mit Transmittern besetzten Rezeptoren und bilden cAMP. Die Säule rechts zeigt die cAMP-Konzentration in der Zelle.

ⓑ Durch die Zugabe von Opiaten konkurrieren die Opiatrezeptoren mit den Transmitterrezeptoren um die Enzymmoleküle. Die Opiatrezeptoren blockieren die cAMP-Bildung; die cAMP-Konzentration in der Zelle sinkt.

ⓒ Die Zelle reagiert auf diese niedrigen cAMP-Konzentrationen mit einer **Neusynthese von Adenylatcyclase**.

ⓓ Die Zelle hat so viel mehr Adenylatcyclase produziert, dass trotz der Opiatzufuhr die gleiche Menge an cAMP gebildet wird wie in normal funktionierenden Zellen. Die Zelle ist **tolerant** geworden, d. h., sie hat sich der Opiatwirkung physiologisch angepasst.
Die zusätzlich gebildeten Enzyme können allerdings immer wieder durch weitere Opiate blockiert werden. Das erklärt den Zwang zur Steigerung der Dosis. Die Zelle ist dadurch **abhängig** von der Opiatzufuhr geworden.

ⓔ Nach Absetzen des Opiats im Zustand der

Toleranz wird sehr viel cAMP gebildet, weil das Enzym, das nun im Überschuss vorhanden ist, nicht mehr durch Opiatrezeptoren blockiert wird. Die hohe cAMP-Konzentration erzeugt die auftretenden Entzugserscheinungen.

Die meisten Entzugserscheinungen sind gewissermaßen **Umkehrungen** der Opiatwirkungen (*vgl. Tab. 8*).

Abb. 132
Modell der Opiatsucht, Erläuterungen im Text

Opiatwirkung	Entzugssymptome
– Verlangsamung der Atmung – Verlangsamung der Darmbewegungen – verminderte Schmerzempfindlichkeit – enge Pupillen – Beruhigung	– heftiges Atmen – Darmkrämpfe, Durchfall – erhöhte Schmerzempfindlichkeit – weite Pupillen – Unruhe

Tabelle 8
Vergleich von Opiatwirkungen und Entzugssymptomen bei Opiatabhängigen

Süchtig im Sinne von **körperlich abhängig** zu sein bedeutet, dass der Organismus immer wieder das Suchtmittel benötigt, um seine **normalen** Funktionen aufrechtzuerhalten.

Die folgende Grafik zeigt das noch einmal in anderer Weise:

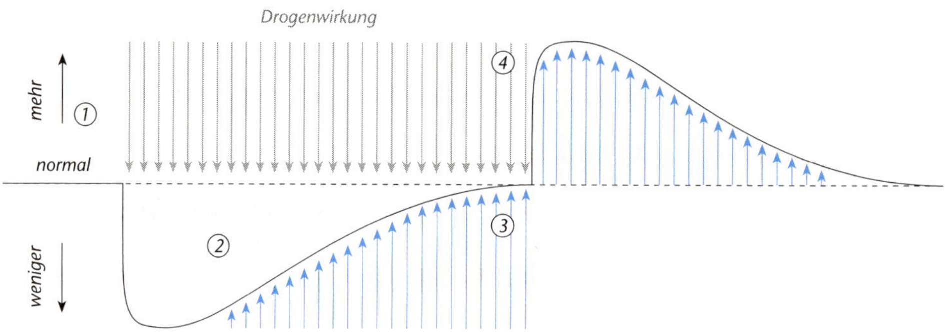

Abb. 133
Veränderungen der Homöostase durch Drogeneinwirkung und Drogenentzug, Erläuterungen im Text

① Normalerweise befinden sich die Körperfunktionen in einem regulierten Gleichgewichtszustand, der Homöostase.

② Wird dieses Gleichgewicht durch eine Droge gestört, so aktiviert der Körper Mechanismen, die die Störung ausgleichen sollen.

③ Solange sich Drogenwirkung und Ausgleichsmechanismen die Waage halten, funktioniert der Organismus (fast) normal.

④ Greift man in dieses neue Gleichgewicht ein, indem man die Zufuhr des Suchtmittels unterbricht, kommen die gegenregulatorischen Prozesse zum Tragen und das äußert sich im Auftreten von Entzugserscheinungen.

Die Entzugserscheinungen tragen wesentlich zur Aufrechterhaltung der Sucht bei. Sie drängen den Süchtigen, sich das Suchtmittel um jeden Preis zu beschaffen. Sein Ziel ist nicht mehr die aufputschende, berauschende oder dämpfende Wirkung des Suchtmittels, sondern die Verhinderung oder Beendigung der Entzugserscheinungen.

Das Modell der Opiatsucht ist in dreierlei Hinsicht bedeutsam:

1. Sowohl die Störung der Homöostase als auch die gegenregulatorischen Mechanismen können auf molekularer Ebene beschrieben werden.
2. Andere Drogen, Medikamente und auch Genussmittel stören in ähnlicher Weise die Homöostase, sodass die gegenregulatorischen Maßnahmen zu körperlicher Abhängigkeit führen können.
3. Verhaltensweisen, die süchtig entgleisen, sind mit der Freisetzung von Endorphinen verbunden. Auch Endorphine stören die Homöostase und können in Extremfällen zu körperlicher Abhängigkeit führen.

Wir können also auch von unseren „körpereigenen Drogen" abhängig werden.

5.5 Zusammenfassung

- Das Gehirn ist das entscheidende Organ, mittels dessen ein Organismus sein **Verhalten steuert**. Diese Fähigkeit setzt verschiedene Teiloperationen voraus: Wahrnehmung, Bewegungssteuerung, Bewertung, Motivation.

- **Wahrnehmung**
  Wahrnehmung bedeutet, dass **Reize** aus der Umwelt und aus dem Körperinneren über Sinnesorgane **registriert** werden. Da die Nervenzellen des Gehirns nur auf elektrische Signale oder entsprechende chemische Signalstoffe (Neurotransmitter, Neuropeptide) reagieren, müssen die Reize entsprechend **umgewandelt** werden. Das erfolgt nach dem **Prinzip der undifferenzierten Kodierung**: Verschlüsselt wird nur die **Intensität**, nicht die Natur des Reizes. **Herkunft** und **Bedeutung** der eintreffenden Nervensignale erschließt das Gehirn aufgrund komplizierter **Verarbeitungsprozesse** in den entsprechenden **sensorischen Arealen** der Großhirnrinde. Dabei werden die Sinnesdaten so weit **interpretiert**, dass die bestimmenden Merkmale der wahrgenommenen Objekte deutlich hervortreten.

- **Bewegungssteuerung**
  Verhaltensweisen bestehen aus Bewegungen, die von der Skelettmuskulatur ausgeführt werden. Zur Steuerung dieser Bewegungen entsteht in Motivationsarealen der Großhirnrinde ein **Bewegungsentwurf** (ein bestimmtes Muster an Aktionspotenzialen), der in den nachgeschalteten motorischen Zentren des Kleinhirns und der Basalganglien in ein **Bewegungsprogramm** umgesetzt wird. Dieses Bewegungsprogramm wird im Thalamus auf die jeweils gegebene Situation des Körpers abgestimmt. Nach dieser Feineinstellung wird das Programm zur motorischen Rinde weitergeleitet, die die einzelnen Muskeln ansteuert und dadurch zur **Bewegungsausführung** beiträgt. **Reflexe** können korrigierend in den Ablauf des Bewegungsprogramms eingreifen. Alle Bewegungen werden dem Gehirn zur **Kontrolle** und **Korrektur** zurückgemeldet.

- **Verhaltensbewertung**
  Das Gehirn bewertet Verhalten und speichert das Ergebnis der Bewertung im **Gedächtnis** in Form von **Emotionen** ab.
  Gedächtnis ist die Fähigkeit des Gehirns, Erfahrungen zu **speichern** und sich daran zu **erinnern**. Dabei kommt es zu spontanen Veränderungen der Gedächtnisinhalte. Wir speichern nur einen **geringen Teil** der aufgenommenen Informationen, **vergessen** einen Großteil wieder und behalten den Rest in Form von **Konzepten**. Über das **sensorische** Gedächtnis gelangen die Sinneseindrücke zum **Kurzzeitgedächtnis**, in dem die Verarbeitung stattfindet, und weiter zum **Langzeitgedächtnis**, das als Speicher fungiert. Das Kurzzeitgedächtnis arbeitet auf der Basis **neuronaler Schaltkreise** mit positiver Rückkoppelung, das Langzeitgedächtnis mit Veränderungen an den beteiligten **Synapsen** (Langzeitpotenzierung).

- **Emotionen** sind komplexe Muster von Veränderungen in einem Organismus, die als Reaktion auf Situationen auftreten, die für ein Individuum persönlich bedeutsam sind. In ihnen drückt sich eine angeborene oder erworbene **Bewertung** von Verhaltenssituationen aus, die eine physiologische Erregung, Gefühle, Denkprozesse und emotionalen Ausdruck einschließt. Es handelt sich um einen Vermittlungsmechanismus, der es einem Organismus erlaubt, im Hinblick auf seine Ziele und Bedürfnisse **optimal** und **flexibel** zu reagieren.

- **Motivation**
  Unter Motivation werden die **aktivierenden** und **richtunggebenden** Faktoren des Verhaltens verstanden. Durch sie wird Verhalten in Gang gesetzt, aufrechterhalten oder beendet.

- **Nahrungsaufnahme**
  Die Motivation zur Nahrungsaufnahme entsteht durch verschiedene **innere Signale** aus dem Körper, die das Hungerzentrum im Hypothalamus stimulieren:
  - abnehmende Verfügbarkeit von Glukose,
  - Rückgang der Wärmeproduktion,
  - erhöhter Blutfettspiegel durch Fettabbau.

  Zusätzlich können **äußere Signale** zur Nahrungsaufnahme anregen (Appetit).
  Beendet wird die Nahrungsaufnahme
  - **kurzfristig** durch verschiedene Sättigungssignale, die **vor der Resorption** der Nährstoffe (Geruch, Geschmack, Kaubewegungen, Magenfüllung, Verdauung) wirken, und
  - **langfristig** durch die Umkehrung der Hungersignale (vermehrte Verfügbarkeit von Glukose, gesteigerte Wärmeproduktion, aufgefüllte Fettspeicher).

- **Stress**
  Stress ist die unspezifische Reaktion des Organismus auf Anforderung jeglicher Art. Sie wird durch verschiedene Reize (**Stressoren**) ausgelöst und soll den Organismus physiologisch auf eine Kampf- oder Fluchtreaktion **vorbereiten**. Dabei werden durch den Hypothalamus zwei Systeme aktiviert:
  - **Adrenalin**freisetzung über Sympathicus und Nebennierenmark,
  - **Cortisol**freisetzung über Hypophyse und Nebennierenrinde.

  Dadurch kommt es zu **physiologischen Veränderungen**, die die Energieversorgung der Skelettmuskulatur in einer Kampf- oder Fluchtsituation sicherstellen. Erfolgt dies nur **kurzfristig** oder **selten**, bleibt es für den Organismus ohne Folgen. Bei **langfristigen** Belastungen passt sich der Körper an; die Daueraktivierung der entsprechenden Organe kann zu Erkrankungen aller Art führen.

- **Sucht**

Sucht bedeutet ein **zwanghaftes** Angewiesensein auf die Erfüllung eines Bedürfnisses. Diese Zwanghaftigkeit äußert sich in psychischer und körperlicher **Abhängigkeit** von einer Droge, einem Medikament, einem Genussmittel oder einem Verhalten.

An der **Entstehung** einer Sucht sind vorwiegend seelische und soziale Faktoren beteiligt, während die **Aufrechterhaltung** einer Sucht von zentralnervösen Prozessen im Gehirn gesteuert wird.

Psychische Abhängigkeit entsteht durch **Gewöhnung**. Die Motivation wird gelernt und die angenehme Wirkung verstärkt das Suchtverhalten.

Körperliche Abhängigkeit entsteht als **Folge physiologischer Anpassungsprozesse** im Körper durch

- Induktion Substanz abbauender **Enzyme** in der Leber (**metabolische** Toleranz),
- Veränderung von Anzahl und/oder Empfindlichkeit der **Rezeptoren** in der Zellmembran (**zelluläre** Toleranz).

Die **Toleranz** führt zur Steigerung der **Dosis** und – nach Absetzen – zu unangenehmen **Entzugserscheinungen**.

Alle Suchtmittel stören den regulierten Gleichgewichtszustand des Körpers (**Homöostase**). Die aktivierten Ausgleichsmechanismen balancieren ein neues Gleichgewicht aus. Der Körper ist nun auf das Suchtmittel zur Aufrechterhaltung seines Normalzustandes angewiesen.

L
E
R
N
TIPPS

Das Lernen lernen

Wissen an sich gibt es nicht. Informationen werden zu Wissen, indem man Beziehungen zu ihnen herstellt, erst dadurch erhalten sie Bedeutung für uns. Ein Auto z. B., das einem auf einmal besonders gut gefällt, wird urplötzlich auf der Straße auch viel häufiger wahrgenommen.

Unser Sinnesapparat arbeitet hoch selektiv. Einerseits können wir uns an Dinge nicht mehr erinnern, die wir – oft mit viel Mühe – versucht haben zu lernen, andererseits wissen wir die ausgefallensten Sachen, ohne dass wir ihr Einspeichern bewusst wahrgenommen haben. Lernen ist ein ausgesprochen komplexes Geschehen.

Richtig lernen kann man lernen –

genau wie andere Dinge auch!

Worauf kommt es also an?
Oft scheitern wir nicht am Lernen selbst, sondern wir beachten das Drumherum zu wenig. Denn oft ermöglichen schon kleine Veränderungen in unserem Lernverhalten ein erfolgreicheres Lernen. Vieles hängt von der richtigen Einteilung und einer guten Lernatmosphäre ab. Hier folgen nun ein paar Tipps und Tricks, die sich mit geringem Aufwand verwirklichen lassen.

1. Die richtige Portion

Unser Gedächtnis kann nur eine bestimmte Menge Lernstoff, z. B. Vokabeln, aufnehmen. Deshalb ist es nicht sinnvoll, große Mengen Neues auf einmal zu lernen. 30 neue Vokabeln sind schon genug.

Bei Lerntests hat man festgestellt, dass die ersten und letzten Vokabeln auf einer Liste besser gelernt werden als die mittleren. Unterteilt man den Lernstoff in mehrere Blöcke, z. B. in drei Zehnerblocks, und lernt jeden einzelnen Block für sich, kann man diesen Randeffekt ausnützen. Zwischen den Lernblocks sollte man Lernpausen einschieben oder sich mit einem anderen Fach beschäftigen. Probierts aus!

Eine sinnvolle Aufteilung der Hausaufgaben in die **richtigen Portionen** kann euch beim Lernen schon viel helfen. Eine Portion sollte in 20 bis 30 Minuten Arbeitszeit erledigt sein. Schreibt einzelne Zettel, auf denen die Hausaufgabenportionen stehen, und hängt diese nebeneinander an eine Pinnwand. Mit jeder bearbeiteten Portion verschwindet ein Zettel. Auf diese Weise wird das Fortschreiten eurer Arbeit direkt sichtbar. Dieses kleine Erfolgserlebnis ermutigt oft zum Weiterarbeiten!

2. Der feste Arbeitsplatz

Eine ganz wichtige Voraussetzung für erfolgreiches Lernen ist ein fester Arbeitsplatz. Das muss nicht unbedingt ein eigener Schreibtisch sein, sondern ein **ständiger Platz** in einem Raum, an dem ihr beim Lernen **ungestört** seid. Habt ihr euch für einen Platz entschieden, dann versucht dort nur eure Aufgaben zu erledigen und nicht irgendwelchen Freizeitbeschäftigungen nachzugehen. Ihr werdet feststellen, dass ihr euch nun auf euren Lernstoff viel schneller konzentrieren könnt und mit eurer Arbeit besser vorankommt.

Auch für Eltern und Geschwister ist es jetzt viel einfacher; denn sie wissen, dass ihr am Lernen seid und können so viel besser Rücksicht nehmen.

An eurem Arbeitsplatz solltet ihr euch wohl fühlen. Mit einem Poster oder Bild, das euch besonders gut gefällt, schafft ihr euch eine angenehme Atmosphäre. Doch Vorsicht: Nicht zu viel, sonst werdet ihr von der Arbeit abgelenkt.

3. Ordnung ist das halbe Leben ...

... na ja - zumindest hilft sie ungemein: An eurem Arbeitsplatz sollten **alle nötigen Arbeitsmittel**, wie Bücher, Hefte, Stifte usw. griffbereit sein; denn Suchen kostet Zeit. Außerdem sollte nur das auf dem Platz liegen, was ihr tatsächlich zum Arbeiten braucht. Wenn ihr mit einer Arbeit fertig seid, ist das Wegräumen auch ein kleines Erfolgserlebnis.

Auch die Heftführung ist wichtig, ein **gut geführter Ordner** erleichtert das Lernen und ist eine optimale Vorbereitung auf Klausuren: Eintragungen mit Datum versehen, klar strukturieren, Rand lassen, deutlich und gut lesbar schreiben, lose Blätter einkleben!

4. Die Arbeitsumgebung

Wer hat nicht schon einmal mit den Eltern Streit gehabt, weil er beim Lernen seine Lieblingsmusik angeschaltet hatte. Musikhören und Lernen schließen sich nicht grundsätzlich aus, es hängt vielmehr vom Lernstoff und der Art der Musik ab, ob die Hintergrundmusik sich aufs Lernen ungünstig auswirkt. Ungeeignet sind laute Rockmusik und Radiosendungen, bei denen die Musik durch ständige Ansagen unterbrochen wird. Je kniffliger die Aufgaben sind, umso **weniger Umgebungsgeräusche** sollten vorhanden sein, nur dann könnt ihr euch gut konzentrieren.

Achtet an eurem Arbeitsplatz auch auf:

- genügend **Sauerstoff** (Sauerstoffmangel macht müde!),
- gute **Lichtverhältnisse**
- und eine angenehme **Raumtemperatur**.

5. Die Arbeitszeit

„Voller Bauch studiert nicht gern." Das alte Sprichwort hat Recht: In der Tat ist die Leistungsfähigkeit nach Hauptmahlzeiten geringer. Denn dann werden die Verdauungsorgane optimal mit Blut versorgt, das wiederum dem Gehirn fehlt. Man fühlt sich müde und benötigt Ruhe. Aber auch ein leerer Bauch ist zum Lernen nicht ideal, dann kreisen alle Gedanken nur noch ums Essen. Also: Findet **eure besten Lernzeiten** selbst heraus und haltet sie möglichst täglich ein. **Gewöhnung** ist ganz wichtig.

Auch innerhalb einer Lernphase ist die Aufnahmebereitschaft sehr unterschiedlich. Am besten bewährt hat sich folgende Einteilung, ähnlich wie beim Sport:

1. **Einstiegsphase (Aufwärmzeit):** Sich auf einen Lernstoff einzustellen braucht seine Zeit, das Gehirn muss sich von dem lösen, was gerade vorher passiert ist. In der ersten Viertelstunde ist nur eine geringe Leistungsfähigkeit vorhanden.
2. **Hauptarbeitsphase (Konzentrationsphase):** Erst jetzt mit den schwierigeren Aufgabenteilen beginnen - auch für die Einteilung bei einer Klausur ein guter Tipp! Leistungsabfall nach ca. 15 Minuten.
3. **Endspurtphase**: Wenn das Ende deutlich in Sicht ist, werden nochmals größere Energien freigesetzt.

6. Pause muss sein!

Spätestens wenn eure Gedanken auf Wanderschaft gehen und ihr immer häufiger an alles Mögliche denkt, nur nicht an die Aufgaben, ist es Zeit für eine Pause. **Pausen zum richtigen Zeitpunkt** sind genauso wichtig wie das Lernen selbst, sie gehören zu eurer Arbeitszeit dazu. Danach könnt ihr euch wieder viel besser konzentrieren. Dabei sind mehrere kleine Pausen besser als eine zu große. Nach großen Pausen braucht ihr zu lange, um euch wieder in den Lernstoff zu vertiefen. Pausen sind ein notwendiger Bestandteil effektiven Lernens!

Arbeitszeit = Lernzeit + Pausen!

7. Lernplakat und Spickzettel

Das Erstellen eines guten **Spickzettels** will gelernt sein! Er ist eine ausgezeichnete Klausurvorbereitung für euch, denn ihr müsst euch gut überlegen, was wichtig und was unwichtig ist. Dabei setzt man sich so intensiv mit einem Lernstoff auseinander, dass der Spicker bei der Klausur dann überflüssig wird. Oft beruhigt ja schon seine Anwesenheit!

Gut ist, wenn man mit einem **Lernplakat** beginnt, mindestens im Format DIN A3 (großer Zeichenblock): Mit einem dicken Stift (z. B. einem Filzstift) schreibt ihr deutlich diejenigen Lerninhalte auf das Blatt, die für die Klausur wichtig sind. Bemüht euch um Übersichtlichkeit und eine klare Gliederung.

Lernplakat und Spickzettel

Verdeutlicht euch den Lernstoff unbedingt mit Skizzen, Zeichnungen, Grafiken und veranschaulicht ihn durch Bilder und ergänzendes Material. Hängt dieses Plakat an eurem Arbeitsplatz auf, damit es euch regelmäßig ins Auge fällt.

Kurz vor der Klausur muss das Plakat überarbeitet werden: Ihr schreibt nur noch das Wichtigste in Stichworten auf einen kleinen Zettel, überlegt dabei neue Formulierungen, lasst alles weg, was ihr mittlerweile gut wisst. Auf keinen Fall nur gedankenlos abschreiben!

8. Vor der Klausur

Wie ihr seht, kann man beim Lernen viele Fehler machen. Auch zu viel Lernen kann ungünstig sein: Lernstoff muss sich im Gedächtnis verankern können, und dazu braucht das Gehirn Ruhe und Zeit. Versucht man in zu kurzer Zeit zu viel zu lernen, kann bereits Gelerntes wieder verdrängt werden.

Wenn ihr also im Unterricht regelmäßig mitarbeitet und eure Hausaufgaben sorgfältig macht, solltet ihr für eine Klausur nichts Neues mehr lernen müssen, sondern euch **aufs Wiederholen beschränken**. Dies gilt besonders direkt vor der Klausur. Hier solltet ihr euer Gehirn auf Erinnern und nicht auf Lernen einstellen.

Und dann noch ein ganz besonderer Tipp:
Zieht zu Klausuren eure
Lieblingsklamotten an!

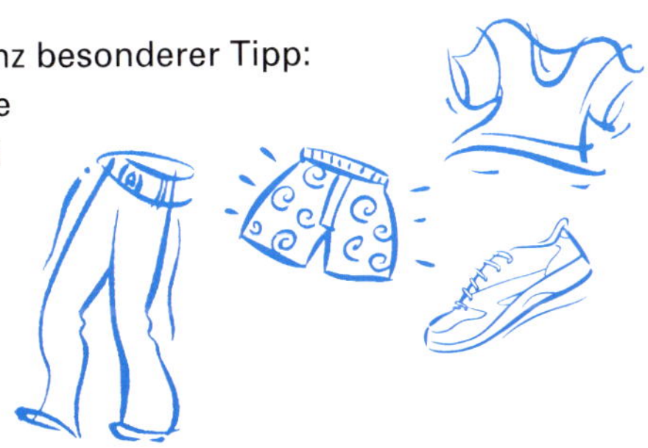

9. Lehrer sind auch nur Menschen

Erfolgserlebnisse, Lob und Streicheleinheiten sind für jeden wichtig. Auch eure Lehrer brauchen Erfolgserlebnisse, um weiterhin gerne zu unterrichten.

Also: Bemüht euch um **ein gutes Arbeitsklima** und arbeitet im Unterricht mit: So macht es allen mehr Spaß – den Lehrern und vor allem euch selbst!

Quellen

Text:	Fundstelle:
S. 5	„Woran arbeiten Sie?“ wurde Herr K. gefragt ... von Bertolt Brecht, aus: Gesammelte Werke, Geschichten von Herrn Keuner. © Suhrkamp Verlag Frankfurt am Main 1967

Abbildung:	Fundstelle:
4	verändert nach Alberts et al. (1990), S. 1061
36b	verändert nach Purves et al. (1995), S. 918
46	verändert nach Thews/Mutschler/Vaupel (1989), S. 422
48	ebda., S. 424
67	verändert nach Klinke (1987), S. 89
71	verändert nach Purves et al. (1995), S. 896
72	verändert nach Alberts et al. (1990), S. 1107
93	ebda., S. 823
94	verändert nach Silbernagl/Despopoulos (1979), S. 225
97	verändert nach Hassenstein (1973), S. 45 u. 49
99	verändert nach Thews/Mutschler/Vaupel (1989), S. 57
101	verändert nach Crapo (1986), S. 38
102	ebda., S. 121
103	verändert nach Notkins (1980), S. 38
106	verändert nach Mehnert (1986), S. 146
107	ebda., S. 145
108	verändert nach Haupt/Schöffling (1977), S. 70
110	verändert nach Roth (1992), S. 9
111	verändert nach Schmidt/Thews (1990), S. 133
112	verändert nach Maelicke (1990), S. 71
113a	aus Schober/Rentschler (1972), S. 65
114	nach Klinke (1987), S. 71
115	verändert nach Schmidt (1983), S. 189
116	verändert nach Ditfurth (1976), S. 239
117	verändert nach Thompson (1990), S. 291
118	verändert nach Schmidt (1983), S. 364
119	verändert nach Kandel/Hawkins (1992, S. 72
121	verändert nach LeDoux (1994), S. 82
124	verändert nach Pudel/Westenhöfer (1997), S. 138
126	verändert nach Kleinert (1982), S. 66
127	ebda., S. 38
130	verändert nach Snyder (1988), S. 63
131	verändert nach Bundeszentrale (1990), S. 54
132	ebda., S. 57
133	verändert nach Herz (1980), S. 84

Aufgaben:	Fundstelle:
D/1	nach Zimbardo (1992), S. 276
D/2	nach Markowitsch (1996), S. 52/53

Trotz intensiver Bemühungen ist es uns nicht gelungen, alle Quellen ausfindig zu machen. Für entsprechende Hinweise sind wir dankbar.

Alberts, B. et al. Molekularbiologie der Zelle, 2. Auflage, Weinheim 1990

Birbaumer, N./ Schmidt, R. F. Biologische Psychologie, 2. Auflage, Berlin 1991

Brockhaus Enzyklopädie 19. Auflage, Mannheim 1986–1994

Buddecke, E. Grundriß der Biochemie, 8. Auflage, Berlin 1989

Bundeszentrale für gesundheitliche Aufklärung (Hrsg.) Materialien zu Drogenproblemen für den Biologie-Unterricht der gymnasialen Oberstufe, Köln/Stuttgart 1990

Cornelsen Verlag (Hrsg.) Biologie 3, Berlin 1993

Crapo, L. Hormone. Die chemischen Boten des Körpers, Heidelberg 1986

Daumer, K./Hainz, R. Verhaltensbiologie, 2. Auflage, München 1990

Ditfurth, H. v. Der Geist fiel nicht vom Himmel, Hamburg 1976

Eiff, A. W. v. Seelische und körperliche Störungen durch Streß, Stuttgart 1976

Elbert, T./Rockstroh, B. Psychopharmakologie, Berlin 1990

Gross W. Sucht ohne Drogen, Frankfurt 1990

Hassenstein, B. Biologische Kybernetik, Heidelberg 1973

Haupt, E./Schöffling, K. Ätiologie und Pathogenese des Diabetes mellitus, in: Medizin in unserer Zeit 3, 1977, S. 66–74

Hedewig, R. Streß, in: Unterricht Biologie 42, 1980, S. 2–14

Herz, A. Biochemische und pharmakologische Aspekte der Drogensucht, in: Spektrum der Wissenschaft 4, 1980, S. 78–88

Holst, D. v. Zoologische Streß-Forschung – ein Bindeglied zwischen Psychologie und Medizin, in: Spektrum der Wissenschaft 5, 1993, S. 92–96

Holst, D. v./Scherer, K. R. Streß, in: Funkkolleg Psychobiologie, Studienbegleitbrief 6, Weinheim/Basel 1987, S. 95–139

Kandel, E. R./ Hawkins, R. D. Molekulare Grundlagen des Lernens, in: Spektrum der Wissenschaft 11, 1992, S. 66–76

Kleinert, R. Streß – Würze des Lebens?, in: Naturwissenschaften im Unterricht – Biologie, Themenheft 8, 2, 1982

Klinke, R. Der Wahrnehmungsapparat, in: Funkkolleg Psychobiologie, Studienbegleitbrief 4, Weinheim/Basel 1987, S. 67–107

LeDoux, J. E. Das Gedächtnis für Angst, in: Spektrum der Wissenschaft 8, 1994, S. 76–83

Maelicke, A. (Hrsg.) Vom Reiz der Sinne, Weinheim 1990

Markowitsch, H. J. Neuropsychologie des menschlichen Gedächtnisses, in: Spektrum der Wissenschaft 9, 1996, S. 52–61

Mehnert, H. (Hrsg.) Stoffwechselkrankheiten, 4. Auflage, Stuttgart 1990

Mehnert, H. Der Mensch ist so gesund wie sein Stoffwechsel, München 1986

Mörike, K./Betz, E./ Mergenthaler, W. Biologie des Menschen, 13. Auflage, Heidelberg 1991

Notkins, A. Ursachen des Diabetes, in: Spektrum der Wissenschaft 1, 1980, S. 36–47

Osram. R. F. Biology of Living Systems, Ohio 1976

Purves, W. LIFE, The Science of Biology, 4th Ed., Massachusetts 1995

Romer, A. Vergleichende Anatomie der Wirbeltiere, 3. Auflage, Hamburg/ Berlin 1971

Roth, G. 100 Milliarden Zellen, in: Funkkolleg Der Mensch (Studienbrief 2), Tübingen 1992

Ruppert, W. Insulin – vom Molekül zum Menschen, in: Unterricht Biologie 229, 1997, S. 44–49

Schäffler, A./ Schmidt, S. (Hrsg.) Mensch, Körper, Krankheit, Neckarsulm 1993

Schmidt, R. F. Medizinische Biologie des Menschen, München 1983

Schmidt. R. F./ Thews, G. (Hrsg.) Physiologie des Menschen, 24. Auflage, Berlin 1990

Schneider, K./ Scherer, K. R. Motivation und Emotion, in: Funkkolleg Psychobiologie, Studienbegleitbrief 6, Weinheim/Basel 1987, S. 57–94

Schober, H./ Rentschler, J. Optische Täuschungen in Wissenschaft und Kunst, München 1972

Schüler-Duden Die Biologie, 2. Auflage, Mannheim 1986

Selye, H. Streß, Hamburg 1977

Silbernagl, S./ Despopoulos, A. Taschenatlas der Physiologie, Stuttgart 1979

Snyder, S. H. Chemie der Psyche, Heidelberg 1988

Stryer, L. Biochemie, Heidelberg 1990

Thews, G./Mutschler, E./ Vaupel, P. Anatomie, Physiologie, Pathophysiologie des Menschen, 4. Auflage, Stuttgart 1991

Thompson, R. F. Das Gehirn. Von der Nervenzelle zur Verhaltenssteuerung, Heidelberg 1990

Vester, F. Phänomen Streß, Stuttgart 1976

mentor Abiturhilfe

Biologie

Oberstufe

Nerven, Sinne, Hormone

Reiner Kleinert
Wolfgang Ruppert
Franz X. Stratil

Lösungsteil

mentor
Eine Klasse besser.

A/1
S. 12

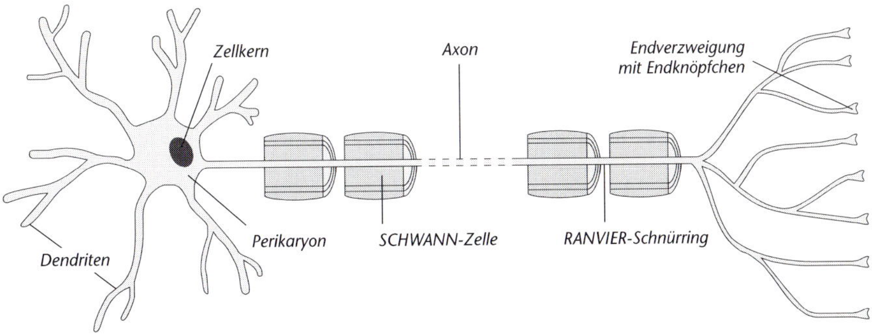

A/2
S. 16
Der Ausstrom von K^+-Ionen von der Seite hoher Konzentration zur Seite niedriger Konzentration führt zu einem Abbau des Konzentrationsgefälles.

A/3
S. 16
Der Ausstrom von K^+-Ionen führt zu einer zunehmenden Anreicherung positiver Ladungen auf der Einstromseite (rechts). Das Ladungsgefälle wird also mit zunehmendem Kaliumausstrom nach rechts immer größer.

A/4
S. 17
Verhältnis der Durchlässigkeiten von $K^+ : Na^+ = 100 : 4$. $100 : 4 = 25$.
Die Durchlässigkeit der Membran im Ruhezustand ist für Kaliumionen also 25fach stärker als für Natriumionen.

A/5
S. 18
Die Cl^--Ionen-Konzentration ist außen deutlich höher als innen *(vgl. Abb. 14)*. Damit wandern Cl^--Ionen im Bestreben nach Konzentrationsausgleich ins Axoninnere ein. Das trägt zur ungleichen Ladungsverteilung bei. Im Bestreben nach Ladungsausgleich kommt es zu einem Cl^--Ionen-Rückstrom nach außen. Schließlich sind Konzentrations- und Ladungsgefälle gleich groß und die ein- und ausströmenden Cl^--Ionen halten sich die Waage.

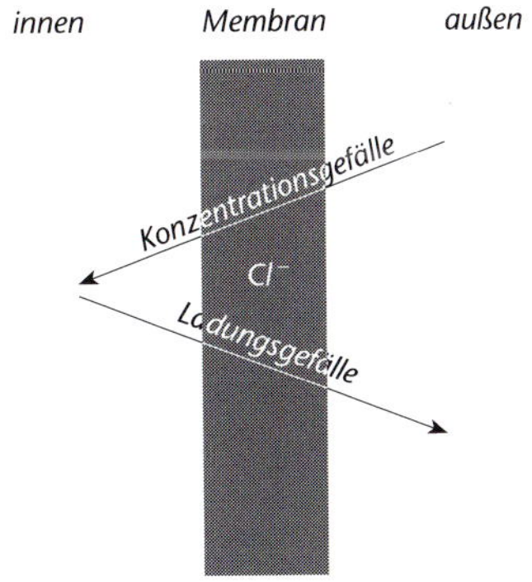

Zusammenwirken von Konzentrations- und Ladungsgefälle bei Cl^-

Dieses Verhalten der Cl^--Ionen sorgt demnach für eine Stärkung der negativen Ladung im Axoninneren, stützt also das Ruhepotenzial.

A/6
S. 18
Die Na^+-Ionen-Konzentration ist außen deutlich höher als innen *(vgl. Abb. 14)*. Damit wandern Na^+-Ionen im Bestreben nach Konzentrationsausgleich ins Axoninnere ein. Im Bestreben nach Ladungsausgleich wandern die Na^+-Ionen **ebenfalls ins Axoninnere** ein! Konzentrations- und Ladungsgefälle arbeiten hier also in dieselbe Richtung.

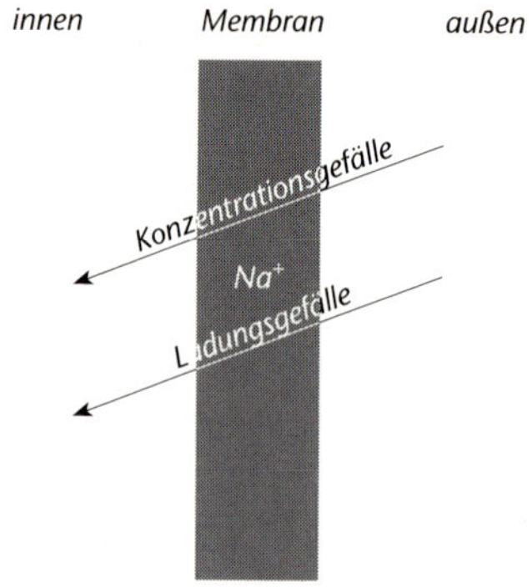

Auswirkung von Konzentrations- und Ladungsgefälle bei Na^+

A

Dieses Verhalten der Na^+-Ionen sorgt für einen Abbau der negativen Ladung im Axoninneren, schwächt also das Ruhepotenzial.

A/7 S. 19 Pro Pumpvorgang wird in der Bilanz eine positive Ladung aus der Zelle heraustransportiert. Dies stützt das Ruhepotenzial (innen negativ, außen positiv!).

A/8 S. 19 Es käme zu einer Vergrößerung der Anzahl von Ionen im Zellinneren, da ja nicht mehr drei Ionen hinausbefördert würden pro zwei hereintransportierten. Diese Konzentrationszunahme hätte den Einstrom von Wasser zur Folge, die Zelle würde praller angespannt sein, evtl. sogar platzen.

A/9 S. 22

a) Dazu sind die Na^+-Ionen prädestiniert, denn sie werden sowohl vom Konzentrations- als auch vom Ladungsgefälle ins Axoninnere getrieben *(vgl. Antwort zu Aufgabe A/6)*.

b) Es muss dazu kommen, dass die Axonmembran, die im Ruhezustand für Na^+-Ionen nur sehr schwer passierbar ist *(vgl. Aufstellung auf S. 17)*, ihre Durchlässigkeit für diese Ionensorte deutlich erhöht.

A/10 S. 23 Eine geringe Depolarisation führt zur leichten Öffnung von aktiven Natriumionenkanälen. Damit ist es einer geringen Anzahl an Na^+-Ionen möglich, ins Innere des Axons einzuströmen. Dieser Einstrom bewirkt die Zunahme der positiven Ladung im Axon und führt zu einer Zunahme der Depolarisation. Dies hat eine Vergrößerung der „Torweite" der aktiven Natriumionenkanäle und damit eine Zunahme des Na^+-Einstroms zur Folge. Dieser Einstrom bewirkt die Zunahme ... usw.

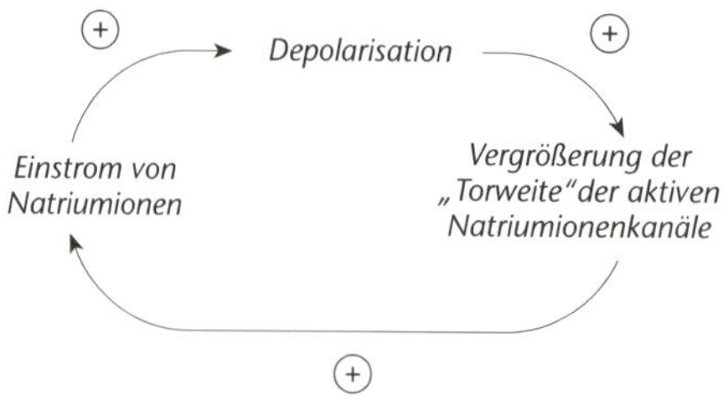

Pfeildiagrammschema

A/11 S. 25 An der Membranstelle, von „der das Aktionspotenzial herstammt", befindet sich die Membran im Zustand der Refraktärphase *(vgl. Text zu Abb. 19)*. Eine durch die Kreisströmchen vermittelte Depolarisation kann deshalb an dieser Stelle kein Aktionspotenzial auslösen.

A/12 S. 29 Die beiden in der Synapse verschalteten Zellen sind durch einen Spalt voneinander getrennt. Dieser ist zu breit, um durch Ionenströme überwunden zu werden.

A/13
S. 30

Sie müssen für Na^+-Ionen durchlässig sein. Diese befinden sich außerhalb der Zelle (im synaptischen Spalt) in höherer Konzentration als innerhalb der Zelle. Bei der Öffnung der Ionenkanäle kommt es demnach zu einem sowohl vom Konzentrations- als auch vom Ladungsgefälle getriebenen Natriumioneneinstrom in die postsynaptische Zelle.

A/14
S. 34

Die Erregung in der Nasenschleimhaut wird als allmählich zunehmend empfunden. Die zeitliche Summation führt schließlich zum Niesen.

A/15
S. 36

Ein einlaufendes Aktionspotenzial depolarisiert die Membran im Bereich des Endknöpfchens.
Dies hat zur Folge, dass in der Membran Calciumionenkanäle geöffnet werden, was eine Erhöhung der Ca^{2+}-Ionen-Konzentration im Endknöpfchen zur Folge hat.
Synaptische Bläschen verschmelzen daraufhin mit der praesynaptischen Membran und setzen die Moleküle des Überträgerstoffs Acetylcholin frei.
Die Acetylcholinmoleküle diffundieren über den synaptischen Spalt zur subsynaptischen Membran. Dort binden sie sich an Rezeptoren. Das führt zur Öffnung von Ionenkanälen, die besonders gut durchlässig für Na^+-Ionen sind.
Durch die geöffneten Membrankanäle strömen Ionen, was zu einer Depolarisation des Membranpotenzials führt, die als Endplattenpotenzial bezeichnet wird.
Dieses lokale Potenzial breitet sich in die angrenzenden Bezirke der Muskelfasermembran aus und bewirkt letztendlich die Kontraktion.
Das Enzym Cholinesterase spaltet die Acetylcholinmoleküle auf und löst sie auf diese Weise von den Rezeptoren ab.
Die Bruchstücke des Transmitterstoffes diffundieren über den synaptischen Spalt zurück, werden in das Endknöpfchen aufgenommen und durch ein anderes Enzym wieder zu Acetylcholin zusammengesetzt.

A/16
S. 42

Curare blockiert die Rezeptoren für Acetylcholin. Acetylcholin kann sich daraufhin nicht selbst an die Rezeptoren anlagern. Die Membrankanäle bleiben infolgedessen geschlossen. Es kann sich kein Muskel-Aktionspotenzial ausbilden und demnach auch keine Kontraktion stattfinden.

A/17
S. 45

Das Signal wird an jeder Synapse durch Ausschüttung eines Transmitterstoffes weitergemeldet. Diese chemische Informationsweitergabe ist jeweils sehr zeitaufwendig. Insgesamt ergibt sich deshalb eine sehr geringe Signalleitungsgeschwindigkeit.

A/18
S. 48

Der Vogelflug stellt im Vergleich zur bodenbezogenen Lebensweise eines Amphibiums deutlich höhere Anforderungen bezüglich der Bewegungskoordination und der Erhaltung des Körpergleichgewichtes. Diese Funktionen werden vom Kleinhirn aus gesteuert, das demnach bei einem Vogel komplizierter aufgebaut sein muss als bei einem Amphibium.

A/19
S. 55

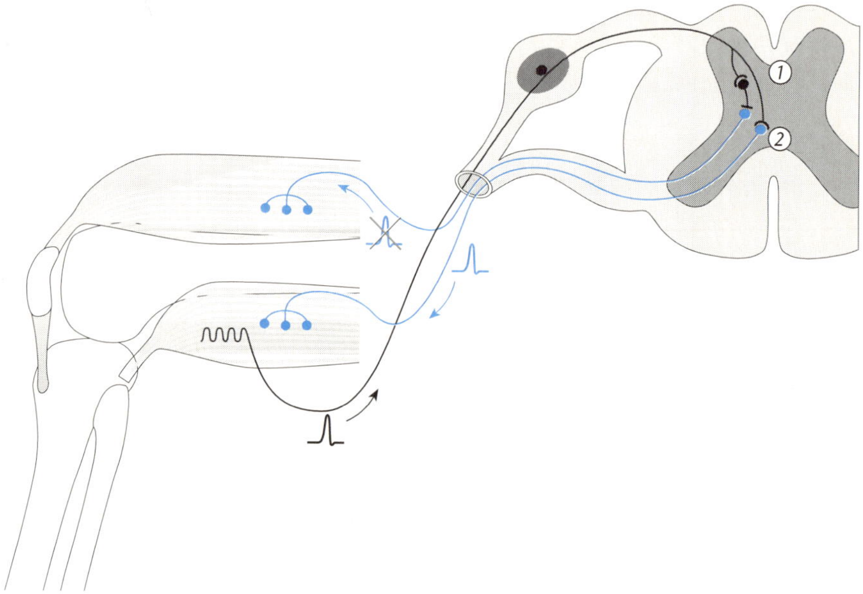

A/20
S. 58

a) Vom Sympathicus werden in ihrer Funktion gefördert:
Skelettmuskulatur, Lunge, Herz.

b) Vom Parasympathicus werden in ihrer Funktion gefördert:
Speicheldrüsen, Magen, Bauchspeicheldrüse, Nieren, Darm, Enddarm, Blase, Genitalien.

A/21
S. 58

Dies ist z. B. sinnvoll in einer Gefahrensituation, auf die mit Flucht oder Angriff reagiert werden muss. Dabei ist es erforderlich, dass die Leistung von Herz, Lunge und Skelettmuskeln gesteigert wird, während Funktionen wie Verdauung oder Exkretion – die nichts zur Bereinigung der Gefahrensituation beitragen – gedrosselt werden. Beides wird durch den Sympathicus bewirkt.

A/22
S. 58

Die Effekte, die ein Neurotransmitter ausübt, werden generell von den Rezeptormolekülen auf der subsynaptischen Membran bestimmt. Dadurch kann ein und derselbe Transmitterstoff in einem Organ stimulierend und in einem anderen Organ hemmend wirken.

Lösungen Teil B

B/1
S. 65

Die Chemorezeptoren in der Nasenschleimhaut, die auf die „Duft"-Moleküle ansprechen, arbeiten im Stile einer phasischen Sinneszelle. Beim Betreten des Klassenzimmers beginnt der Reiz auf die Sinneszellen einzuwirken; diese senden zunächst eine hohe Frequenz an Aktionspotenzialen aus, was zur beschriebenen Wahrnehmung führt. Der Reiz wirkt zwar weiter auf die Sinneszelle ein, die Aussendung von Aktionspotenzialen sinkt aber auf null, was zum Abklingen der Sinnesempfindung führt.

B/2
S. 67

Flachauge: ermöglicht die Bestimmung der ungefähren Richtung des einfallenden Lichts.

Pigmentbecherauge und **Grubenauge:** ermöglichen die relativ genaue Bestimmung der Richtung des einfallenden Lichts.
Lochkameraauge und **Blasenauge:** ermöglichen bildhaftes, aber lichtschwaches Sehen.
Linsenauge: ermöglicht die Wahrnehmung eines scharfen und lichtstarken Bildes.
Facettenauge: ermöglicht die Wahrnehmung relativ lichtstarker und scharfer Bilder.

B/3
S. 70
Skizze der Netzhaut *siehe Abb. 66.*
Benennung der Zelltypen: Photorezeptoren, bipolare Schaltzellen, Ganglienzellen, Amakrinzellen, Horizontalzellen.
Richtige Zuordnung *siehe Text zu Abb. 66.*

B/4
S. 72
Rezeptorzelle im „Normalfall": Die Zelle befindet sich im Ruhezustand. Das Eintreffen eines adäquaten Reizes führt zur Abnahme des Membranpotenzials. Bei überschwelliger Depolarisation am Axonhügel wird die Zelle „aktiv".
Abweichende Funktionsweise der Lichtsinneszelle: Die Lichtsinneszelle befindet sich ohne Reizung im aktiven Zustand. Das Eintreffen eines adäquaten Reizes führt zum Anstieg des Membranpotenzials. Die Zelle wird desaktiviert.

B/5
S. 75
Beim Übergang in die Naheinstellung fällt die Krümmung der Linse durch die mangelnde Elastizität schwächer aus. Sehr nahe Gegenstände können nicht mehr scharf abgebildet werden.

B/6
S. 77
In diesem Fall wird der fixierte Gegenstand nicht wahrgenommen, da im Gelben Fleck keine lichtempfindlichen Stäbchen vorhanden sind. Wenn man im starken Dämmerlicht einen Gegenstand sehen will, dann darf man ihn nicht fixieren, sondern muss an ihm vorbeischauen. Probiere das mal aus!

B/7
S. 81
Rechengang: Vom Wert für das direkt weitergeleitete Erregungsmuster werden die Werte für die beiden seitlich einwirkenden, hemmenden Erregungsmuster subtrahiert:
10 - 2 - 2 = 6; 10 - 2 - 1 = 7
5 - 2 - 1 = 2; 5 - 1 - 1 = 3

B/8
S. 81
Seitliche Hemmungen setzen eine seitliche Verschaltung der reizverarbeitenden Zellen voraus. Auf der Ebene der Netzhaut besteht eine seitliche Verschaltung durch die Horizontal- und Amakrinzellen.

B/9
S. 84
a) Die Schwingungen der Luftmoleküle werden auf das Trommelfell übertragen. Dessen Bewegungen werden durch die drei Gehörknöchelchen (Hammer, Amboss und Steigbügel) auf die Membran des ovalen Fensters übertragen.
b) Durch die unterschiedliche Größe von Trommelfell und ovalem Fenster und durch die Hebelwirkung der Gehörknöchelchen kommt es zu einer Kraftverstärkung.

B/10
S. 84
Die Kalkablagerungen führen dazu, dass das runde Fenster seine Elastizität verliert. Es kann sich nicht mehr bewegen. Dadurch können auch keine Druckwellen mehr durch das ovale Fenster auf die Lymphflüssigkeit übertragen werden, denn die Flüssigkeit lässt sich nicht zusammenquetschen, sondern bewegt sich nur, wenn sie ausweichen kann. Das Innenohr ist quasi stillgelegt.

Lösungen Teil C

C

C/1
S. 96

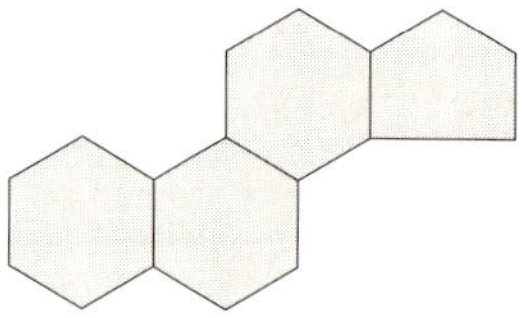

C/2
S. 97

Das Jod zur Herstellung der Schilddrüsenhormone Thyroxin und Trijodthyroxin muss mit der Nahrung aufgenommen werden. Jodmangel führt bei Jugendlichen zu Wachstumsstörungen, verzögerter geistiger Entwicklung und Schilddrüsenvergrößerung.

C/3
S. 98

Da Aspirin® die enzymatische Oxidation von Arachidonsäure hemmt, werden weniger Prostaglandinmoleküle synthetisiert. Dadurch unterbleibt die Sensibilisierung der Schmerzrezeptoren, die nun nicht mehr auf Veränderungen in ihrer Umgebung reagieren.

C/4
S. 102

Hormon bindet an Rezeptor in der Zellmembran → Rezeptor verändert seine Raumstruktur → Rezeptor koppelt an das Enzym Adenylatcyclase → Enzym wird aktiviert, ATP in cAMP umzuwandeln → Anstieg der intrazellulären cAMP-Konzentration → Aktivierung von Proteinkinasen → Phosphorylierung von Enzymen im Cytoplasma oder Regulatorproteinen im Zellkern → beeinflusst bestimmte Stoffwechselreaktionen oder die Proteinbiosynthese.

C/5
S. 107

Grundbegriff	Funktionselement
Regelgröße	Raumtemperatur
geregeltes System	Zimmer
Fühler	Thermometer
Regler	Thermostat
Stellglied	Heizung
Störgröße	Außentemperatur

C/6
S. 109

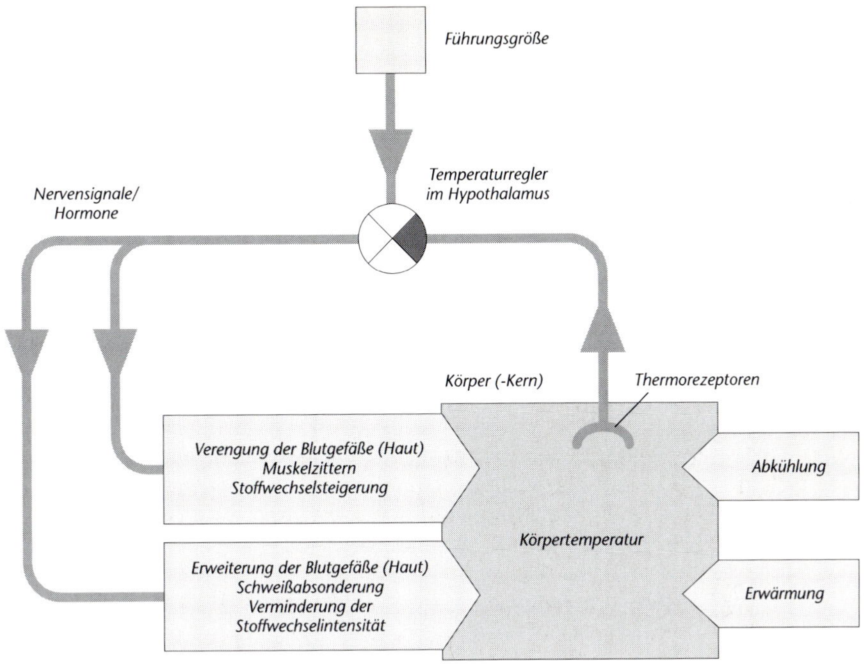

C/7
S. 117

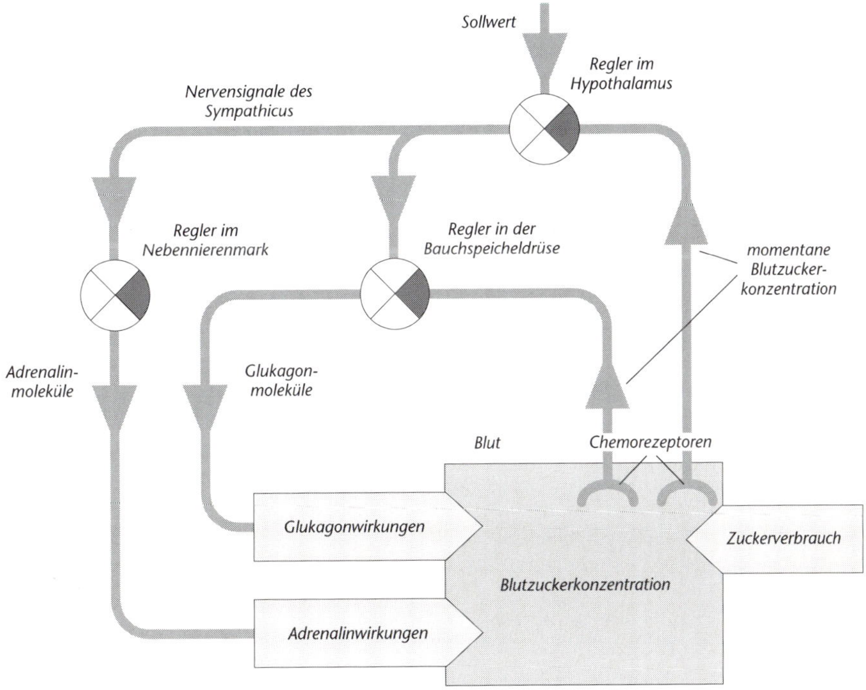

C/8 S. 120

a) Der Blutzuckerspiegel steigt in der ersten halben Stunde leicht an und kehrt innerhalb der folgenden $2^1/_2$ Stunden durch die Insulinwirkung auf den Ausgangswert zurück. Die Insulinfreisetzung verläuft fast parallel.

b) Bei den Übergewichtigen steigt der Blutzuckerspiegel ebenfalls in der ersten halben Stunde nur leicht an, kehrt aber innerhalb der folgenden $2^1/_2$ Stunden nicht vollständig auf den Ausgangswert zurück. Wegen der Insulinresistenz muss die Bauchspeicheldrüse die Insulinfreisetzung drastisch steigern. Nach 2 Stunden ist die Insulinkonzentration fast dreimal so hoch wie bei Testgruppe a.

c) Bei den Diabetikern steigt der Blutzuckerspiegel zwei Stunden lang kontinuierlich auf Werte bis fast 300 mg/100 ml (d. h. 3 g/l) an; danach erst sinkt er langsam wieder. Die Insulinfreisetzung erfolgt im Vergleich dazu sehr verzögert und unzureichend, obwohl nach 2 Stunden Insulinkonzentrationen wie bei Testgruppe a erreicht werden. Die hohen Blutzuckerwerte ergeben sich aus der Insulinresistenz der Zielzellen **und** der unzureichenden Insulinabgabe durch die Bauchspeicheldrüse.

C/9 S. 120

a) Bei Typ-I-Diabetikern muss das fehlende Insulin verabreicht, d. h. gespritzt werden. Die Insulininjektionen müssen an die Nahrungsaufnahme und an den Aktivitätsrhythmus angepasst werden.

b) Bei Typ-II-Diabetikern muss die Insulinresistenz der Zielzellen beseitigt werden, d. h. Gewichtsreduktion durch kontrollierte Nahrungsaufnahme und Steigerung der körperlichen Aktivität. Erst wenn diese Maßnahmen den Blutzuckerspiegel nicht normalisieren, sind Medikamente angezeigt.

Lösungen Teil D

D/1 S. 133

Wenn dein Kurzzeitgedächtnis so arbeitet wie das der meisten Menschen, dann konntest du dich an sieben Zahlen oder sieben Buchstaben erinnern. Da einige Menschen sich nur an fünf, andere dagegen an neun unabhängige Einheiten in der richtigen Reihenfolge erinnern, gilt das Prinzip: sieben plus/minus zwei. Es funktioniert auch bei der Wiedergabe von Listen mit zufällig ausgewählten Wörtern oder Namen.

D/2 S. 133

a) Sensorisches Gedächtnis, Kurzzeitgedächtnis, Langzeitgedächtnis. Das Langzeitgedächtnis wird unterteilt in ein prozedurales und ein deklaratives; zu letzterem gehören das semantische und das episodische Gedächtnis.

b) Da der Patient über alle Fertigkeiten verfügt und sich an gespeichertes Wissen erinnern kann, ist er von einem Verlust seines episodischen Langzeitgedächtnisses betroffen.

D/3 S. 142

Da die Nahrung nicht in den Magen gelangt, erfolgt die Beendigung der Mahlzeiten durch die Signale, die von den Geruchs- und Geschmacksrezeptoren im Mund-Nasen-Rachen-Raum und den Kaubewegungen ausgelöst werden. Da diese präresorptiven Sättigungssignale durch keine postresorptiven Signale bestätigt werden, hält das Sättigungsgefühl nur kurz an und erneuter Hunger stellt sich ein.

D/4 S. 142

Bei Normalgewichtigen funktionieren auch im Experiment die körpereigenen Sättigungssignale. Bei Übergewichtigen spielen offensichtlich Umweltreize für die Hunger- und Sättigungsregulation eine größere Rolle als die körpereigenen Signale. Bei diesem Experiment wird der Außenreiz „leerer Teller" zu einem wichtigen Signal für den Sättigungsprozess.

■ **Adaptation** von lat. adaptare = anpassen: Bezeichnung für die Anpassung von Strukturen, Funktionen oder des ganzen Organismus an bestimmte Umweltfaktoren, beispielsweise die Fähigkeit des menschlichen Auges, sich in seiner Empfindlichkeit der herrschenden Helligkeit anzupassen

■ **Akkomodation** lat. Anpassung: Bezeichnung für die Einstellung des Auges auf eine bestimmte Entfernung

■ **Diabetes mellitus** (lat. mellitus = honigsüß): Bezeichnung für die Zuckerkrankheit, eine chronische Stoffwechselerkrankung, die durch unzureichende Insulinproduktion oder mangelnde Insulinwirksamkeit gekennzeichnet ist

■ **Diffusion:** Bezeichnung für das Bestreben von Stoffen, einen ihnen zur Verfügung stehenden Raum in gleichmäßiger Konzentration auszufüllen

■ **Dioptrie** (Plural Dioptrien): Einheit für den Brechwert optischer Systeme

■ **Emotion** von lat. emovere = herausbewegen, emporwühlen: Bezeichnung für seelische Erregung, Gefühlsregung

■ **endokrin:** innere Sekretion aufweisend

■ **Euglena:** Gattung von Algen, die ein Lichtsinnesorganell besitzen

■ **euphorisierend** von gr. euphoria = Gefühl des Wohlbefindens: Euphorie erzeugend

■ **excitatorisch** von lat. excitare = antreibend

■ **Glia-Zellen** von gr. glia = Leim

■ **Homöostase:** Bezeichnung für die Erhaltung des Gleichgewichts der Körperfunktionen durch physiologische Regelungsprozesse

■ **Hormon:** Bezeichnung für chemische Botenstoffe, die von bestimmten Drüsen oder Geweben gebildet und an das Blut abgegeben werden. Mit dem Blutstrom gelangen sie zu Zielorganen, in denen sie bestimmte Wirkungen entfalten.

■ **inhibitorisch** von lat. inhibere = hemmen

■ **konkav** von lat. = gewölbt, nach innen gewölbt (v. a. Spiegel, Linsen); Gegensatz: **konvex**

■ **Kontext** von lat. contexere = verknüpfen: bildungssprachlich für Zusammenhang, Umfeld, Hintergrund; in der Sprachwissenschaft Bezeichnung für die Umgebung, in der eine sprachliche Einheit auftritt und die diese beeinflusst

■ **konvex** lat. = nach unten oder nach oben gewölbt, Optik: nach außen gewölbt (v. a. Spiegel, Linsen); Gegensatz: **konkav**

■ **metabolisch:** den Stoffwechsel betreffend

■ **Nervus vagus:** ein Gehirnnerv, der einen Teil des parasympatischen Nervensystems darstellt und dessen Tätigkeit mehrere innere Organe anspricht

■ **Neuron** von gr. neuron = Nerv: Bezeichnung für die Nervenzelle

■ **Organell:** Verkleinerungsform zu Organ; Bezeichnung für Zellbestandteile, die bestimmte Funktionen erfüllen

■ **patch-clamp** von engl. patch = Flecken: clamp = Klemme

■ **peripher** von gr. peripherein = umhertragen; in der Medizin Bezeichnung für in den Randgebieten des Körpers liegende Strukturen; Gegensatz: zentral

■ **prozedural** von lat. procedere = voranschreiten

■ **Psychopharmaka:** Bezeichnung für Arzneimittel, die zur Behandlung seelischer Störungen eingesetzt werden

■ **psychotrop** von gr. psyche = Hauch, Atem, Lebenskraft, Seele und gr. trope = (Hin)wendung: auf die Psyche wirkend

■ **Releasinghormon** von engl. release = befreien, freisetzen

■ **Rezeptor:** Bezeichnung für Zellen oder Organellen, die Reize aus der Umwelt oder aus dem Körperinneren aufnehmen

■ **saltatorisch** von lat. saltare = springen

■ **semantisch:** die Bedeutung, den Inhalt betreffend

■ **Spektrum:** bei der Brechung von weißem

Licht durch ein Prisma entstehende Abfolge von Farben

■ **Synapse** von gr. synapsis = Verbindung; Bezeichnung für Kontaktstellen im Nervensystem, die die Erregungsübertragung von einer Zelle zur anderen ermöglichen

■ **Toleranz:** Bezeichnung für die Widerstandsfähigkeit oder Reaktionslosigkeit des Organismus gegenüber äußeren Reizen einer bestimmten Stärke

■ **Transducin** von lat. transducere = hinüberführen

■ **Transmitter** von lat. transmittere = hinübersenden: Kurzbezeichnung für Neurotransmitter; chemische Überträgersubstanzen, die an den Synapsen den Nervenimpuls auf chemischem Weg an die nächste Zelle weiterleiten

■ **Transplantation:** Bezeichnung für die Übertragung von Zellen, Geweben oder Organen

A

B

C

D

E

F

G

H

I

K

L

M

N

O

P

R

S